机械基础

主　编　牛贵玲　李　丽
副主编　张　宁　秦　英　胡正乙
参　编　刘惠鹏　王宝香　李媛华

北京理工大学出版社
BEIJING INSTITUTE OF TECHNOLOGY PRESS

内容简介

本书是高职高专规划教材，是根据教育部高职高专规划教材的指导思想、原则，由编者根据多年从事机械基础课程教学的实践经验而编写的。全书共7章，内容包括绪论（机器的基本组成及构件、零部件的概念）、物体的受力分析与平衡、杆件的变形与强度计算、常用机构（平面连杆机构、凸轮机构、间歇运动机构、螺旋机构）、常用的机械传动（带传动及链传动、齿轮传动、轮系）、常用连接（螺纹连接、键连接、销连接、联轴器和离合器）、轴系零部件（轴、滑动轴承和滚动轴承）和液压传动（液压系统基本组成、液压泵、液压马达和液压缸、阀和液压基本回路）。

本教材可作为高职高专近机类和非机类专业学生学习机械基础课程的教材，也可作为企业有关工作人员的培训教材。

图书在版编目（CIP）数据

机械基础/牛贵玲，李丽主编. —北京：北京理工大学出版社，2024.8 重印
ISBN 978-7-5682-4466-4

Ⅰ.①机…　Ⅱ.①牛…　②李…　Ⅲ.①机械学-高等学校-教材　Ⅳ.①TH11

中国版本图书馆 CIP 数据核字（2017）第 181851 号

出版发行 / 北京理工大学出版社有限责任公司
社　　址 / 北京市海淀区中关村南大街 5 号
邮　　编 / 100081
电　　话 / （010）68914775（总编室）
（010）82562903（教材售后服务热线）
（010）68944723（其他图书服务热线）
网　　址 / http://www.bitpress.com.cn
经　　销 / 全国各地新华书店
印　　刷 / 三河市天利华印刷装订有限公司
开　　本 / 787 毫米×1092 毫米　1/16
印　　张 / 15.25
字　　数 / 360 千字
版　　次 / 2024 年 8 月第 1 版 第 6 次印刷
定　　价 / 45.00 元

责任编辑 / 刘永兵
文案编辑 / 刘　佳
责任校对 / 周瑞红
责任印制 / 李志强

图书出现印装质量问题，请拨打售后服务热线，本社负责调换

前　言

机械是工业发展的基础，各行各业和机械都有着千丝万缕的联系，日常生活更是离不开机械产品。作为工科院校近机类或非机类的学生，机械基础是一门必修的技术基础课程，而与之相应的教材却不多见。现有的教材现状是有的教学内容缺乏，有的教学内容和其他学科有重叠部分。在这种形势下，编写一本非机类专业的集综合知识于一体的教材，成为编者的初衷。全书将工程力学、机械原理及机械设计、液压传动等各门课程的内容综合在一起，涉及面广，信息量大，并注重教材的科学性、实用性、通用性。在体系和章节内容的安排上做了精心的编排，注重基础知识，并加强与工程实践的联系，力求简明易懂，充分反映高职高专的教育特点。

本教材具有以下特点：

（1）本书面向大专院校近机类和非机类专业的学生。由于学生专业的广泛性，本书的重点是从广度方面传授给学生一般机械的组成、表达、工作原理、结构特点及其应用等方面的知识。

（2）在章节和内容的编排上，本书依照认知规律和循序渐进的原则进行编写，重视强基础与宽专业知识面的要求。知识面广，信息量大，并侧重基础。

（3）本书的编写突出高职高专教育特色，注重学生的能力培养，故多从实际生产例子出发，引导学生认识一般机械，以获得机械基础知识。

总之，本教材在章节和内容上进行了合理编排，注意教材各部分之间的联系和衔接，内容分配合理，既相互联系又避免不必要的重复，努力拓宽知识面，在培养学生的创新能力方面进行了初步的探索。

本书主要作为高等工科院校近机械类和非机械类各专业“机械基础”课程的教材。较适宜的授课学时数为76学时，现场教学4学时。各章的建议学时数如下：

章　次	建议学时数	章　次	建议学时数
绪论	1	第4章 机械传动	20
第1章 物体的受力分析与平衡	8	第5章 连接	8
第2章 杆件的变形与强度计算	8	第6章 轴系零部件	8
第3章 常用机构	7	第7章 液压传动	16

本书由唐山科技职业技术学院牛贵玲，长春汽车工业高等专科学校李丽任主编，唐山科技职业技术学院张宁、秦英，长春汽车工业高等专科学校胡正乙任副主编，唐山科技职业技术学院刘惠鹏、王宝香，长春汽车工业高等专科学校李媛华参编。

由于编写时间紧，编者水平有限，本教材还存在一些不足和错漏。我相信，在使用本教材的教师和学生的关心和帮助下，本教材会不断改进和完善。

最后，我要感谢参加本教材编著和审稿的各位老师所付出的大量卓有成效的辛勤劳动，也要感谢北京理工大学出版社的领导和编辑们对本教材的支持和编审。

编　者

目 录

目 录

目录

目 录

目录

目 录

绪　论

为了满足生活和生产的需要，人类创造并发展机械，从而减轻了体力劳动，提高了生产效率。当今世界，人们已经越来越离不开机械。学习机械知识，掌握一定的机械设计、运用、维护与维修方面的理论、方法和技能是十分必要的。

学习目标

知识目标

- 了解机器的概念及其组成。
- 掌握机构、构件及零件的概念及其之间的联系。
- 了解机械设计的基本要求和过程。

能力目标

- 能对机器的结构进行正确分析，进一步明确机器各部分的结构特点和功能。
- 具有机械基础的基本常识，为学好机械基础奠定基础。

0.1　机器及其组成

0.1.1　机器和机构

人类为了满足生产和生活的需要，设计和制造了种类繁多、功能各异的机器。如内燃机、电动机、洗衣机、机床、汽车、起重机、各种食品机械等。它们的结构和用途不同，但却有共同的特征。

以单缸内燃机（图0-1）为例，它是由气缸体1、活塞2、进气阀3、排气阀4、连杆5、曲轴6、凸轮7、顶杆8、齿轮9和齿轮10等组成。通过燃气在气缸内的进气—压缩—爆燃—排气过程，使其燃烧的热能转变为曲轴转动的机械能。

由上述分析可以看出，机器都具有以下共同特征：

（1）都是一种人为的多个实物组合体；

（2）各部分形成运动单元，各运动单元之间具有确定的相对运动；

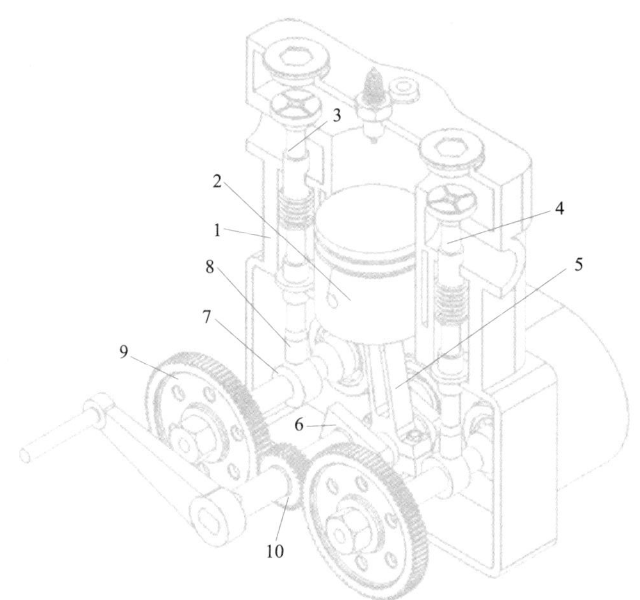

图0－1　单缸内燃机

1—气缸体；2—活塞；3—进气阀；4—排气阀；5—连杆；6—曲轴；7—凸轮；8—顶杆；9、10—齿轮

（3）能够变换或传递能量、物料和信息。

同时具有以上三个特征的实物组合体称为机器。

按照各部分实物体功能的不同，一部完整的机器通常都是由以下三个部分组成的：

（1）动力部分。它是驱动整部机器以完成预定功能的动力源。一般来说，原动机都是把其他形式的能量转换为可以利用的机械能，如内燃机和电动机分别将热能和电能变换为机械能。

（2）工作部分（或执行部分）。它是机器中直接完成工作任务的组成部分。一部机器可以有一个或多个执行部分。机器的功能是各式各样的，所以要求的运动形式也是各式各样的。如车床的刀架、起重机的吊钩、带式输送机上的运输带、轧钢机上的轧辊等的运动形式不同，其功能也完全不同。

（3）传动部分。其介于动力机部分和工作部分之间，功能是完成运动和动力的传递及转换。利用它可以减速、增速、改变转矩及分配动力等，从而满足工作部分的各种需要。机器的传动部分多数使用机械传动系统，有时也可使用液压或电力传动系统。机械传动是绝大多数机器不可缺少的组成部分。

简单的机器一般由三部分组成，而复杂的机器还会增加其他部分，如控制系统和辅助系统等。

所谓机构，是多个实物体的组合体，能实现预期的运动和动力传递。

单缸内燃机中的平面连杆机构（图0－2），可以将活塞的往复运动经连杆转变为曲轴的连续转动。

可见，机构主要用来传递和变换运动，而机器主要用来传

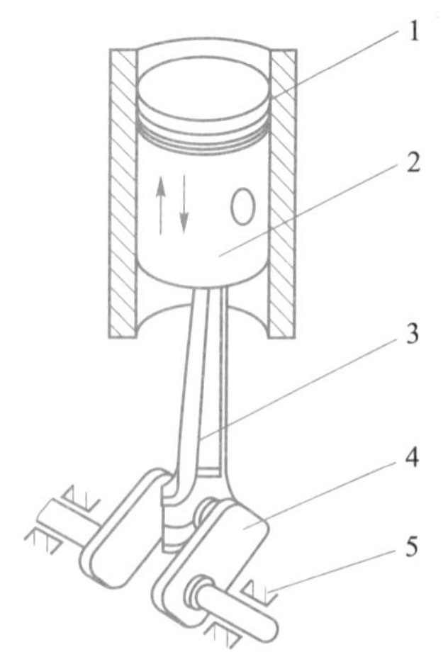

图0－2　平面连杆机构

1—气缸；2—活塞；3—连杆；4—曲轴；5—机架

递和变换能量，仅从结构和运动观点来看两者并无差别，因此，工程上把机器和机构统称为“机械”。

0.1.2　零件、部件和构件

从制造的角度看，机器是由若干个零件装配而成的。零件是机器中不可拆分的制造单元。按其是否具有通用性可以将零件分为两大类：一类是通用零件，它的应用广泛，几乎在任何一部机器中都能找到它，例如齿轮、轴、螺母、销钉等；另一类是专用零件，它仅用于某些机器中，常可表示该机器的特点，如内燃机的活塞、起重机的吊钩等。

有时为了装配方便，先将一组组协同工作的零件分别装配或制造成一个个相对独立的组合体，然后再装配成整机，这种组合体常称为部件，例如内燃机的连杆、车床的主轴箱、滚动轴承以及自行车的脚踏板等。将机器看成是由零部件组成，不仅有利于装配，也有利于机器的设计、运输、安装和维护等。

从运动的角度看，机器是由若干个运动的单元所组成的，这些运动单元称为构件。构件可以是一个元件，也可以是几个元件的刚性组合体。如图 0－3 所示的曲轴和图 0－4 所示的连杆都是一个构件。曲轴构件是一个单一的整体，而连杆是由连杆体、连杆盖、螺栓和螺母等多个元件组合而成的一个构件。这些元件之间没有相对运动而构成一个运动单元，构件是机器的运动单元。组成构件的几个元件称为零件，零件是机器的制造单元。

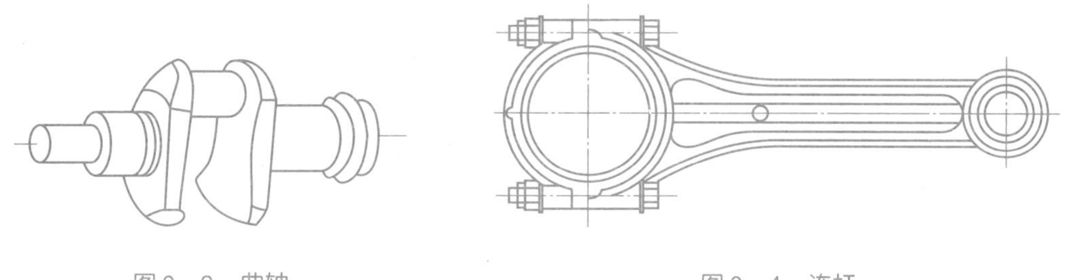

图 0－3　曲轴　　　　图 0－4　连杆

0.2　“机械基础”课程的性质、内容和任务

“机械基础”是工科院校中的一门重要的技术基础课，具有很强的理论性和实践性，是近机械类及非机类专业的一门必修课程。机械基础在教学中具有承上启下的作用，其先修课程为机械制图、工程力学及金属工艺学等，并为后续专业课程的学习和岗位实践奠定理论基础。

本课程的主要内容包括：工程力学、机械传动、常用机构、轴系零件和连接。第 1～2 章主要介绍工程力学（静力学和材料力学）的基本知识和简单的力学计算；第 3 章主要介绍常用机构（平面连杆机构、其他四杆机构、间歇运动机构和凸轮机构等）的工作原理和应用特点；第 4 章主要介绍常用机械传动（带传动、链传动、齿轮传动、蜗杆传动和轮系）的工作原理和结构特点；第 5 章主要介绍连接（如螺纹连接、键连接、销连接及其他类型连

接）的结构特点及选用；第 6 章主要介绍轴系零部件（轴、轴承、联轴器和离合器）的结构、标准及选用；第 7 章主要介绍液压传动的知识（液压系统的组成、液压系统的基本参数、液压系统的动力元件、执行元件和基本回路），还简要介绍了国家标准和有关规范。通过本课程的学习，可为学生学习专业机械设备课程和进行岗位实践操作提供必要的理论基础。本课程的主要任务是培养学生具备以下能力：

（1）初步具有对简单构件进行受力分析和计算的能力；

（2）初步具有正确使用、操作和维护机械设备的能力；

（3）初步具有运用标准、手册、规范、图册和查阅有关技术资料的能力；

（4）初步具有液压传动与维护的相关知识，具有对简单液压系统进行操作、使用和维护的能力。

习　题

一、填空题

1. 构件是机器的________单元，零件是机器的________单元。

2. 一部完整的机器，通常是由________、________和________三个部分组成的。

3. 零件按其是否具有通用性可分为________和________两大类。

4. 机构是多个实物体的________，能实现预期的________和________传递。

二、判断题

（　　）1. 一台机器必须由多个机构组成。

（　　）2. 机构和机器之间没有联系。

（　　）3. 电动机是机器的动力部分。

（　　）4. 组成机器的运动单元之间没有相对运动。

三、问答题

1. 试述机械、机构、构件、零件的含义。

2. 指出下列机器的原动部分、工作部分、传动部分、支承部分和控制部分。

（1）汽车；（2）自行车；（3）电风扇；（4）缝纫机。

3. 指出汽车中的三个通用零件和专用零件。

第1章　物体的受力分析与平衡

工程中大部分机器的零件和构件是处于一个平衡状态的，如起重机的底座、桥梁的桁架等。若物体处于一个平衡状态，则作用于物体上的一组力（或力系）必须满足一定的条件，即平衡条件。

学习目标

知识目标

- 了解力、刚体的基本概念和力的性质、常见的约束及约束反力的特点。
- 掌握物体受力分析的方法。
- 理解力矩、力偶以及力偶的性质。
- 掌握力系平衡方程的应用。

能力目标

- 能明白力、刚体的概念。
- 能对物体进行受力分析并画出研究对象的受力图。
- 能对简单的平面平衡力系进行分析计算。

1.1　基本概念

1.1.1　力和刚体的概念

1. 力的概念

力的概念是人们在生活和生产实践中，通过观察和分析逐渐形成的。例如：扛东西时感到肩膀受力、用手推车时车由静止开始运动。所以，力是物体之间相互的机械作用，这种作用使物体的机械运动状态发生变化或使物体的形状发生改变。实践表明，力对物体的作用效应取决于力的三个要素：力的大小；力的方向；力的作用点。当这三个要素中任何一个改变时，力的作用效应也会发生变化。

力是一个既有大小又有方向的量，因此力是矢量，用有向线段表示，如图 1－1 所示。

线段的起点 A 表示力的作用点，用线段的方位和指向代表力的方向，用线段的长度表示力的大小，线段所在的直线称为力的作用线。本书中，力的矢量用黑体字母 $\boldsymbol{F}$ 表示。

力的单位是牛顿，用 N 表示（或千牛顿，用 kN 表示）。

2. 刚体的概念

所谓刚体，是指在力的作用下不变形的物体，即在力的作用下其内部任意两点的距离永远保持不变的物体，这是一种理想化的力学模型。事实上，在受力状态下不变形的物体是不存在的，不过，当物体的变形很小，在所研究的问题中把它忽略不计并不会对问题的性质带来本质的影响时，该物体就可近似看作刚体。刚体是在一定条件下研究物体受力和运动规律时的科学抽象，这种抽象不仅使问题大大简化，也能得出足够精确的结果。因此，我们在研究一切变形体的平衡问题时，都是以刚体为基础的。

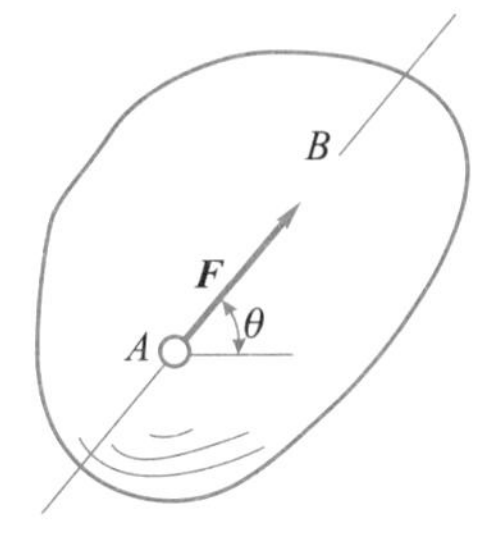

图 1－1　力的矢量图

1.1.2　力的性质

为了讨论物体的受力分析，研究力系的简化和平衡条件，必须先掌握一些最基本的力学规律。这些规律是人们在生活和生产活动中长期积累的经验总结，又经过实践反复检验，被认为符合客观实际的最普遍、最一般的规律，称为静力学公理。静力学公理概括了力的基本性质，是建立静力学理论的基础。

公理一：二力平衡公理。作用在刚体上的两个力，使刚体处于平衡的充要条件是：这两个力大小相等、方向相反，且作用在同一直线上，如图 1－2 所示。该两力的关系可用以下矢量式表示。

$$\boldsymbol{F}_1 = -\boldsymbol{F}_2$$

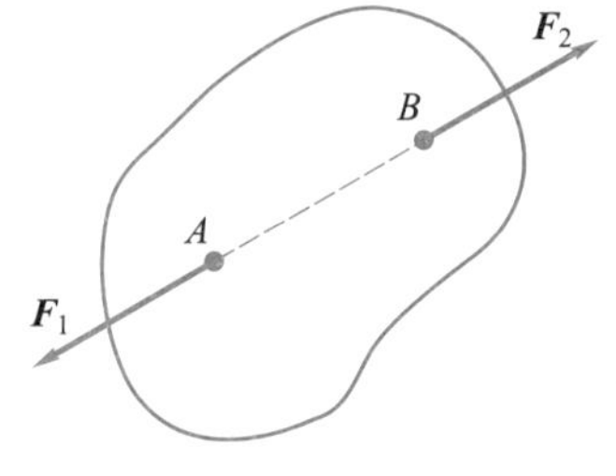

图 1－2　二力平衡

这一公理揭示了作用于刚体上的最简单的力系平衡时所必须满足的条件，满足上述条件的两个力称为一对平衡力。需要说明的是，对于刚体，这个条件既必要又充分，但对于变形体，这个条件是不充分的。如图 1－3 所示，软绳受两个等值反向的拉力作用时可以平衡，当受两个等值反向的压力作用时，就不能平衡了。

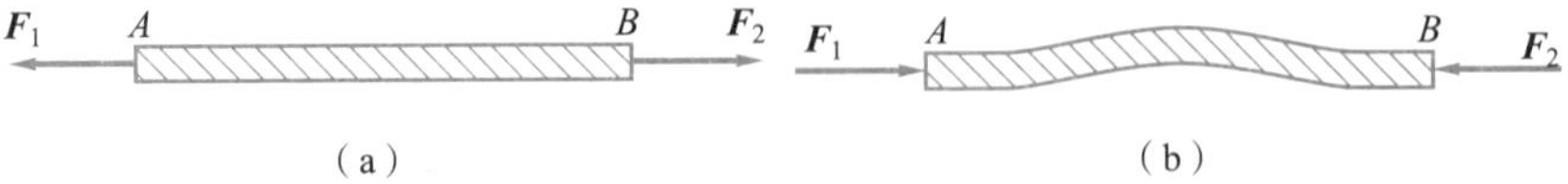

(a)　(b)

图 1－3　软绳实验

只在两个力的作用下平衡的刚体称为二力构件或二力杆，根据二力平衡条件，二力杆两端所受两个力大小相等、方向相反，作用线是沿两个力的作用点的连线，如图 1－4 所示。

公理二：加减平衡力系公理。在已知力系上加上或减去任意的平衡力系，并不改变原力系对刚体的作用。这一公理是研究力系等效替换与简化的重要依据。根据上述公理可以得出如下两个重要推论。

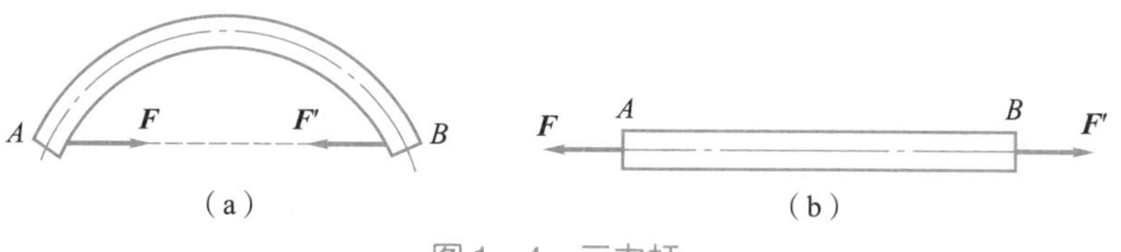

图1-4　二力杆

推论1：力的可传性定理。

作用于刚体上某点的力，可以沿着它的作用线滑移到刚体内任意一点，并不改变该力对刚体的作用效果。如图1-5所示，作用于刚体 A 点的力 $\boldsymbol{F}$，在 B 点加上一对平衡力系，其大小与 A 点力的大小相等。因此，可以得出 A 点的力传到 B 点是等效的。

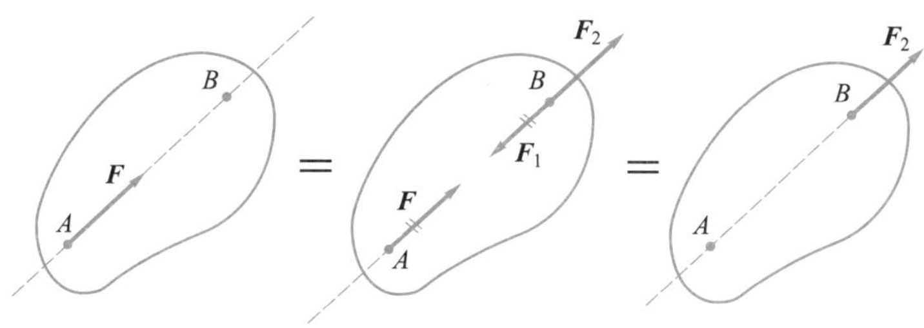

图1-5　力的可传性

由此可见，对刚体而言，力的作用点不是决定力的作用效应的要素，它已被作用线所代替。因此作用于刚体上的力的三要素是：力的大小、方向和作用线。作用于刚体上的力可以沿着其作用线滑移，这种力的矢量称为滑移矢量。

推论2：三力平衡汇交定理。

若刚体受三个力作用而平衡，且其中两个力的作用线相交于一点，则此三个力必共面且汇交于同一点，如图1-6所示。

公理三：力的平行四边形法则。作用在物体上同一点的两个力，可以合成为一个合力。合力的作用点也在该点，合力的大小和方向用这两个力为邻边构成的平行四边形的对角线来表示，如图1-7所示。

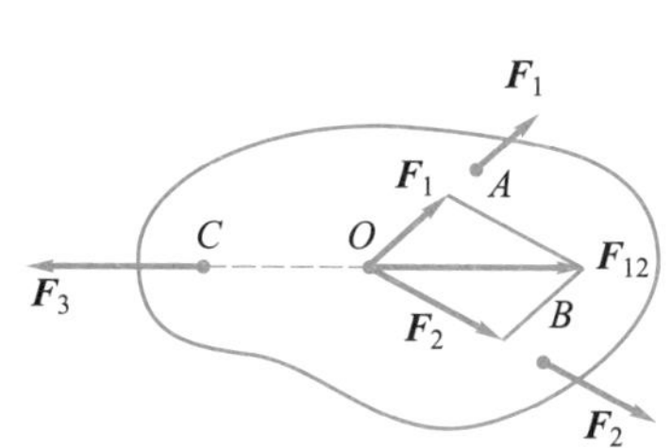

图1-6　三力平衡汇交

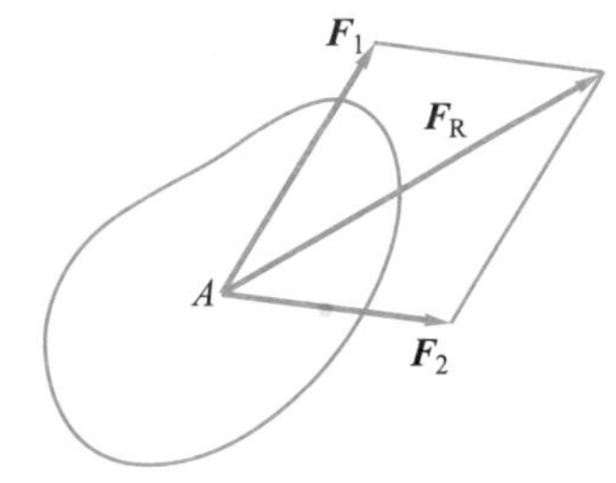

图1-7　力的平行四边形法则

这一公理提供了力的合成与分解的方法，合力 $\boldsymbol{F}_R$ 称为 $\boldsymbol{F}_1$ 和 $\boldsymbol{F}_2$ 的矢量和，用公式表示为

$$\boldsymbol{F}_R = \boldsymbol{F}_1 + \boldsymbol{F}_2 \tag{1-1}$$

公理四：作用与反作用公理。两个物体间的作用力与反作用力总是同时存在，且大小相等、方向相反，沿着同一条直线分别作用在两个物体上。若用 $\boldsymbol{F}$ 表示作用力、$\boldsymbol{F}'$ 表示反作

用力，则

$$\boldsymbol{F} = -\boldsymbol{F}'$$

该公理表明，作用力与反作用力总是成对出现，但它们分别作用在两个物体上，因此不能视作平衡力。

习 题

一、填空题

1. 在任何外力作用下，大小和形状保持不变的物体称为________。

2. 加减平衡力系公理适用于________。

3. 理论力学的研究对象是________________和________________。

4. 力的三要素是________、________和________。

二、判断题

(　　) 1. 力的可传性定理适用于刚体。

(　　) 2. 如果作用于物体上的两个力大小相等、方向相反，且作用在同一直线上，则两个力一定满足二力平衡条件。

(　　) 3. 两物体间相互作用的力总是同时存在，并且两个力等值、反向、共线，且作用在同一个物体上。

三、简答题

1. 何为二力杆？举例说明其特点。

2. 简述力的可传性原理。

1.2　物体的受力分析与受力图

1.2.1　约束和约束反力

物体按照运动所受限制条件的不同可以分为两类：自由体与非自由体。自由体是指物体在空间可以有任意方向的位移，即运动不受任何限制。如空中飞行的炮弹、飞机、人造卫星等。非自由体是指在某些方向的位移受到一定限制而不能随意运动的物体，如在轴承内转动的转轴、在气缸中运动的活塞等。对非自由体的位移起限制作用的周围物体称为约束，例如，铁轨对于机车、轴承对于电机转轴、吊车钢索对于重物等，都是约束。

约束限制着非自由体的运动，与非自由体接触相互产生作用力，约束作用于非自由体上的力称为约束反力。约束反力作用于接触点，其方向总是与该约束所能限制的运动方向相

反，据此，可以确定约束反力的方向或作用线的位置。至于约束反力的大小却是未知的，在以后可根据平衡方程求出。

工程中约束的种类很多，下面介绍几种常见的典型约束以及约束方向的确定方法。

1. 柔性约束

由绳索、链条、皮带等所构成的约束统称为柔性约束，这种约束的特点是柔软易变形，它给物体的约束反力只能是拉力。因此，柔性约束对物体的约束反力作用在接触点，方向沿着绳索且背离物体，如图 1－8 所示。

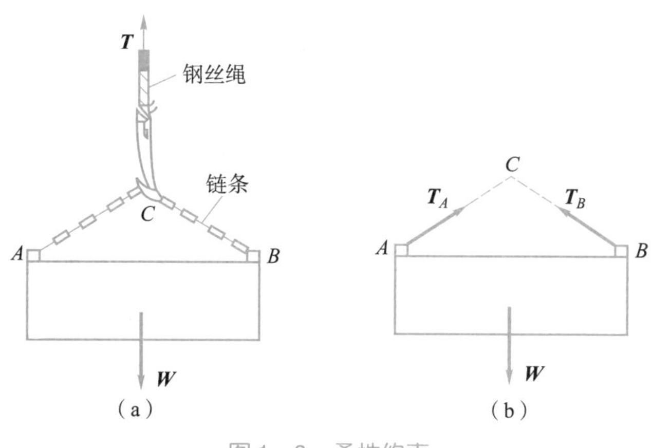

图 1－8　柔性约束

2. 光滑接触面约束

物体受到光滑平面或曲面的约束称作光滑面约束。这类约束不能限制物体沿约束表面切线的位移，只能限制物体沿接触表面法线并指向约束的位移。因此约束反力作用在接触点，方向沿接触表面的公法线，并指向被约束物体，如图 1－9 所示。

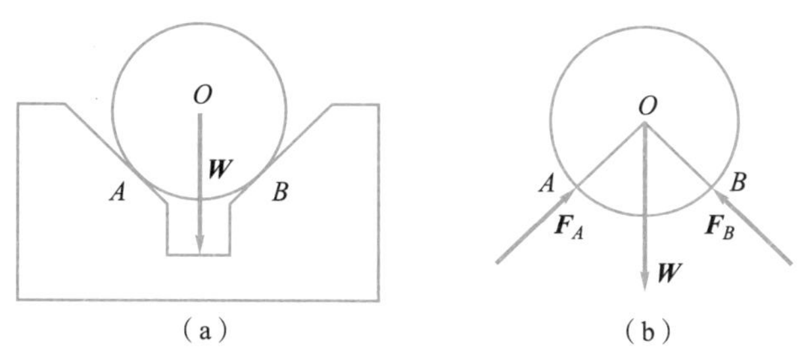

图 1－9　光滑接触面约束

3. 固定铰链约束

铰链是工程上常见的一种约束。铰链约束的典型构造是在构件 1 和固定支座 3 的连接处钻出圆孔，再用圆柱销钉 2 连接起来，使物体只能绕销钉的轴线转动，这种约束称为固定铰链约束，如图 1－10 所示。

工程上固定座铰链常用如图 1－10（d）所示的简图表示，通过铰链中心而方向待定的约束力 $\boldsymbol{F}$ 常用两个正交分力 F_x 和 F_y 来表示，如图 1－10（e）所示。

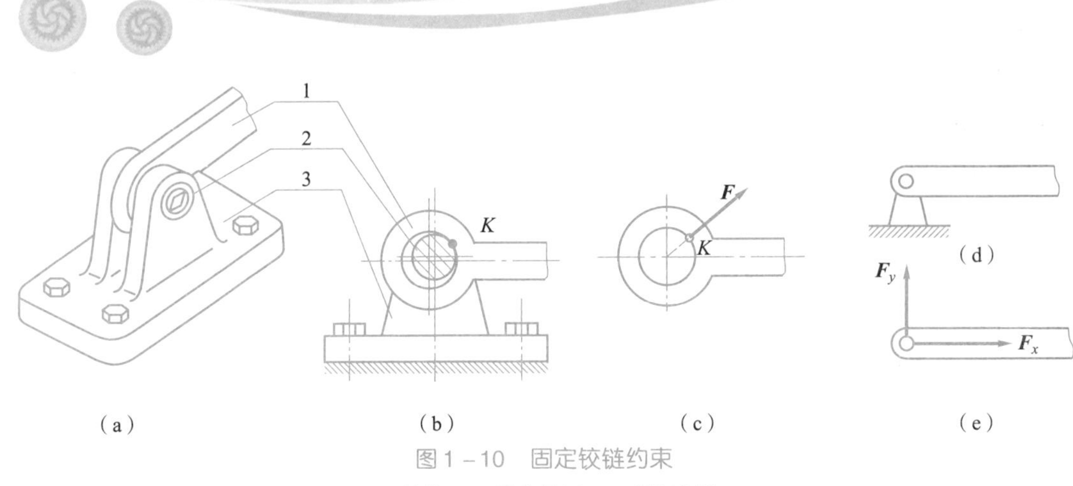

(a) (b) (c) (e)

图 1－10 固定铰链约束

1—构件；2—圆柱销钉；3—固定支座

4. 活动铰链约束

在桥梁、屋架等工程结构中经常采用这种约束，图 1－11（a）所示为桥梁采用的滚动铰链支座，这种支座可以沿固定面滚动，常用于支承较长的梁，它允许梁的支承端沿支承面移动。因此，这种约束的特点与光滑接触面约束相同，约束反力垂直于支承面并指向被约束物体，如图 1－11（c）所示。

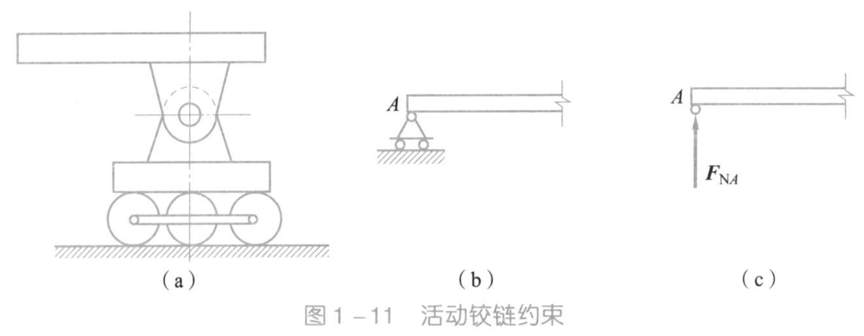

(a) (b) (c)

图 1－11 活动铰链约束

5. 球形铰链约束

物体的一端为球体，能在球壳中转动，如图 1－12（a）所示，这种约束称为球形铰链约束，简称球铰。球铰能限制物体任何径向方向的位移，所以球铰的约束反力的作用线通过球心并可能指向任一方向，其通常用过球心的 3 个互相垂直的分力 $\boldsymbol{F}_{Ax}$、$\boldsymbol{F}_{Ay}$、$\boldsymbol{F}_{Az}$表示，如图 1－12（c）所示。

6. 固定端约束

有时物体会受到完全固结作用，如深埋在地里的电线杆，如图 1－13（a）所示。这时物体的 A 端在空间各个方向上的运动（包括平移和转动）都受到限制，这类约束称为固定端约束，其简图如图 1－13（b）所示。其约束反力可这样理解：一方面，物体受约束部位不能平移，因而受到一约束反力 $\boldsymbol{F}_A$ 的作用；另一方面，其不能转动，因而还受到一约束反力偶 M_A 的作用（力偶将在 1.4 中介绍），如图 1－13（c）所示。约束反力 $\boldsymbol{F}_A$ 和约束反力偶 $\boldsymbol{M}_A$ 均作用在接触部位，而方位和指向未知。在空间情形下，通常将固定端约束的约束反力画成 6 个独立分量，符号为 $\boldsymbol{F}_{Ax}$，$\boldsymbol{F}_{Ay}$，$\boldsymbol{F}_{Az}$，$\boldsymbol{M}_{Ax}$，$\boldsymbol{M}_{Ay}$，$\boldsymbol{M}_{Az}$，如图 1－13（d）所示。对

平面情形，则只需画出3个独立分量$\boldsymbol{F}_{Ax}$，$\boldsymbol{F}_{Ay}$，$\boldsymbol{M}_{A}$，如图1－13（e）所示。

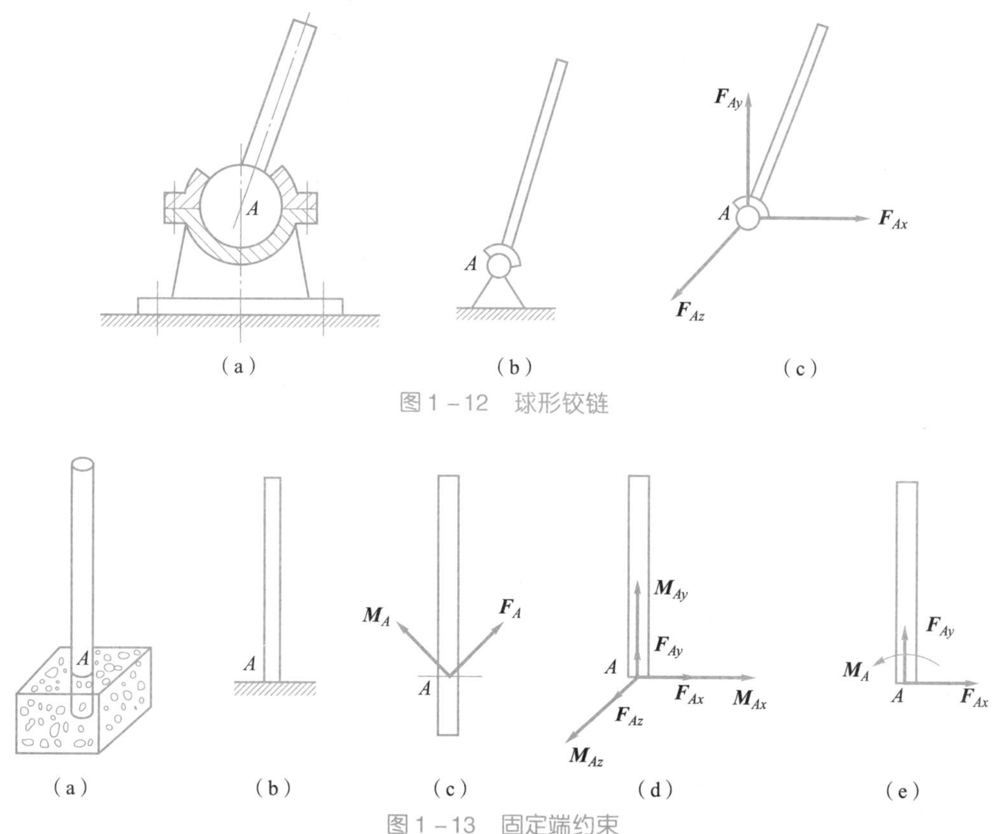

图1－12 球形铰链

图1－13 固定端约束

1.2.2 受力图

在求解力的平衡问题时，必须首先分析物体的受力情况，即进行受力分析，也就是将研究的物体或物体系统从与其联系的周围物体或约束中分离出来，分析它受几个力作用，并确定每个力的作用位置和力的作用方向。物体的受力分析包括三个主要步骤：

（1）确定研究对象。根据问题中的已知量和待求量之间的关系，选取某一个物体、某几个物体或整个物体系统（简称物系）来研究其平衡，则该物体、某几个物体或物系称为研究对象。

（2）进行受力分析。分析研究对象上所受的全部外力。

（3）画受力图。画出研究对象和其所受的全部外力的图称为受力图。

在研究对象所受的全部外力中，凡能主动引起物体运动或使物体有运动趋势的力称为主动力。主动力的大小和方向通常都是已知的。而阻碍、限制研究对象运动的物体称为约束物，简称约束。约束作用在研究对象（被约束物）上的力称为约束力。约束力的大小需要根据平衡条件求出，而约束力的方向一般根据约束的类型即可予以确定。确定的原则是约束力的方向总是与约束所能限制的运动方向相反，并通过两物体的接触点。

【例1.1】 如图1－14（a）所示的梁*AB*，其*A*端为固定铰链，*B*端为活动铰链，在梁的*C*点处受到主动力$\boldsymbol{F}$的作用，试作出梁*AB*的受力图。

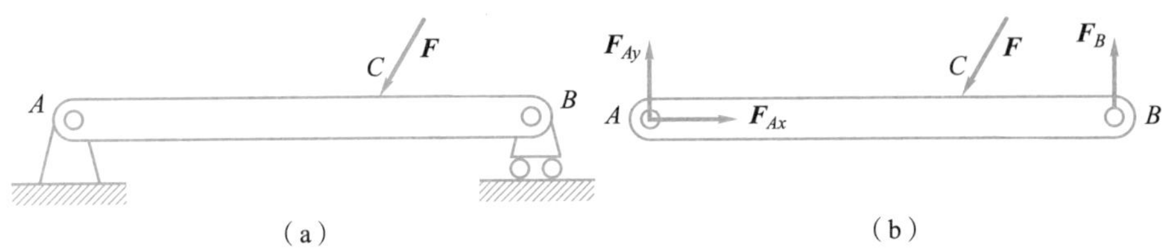

图 1－14　梁的受力分析

解：取梁 AB 为研究对象，其所受的外力有：C 处的主动力 $\boldsymbol{F}$；A 端固定座铰链的约束力 $\boldsymbol{F}_{Ax}$ 和 $\boldsymbol{F}_{Ay}$；B 端活动座铰链的约束力 $\boldsymbol{F}_B$，方向垂直向上。画出研究对象及其所受各力，即得到梁 AB 的受力图，如图 1－14（b）所示。

【例 1.2】 简易支架如图 1－15（a）所示，图中 A、B、C 三点为铰结。悬物自重为 $\boldsymbol{P}_2$，CD 梁自重不计，AB 梁自重为 $\boldsymbol{P}_1$，分别画出梁 AB 和杆 CD 的受力图。

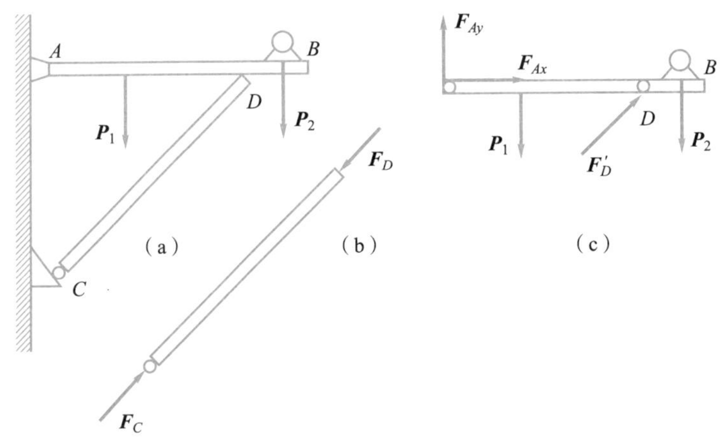

图 1－15　梁的受力分析

解：(1) 选取 CD 杆为研究对象，将 CD 杆单独取出，CD 杆为二力杆，受到 $\boldsymbol{F}_C$ 和 $\boldsymbol{F}_D$ 两个平衡力的作用，如图 1－15（b）所示。

(2) 选取梁 AB 为研究对象，主动力为：重力 $\boldsymbol{P}_1$、$\boldsymbol{P}_2$，约束反力为：$\boldsymbol{F}_{Ax}$、$\boldsymbol{F}_{Ay}$、$\boldsymbol{F}'_D(\boldsymbol{F}_D = -\boldsymbol{F}'_D)$，如图 1－15（c）所示。

【例 1.3】 如图 1－16（a）所示三铰拱桥由左、右两拱铰接而成，设各拱自重不计，在拱 AC 上作用有竖直载荷 $\boldsymbol{P}$，试分别画出拱 AC 和 CB 的受力图。

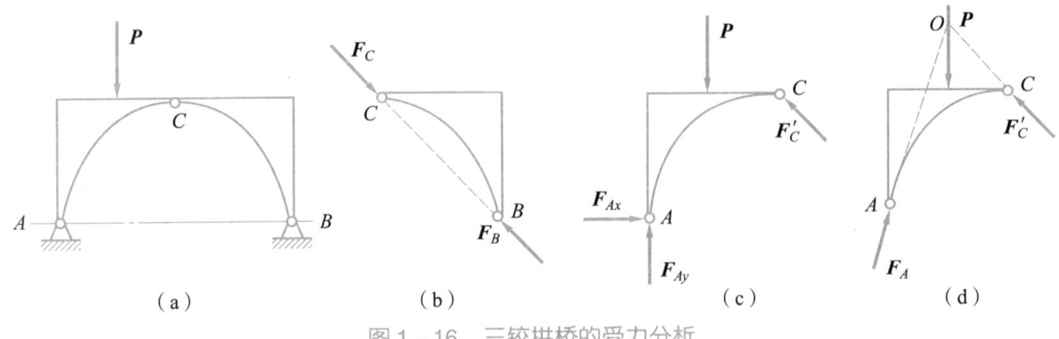

图 1－16　三铰拱桥的受力分析

解：分析拱 CB，因为它只在 B、C 二处受铰链约束，因此拱 CB 是一个二力构件。而拱

AC 三点受力，并且三个力彼此不平行，但在同一平面内，故可以应用三力汇交确定。

（1）研究拱 CB。拱 CB 是一个二力杆，受力图如图 1－16（b）所示，在铰 B、C 处所受到的约束反力分别为 $\boldsymbol{F}_B$、$\boldsymbol{F}_C$，并且等值、反向、共线。因此，$\boldsymbol{F}_B$、$\boldsymbol{F}_C$ 的作用线在 CB 的连线上，指向先假设，以后再根据主动力方向以及平衡条件来确定。

（2）研究拱 AC。受到主动力 $\boldsymbol{P}$，由于 AC 拱在 C 处受到 CB 拱给它的约束反力与 $\boldsymbol{F}_C$ 是作用力和反作用力的关系，所以用 $\boldsymbol{F}'_C$ 来表示，A 处是固定铰支座，约束反力为 $\boldsymbol{F}_{Ax}$、$\boldsymbol{F}_{Ay}$，如图 1－16（c）所示。根据三力平衡汇交，可以确定 $\boldsymbol{F}_{Ax}$、$\boldsymbol{F}_{Ay}$ 的合力 $\boldsymbol{F}_A$，通过 $\boldsymbol{P}$ 和 $\boldsymbol{F}'_C$ 作用线的汇交点 O，沿 OA 的连线，如图 1－16（d）所示。

习　题

一、填空题

1. 柔体的约束反力是通过________点，其方向沿着柔体________。

2. 约束的定义是：____。

3. 常见的约束类型：________、________、________和固定端约束。

二、判断题

（　　）1. 约束力的方向总是与约束所能阻止的被约束物体的运动方向一致。

（　　）2. 二力杆的约束力不一定沿杆件两端铰链中心的连线指向固定端。

（　　）3. 柔性约束特点是限制物体沿绳索伸长方向的运动，只能给物体提供拉力。

三、计算题

试画出如图 1－17 所示各图的受力图。

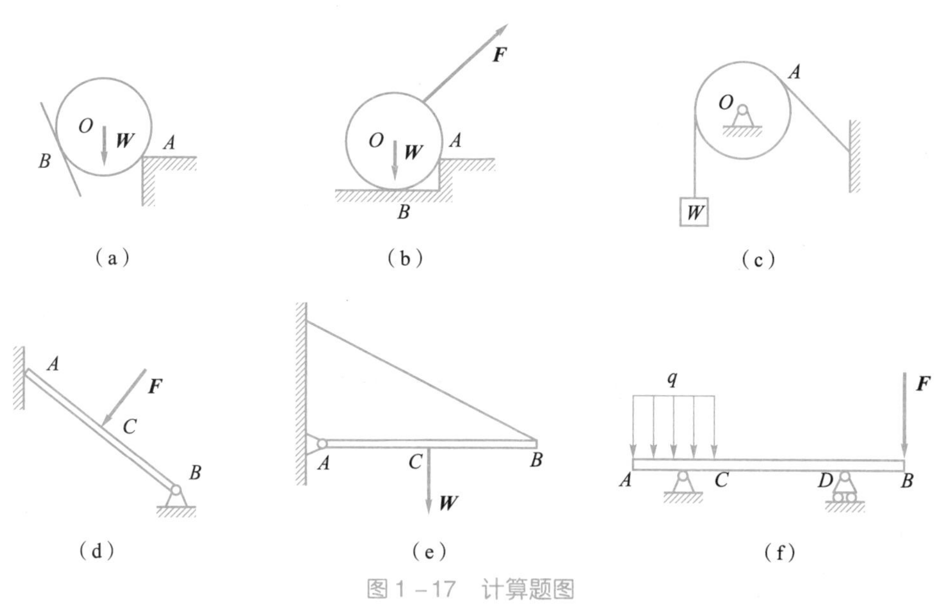

图 1－17　计算题图

1.3　力坐标轴上的投影

1.3.1　力坐标轴上投影的概念

力 $\boldsymbol{F}$ 在坐标轴上的投影定义为：过 $\boldsymbol{F}$ 两端向坐标轴两端作垂线，垂足为 a、b 和 a'、b'，如图 1－18 所示，线段 ab、$a'b'$分别为 $\boldsymbol{F}$ 在 x 轴和 y 轴上的投影。因此，力在坐标轴上的投影是一个代数量，符号规定为：从 a 到 b（或从 a'到 b'）的指向与坐标轴正向一致为正，反之为负。$\boldsymbol{F}$ 在 x 轴和 y 轴上的投影分别记作 F_x 和 F_y。

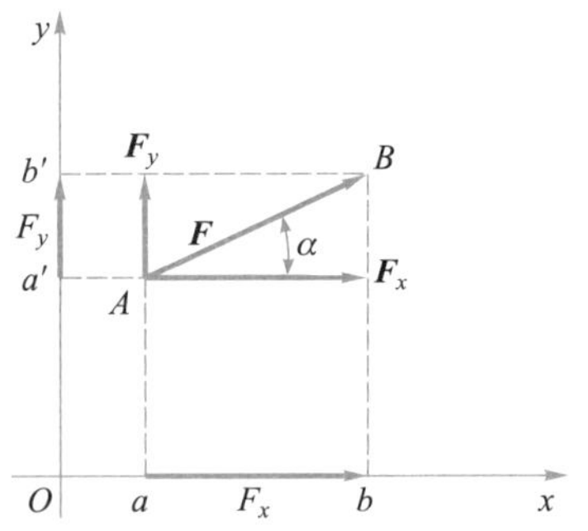

图 1－18　力在坐标轴上的投影

若已知 $\boldsymbol{F}$ 的大小以及与 x 轴正向间的夹角为 α，则力 $\boldsymbol{F}$ 在 x 轴、y 轴上的投影为：

$$\left.\begin{aligned}F_x &= F\cos\alpha\\ F_y &= F\sin\alpha\end{aligned}\right\} \qquad (1-2)$$

如将 $\boldsymbol{F}$ 沿坐标轴方向分解，则所得分力 $\boldsymbol{F}_x$ 和 $\boldsymbol{F}_y$ 的值与 $\boldsymbol{F}$ 在同轴上的投影 F_x、F_y 相等，力的分量是矢量，力的投影是代数量，如图 1－18 所示。

若已知 F_x、F_y 的值，则可求出 $\boldsymbol{F}$ 的大小和方向，即

$$\left.\begin{aligned}F &= \sqrt{F_x^2 + F_y^2}\\ \tan\alpha &= \left|\frac{F_y}{F_x}\right|\end{aligned}\right\} \qquad (1-3)$$

1.3.2　合力投影定理

若作用于一点的 n 个力 $\boldsymbol{F}_1$，$\boldsymbol{F}_2$，…，$\boldsymbol{F}_n$ 的合力为 $\boldsymbol{F}_R$，则：合力在某轴上的投影，等于各分力在同一轴上投影的代数和，这就是合力投影定理。在直角坐标系中，有

$$\left.\begin{aligned}F_{Rx} &= \sum F_x\\ F_{Ry} &= \sum F_y\end{aligned}\right\} \qquad (1-4)$$

1.4　力矩和力偶

1.4.1　力矩

力对物体的作用有移动效应，也有转动效应。力使物体绕某点（或某轴）转动效应的

度量，称为力对点（或轴）之矩。

1. 力对点的矩

经验告诉我们，用扳手转动螺母时，如图 1－19 所示，作用于扳手一端的力 $\boldsymbol{F}$ 使扳手绕 O 点转动，这是力对刚体的转动效应，它不仅与力的大小和方向有关，而且与 O 点到力 $\boldsymbol{F}$ 的作用线的垂直距离 d 有关。因此，在力学上以乘积 $\boldsymbol{F}\cdot d$ 作为力 $\boldsymbol{F}$ 使物体绕 O 点转动效应的物理量，这个量称为力 $\boldsymbol{F}$ 对 O 点的矩，简称力矩，以符号 $M_O(\boldsymbol{F})$ 表示，即

$$M_O(\boldsymbol{F}) = \pm \boldsymbol{F}\cdot d \tag{1-5}$$

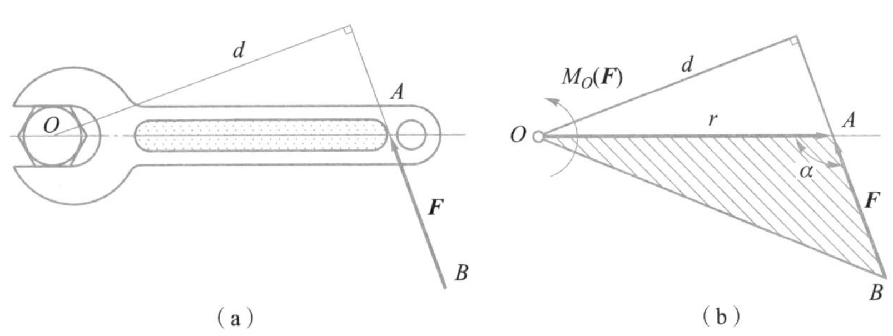

图 1－19　力对点的矩

O 点称为力矩中心（简称矩心），O 点到 $\boldsymbol{F}$ 点作用线的垂直距离 d 称为力臂。

通常规定：力使物体绕矩心做逆时针转动时，力矩为正号，反之为负号。力矩具有大小和转动方向，因此，平面内力矩是一个矢量。

力矩的单位是 N · m 或 kN · m。

综上所述可知：

（1）力 $\boldsymbol{F}$ 对 O 点之矩不仅取决于力 $\boldsymbol{F}$ 的大小，同时还与矩心的位置有关；

（2）力 $\boldsymbol{F}$ 对任一点之矩，不会因该力沿其作用线而改变，因为此时力和力臂的大小均未改变；

（3）力的作用线通过矩心时，力矩为零。

【例 1.3】 图 1－19 所示的扳手所受的力 $F=200$ kN，$r=0.4$ m，$\alpha=120°$，试求力 F 对 O 点之矩。

解： 根据式（1－5）

$$M_O(\boldsymbol{F}) = \boldsymbol{F}\cdot d = Fr\sin\alpha = 200\times 0.4\times 0.866 = 69.28(\text{kN}\cdot\text{m})$$

正号表示扳手绕 O 点做逆时针方向转动。

2. 合力矩定理

设作用于同一点的 n 个力 $\boldsymbol{F}_1$，$\boldsymbol{F}_2$，…，$\boldsymbol{F}_n$ 的合力为 $\boldsymbol{F}_R$，则该合力对某点之矩等于各个分力对同一点之矩的矢量和，这就是合力矩定理。

合力矩定理可用式（1－6）表示：

$$M_O(\boldsymbol{F}_R) = M_O(\boldsymbol{F}_1) + M_O(\boldsymbol{F}_2) + \cdots + M_O(\boldsymbol{F}_n) \tag{1-6}$$

1.4.2　力偶

1. 力偶的概念

在生产中，常看到物体同时受到大小相等、方向相反、作用线相互平行的两个力的作用，图 1－20 所示为汽车司机旋转方向盘时两手作用在方向盘上的力，这两个力不满足二力平衡条件，显然不平衡。通常把大小相等、方向相反、作用线平行但不共线的两个力组成的特殊力系，称为力偶，记为（$\boldsymbol{F}$，$\boldsymbol{F}'$）。组成力偶的两个力之间的距离称为力偶臂，以 d 表示。

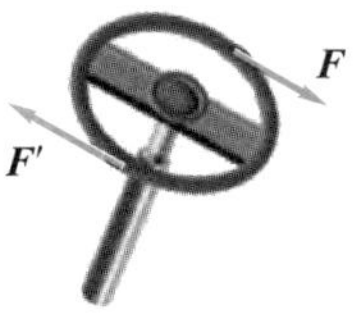

图 1－20　力偶

实践证明，力偶只能使物体产生转动效应。如何度量力偶对物体的转动效应呢？显然可用力偶中两个力对矩心的力矩之和来衡量。力偶对矩心 O 点的力矩只与力 $\boldsymbol{F}$ 和力偶臂 d 的大小有关，而与矩心的位置无关。因此，在力学上以乘积 Fd 作为度量力偶对物体的转动效应的物理量，这个量称为力偶矩，以符号 M（$\boldsymbol{F}$，$\boldsymbol{F}'$）或 M 表示，即

$$M = \pm Fd \tag{1-7}$$

式中，正负号表示力偶的转动方向。逆时针方向转动时力偶矩为正，反之为负。在平面内，力偶矩是代数量。

若作用在平面内有 n 个力偶，它们组成的力系称为平面力偶系。平面力偶系的合成结果为一个合力偶。合力偶矩等于各已知力偶矩的代数和。

2. 力偶的性质

由于力偶对物体的转动效应完全取决于力偶矩的大小，因此，力偶矩大小相等的两个力偶必然等效。据此，可推论出力偶的性质如下：

（1）力偶对平面内任意点之矩等于其力偶矩。

（2）只要保持力偶矩大小不变，力偶可以在其作用平面内及相互平行的平面内任意搬移而不会改变它对刚体的作用效应。例如汽车的方向盘，无论安装得高一些还是低一些，只要保证两个位置的转盘平面平行，对转盘施以力偶矩相等、转向相同的力偶，其转动效应是相同的。

由此可见，只要不改变力偶矩的大小和转向，不论将 M 画在同一刚体上的任何位置都一样。

（3）只要保持力偶的转向和力偶矩的大小（即力与力偶臂的乘积）不变，可将力偶中的力和力偶臂做相应的改变，或将力偶在其作用面内任意移转，而不会改变其对刚体的作用效应。正因为如此，常常只在力偶的作用平面内画出弯箭头加 M 来表示力偶，其中 M 表示力偶矩的大小，箭头则表示力偶在作用面内的转向，如图 1－21 所示。

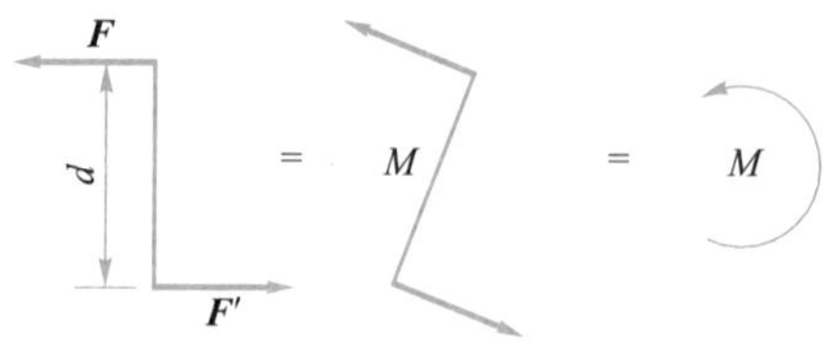

图 1－21　力偶的表示

需要指出的是，在平面情形下，由于力偶的作用面就是该平面，此时不必表明力偶的作用面，只需表示出力偶矩的大小及力偶的转向即可，因此可将力偶定义为代数量，力偶矩的

大小等于力和力偶臂的乘积，即 $M = \pm Fd$，并且规定当力偶为逆时针转向时力偶矩为正，反之为负，如图 1－21 所示。

习　题

一、填空题

1. 力矩的大小等于________和________的乘积。

2. 大小________、方向________、作用线________的两个力组成的力系称为力偶。

3. 力偶的三要素是________、________和________。

二、判断题

(　　) 1. 力的大小等于零或力的作用线通过矩心时，力矩等于零。

(　　) 2. 力偶无合力，且力偶只能用力偶来等效。

(　　) 3. 合力一定比分力大。

三、计算题

1. 如图 1－22 所示平面力系 $\boldsymbol{P}_1$ 和 $\boldsymbol{P}_2$ 汇交在 O 点，试求其合力。

2. 如图 1－23 所示构件 OBC 的 O 端为铰链支座约束，力 $\boldsymbol{F}$ 作用于 C 点，其方向角为 α，又知 $OB = l$，$BC = h$，求力 $\boldsymbol{F}$ 对 O 点的力矩。

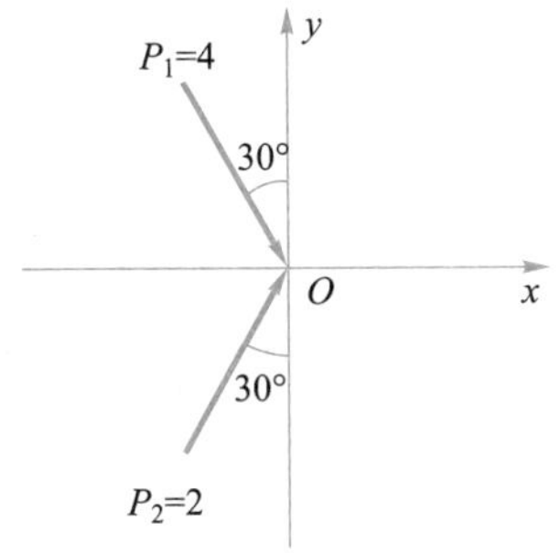

图 1－22　平面力系

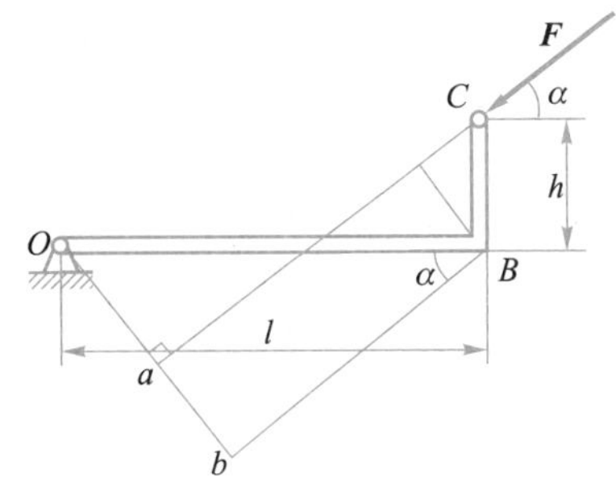

图 1－23　构件 OBC

1.5　力系的平衡方程及其应用

在工程实际问题中，物体的受力情况往往比较复杂，为了研究力系对物体的作用效应，或讨论物体在力系作用下的平衡规律，需要将力系进行等效简化。力系简化理论也是静力学的重要内容。

根据力系中诸力的作用线在空间的分布情况，可将力系进行分类。力的作用线均在同一

平面内的力系称为平面力系；力的作用线为空间分布的力系称为空间力系；力的作用线均汇交于同一点的力系称为汇交力系；力的作用线互相平行的力系称为平行力系；若组成力系的元素都是力偶，这样的力系称为力偶系；若力的作用线的分布是任意的，既不相交于一点，也不都相互平行，则这样的力系称为任意力系。此外，诸力的作用线均在同一平面内且汇交于同一点的力系称为平面汇交力系，以此类推，还有平面力偶系、平面任意力系、平面平行力系以及空间汇交力系、空间力偶系、空间任意力系、空间平行力系等。

1.5.1　力系的平衡方程

1. 平面汇交力系的平衡方程

工程中经常会遇到平面汇交力系问题。例如，型钢 *MN* 上焊接三根角钢，受力情况如图 1－24 所示。$\boldsymbol{F}_1$、$\boldsymbol{F}_2$ 和 $\boldsymbol{F}_3$ 三个力的作用线均通过 *O* 点，且在同一个平面内，这是一个平面汇交力系。又如当吊车以吊起力 $\boldsymbol{F}$ 吊起钢梁时，如图 1－25 所示，钢梁受 $\boldsymbol{F}_1$、$\boldsymbol{F}_2$ 和 $\boldsymbol{F}$ 三个力的作用，这三个力在同一个平面内且交于一点，也是平面汇交力系。

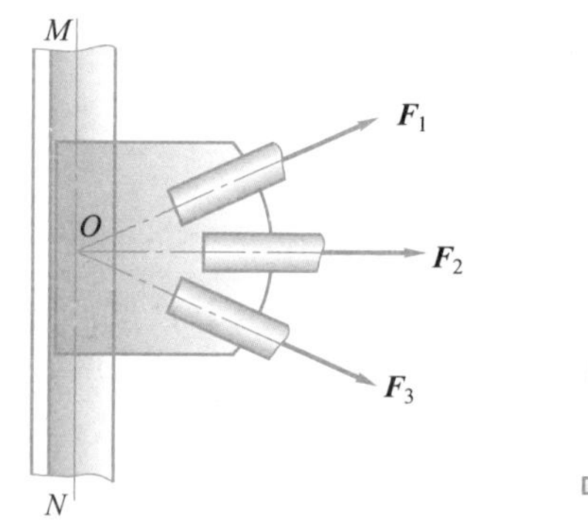

图 1－24　角钢受力分析

(a)　(b)

图 1－25　吊车受力分析

求解平面汇交力系问题时，常用的有几何法和解析法，下面仅对解析法做简单介绍。

有前面讲述的力在坐标轴上的投影以及合力投影定理可知：合力 $\boldsymbol{F}_{\mathrm{R}}$ 的大小和方向为

$$\left.\begin{aligned} F_{\mathrm{R}} &= \sqrt{F_{\mathrm{R}x}^2 + F_{\mathrm{R}y}^2} = \sqrt{\left(\sum F_x\right)^2 + \left(\sum F_y\right)^2} \\ \tan\alpha &= \left|\frac{\sum F_y}{\sum F_x}\right| \end{aligned}\right\} \tag{1-8}$$

从静力学中我们可以知道，平面汇交力系平衡的条件是合力 $\boldsymbol{F}_{\mathrm{R}}$ 等于零，由式（1－8）有

$$F_{\mathrm{R}} = \sqrt{\left(\sum F_x\right)^2 + \left(\sum F_y\right)^2} = 0$$

所以

$$\left.\begin{aligned} \sum F_x &= 0 \\ \sum F_y &= 0 \end{aligned}\right\} \tag{1-9}$$

即平面汇交力系平衡的解析条件是各力在 *x* 轴和 *y* 轴上投影的代数和分别等于零。式（1－9）称为平面汇交力系平衡方程。运用这两个平衡方程，可以求解两个未知量。

注意：当用解析法求解平衡问题时，未知力的指向可先假设，如计算结果为正值，则表示所假设力的指向与实际指向相同；如为负值，则表示所假设力的指向与实际指向相反。

2. 平面力偶系的平衡方程

作用在物体上同一平面内的几个力偶称为平面力偶系。平面力偶系的合成就是把平面力偶系中所有的力偶用一个与它们等效的合力偶来代替。

由于力偶没有合力，因此可以推断，力偶系合成的结果不会得到一个合力，而是一个合力偶，且其合力偶矩等于力偶系中各分力偶矩的代数和，即

$$M = \sum M_i \tag{1-10}$$

由上可知，平面力偶系的合成结果是一个合力偶，若平面力偶系平衡，则合力偶矩必须等于零，即

$$\sum M_i = 0 \tag{1-11}$$

反之，若合力偶矩为零，则平面力偶系平衡。

由此可知，平面力偶系平衡的充要条件是：力偶系中各力偶矩的代数和等于零。

式（1-11）是解平面力偶系平衡的基本方程，运用这个平衡方程，可以求出一个未知量。

3. 平面任意力系的平衡方程

平面任意力系是指各力的作用线都分布在同一平面内，既不汇交于一点，也不完全平行。如图1-26所示的房架，受风力 $\boldsymbol{F}_{\mathrm{Q}}$、载荷 $\boldsymbol{F}_{\mathrm{P}}$ 和支座的反力 $\boldsymbol{F}_{Ax}$、$\boldsymbol{F}_{Ay}$、$\boldsymbol{F}_{B}$ 的作用，显然这是一个平面任意力系，因而不能像汇交力系或力偶系那样直接求矢量和得到最终简化结果，但我们可以将各力的作用线向某点平移得到汇交力系以利用前面已得到的结果。为此，这里先介绍力线平移定理。

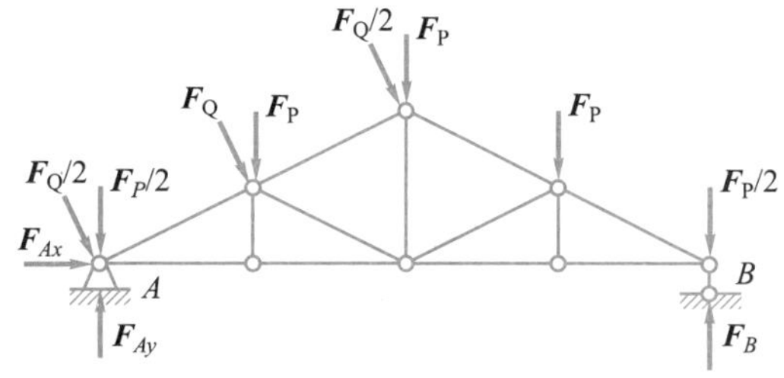

图1-26　房架受力图

力线平移定理是平面力系向一点简化的依据，其定理是：作用在刚体上的力 $\boldsymbol{F}$ 可以平行移动到刚体的任意一点，但必须同时附加一个力偶，其力偶矩等于原力 $\boldsymbol{F}$ 对平移点之矩。如图1-27（a）所示，有一力 $\boldsymbol{F}$ 作用于 A 点，在刚体上任取一点 B，在 B 点加上大小相等、方向相反且与力 $\boldsymbol{F}$ 平行的两个力 $\boldsymbol{F}'$ 与 $\boldsymbol{F}''$，并使 $F'=F''=F$，如图1-27（b）所示。显然，力系（$\boldsymbol{F}$，$\boldsymbol{F}'$，$\boldsymbol{F}''$）与力 $\boldsymbol{F}$ 是等效的。但力系（$\boldsymbol{F}$，$\boldsymbol{F}'$，$\boldsymbol{F}''$）可看作是一个作用在 B 点的力 $\boldsymbol{F}'$ 和一个力偶（$\boldsymbol{F}$，$\boldsymbol{F}''$）。于是原来作用在 A 点的力 $\boldsymbol{F}$，现在被一个作用在 B 点的力 $\boldsymbol{F}'$ 和一个力偶所代替，如图1-27（c）所示。

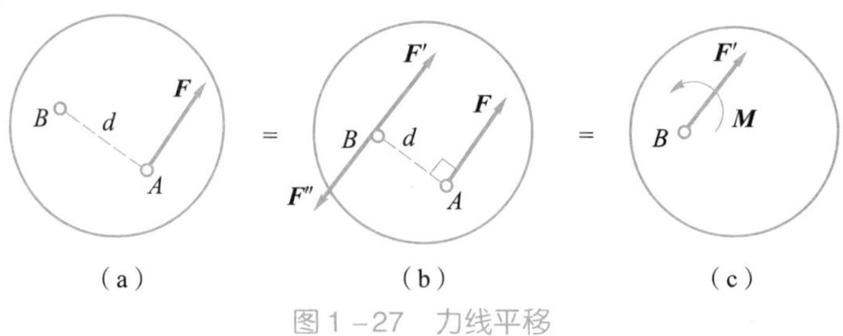

图1-27　力线平移

因此，作用于平面内的任意力就可以分解为一个平面汇交力系和一个平面力偶系，如图1-28所示。

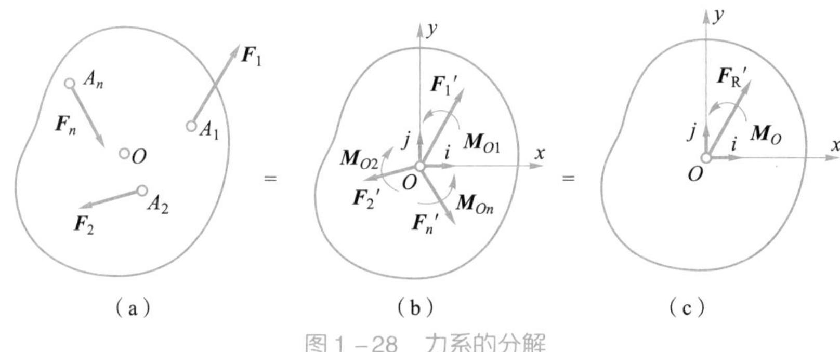

图1-28　力系的分解

由此可以将平面任意力系的平衡问题转化为求解平面汇交力系和平面力偶系的问题，然后再将这两个力系进行合成。

因此对于平面汇交力系来说，其合力等于平面汇交力系中合力的矢量和，即

$$\boldsymbol{F}'_{\mathrm{R}} = \boldsymbol{F}_1 + \boldsymbol{F}_2 + \cdots + \boldsymbol{F}_n = \sum \boldsymbol{F} \tag{1-12}$$

式中，$\boldsymbol{F}'_{\mathrm{R}}$ 称为原力系的主矢，如图1-28（c）所示。

平面力偶系可以合成为一个合力偶，这个合力偶矩 $\boldsymbol{M}_O$ 的大小等于各附加力偶矩的代数和，即

$$\begin{aligned} M_O &= M_1 + M_2 + \cdots + M_n \\ &= M_O(\boldsymbol{F}_1) + M_0(\boldsymbol{F}_2) + \cdots + M_O(F_n) \\ &= \sum M_O(\boldsymbol{F}) \end{aligned} \tag{1-13}$$

$\boldsymbol{M}_O$ 称为原力系的主矩，如图1-28（c）所示。其大小等于原力系中各力对 O 点之矩的代数和。

综上所述，当主矢 $\boldsymbol{F}'_{\mathrm{R}}$ 和主矩 $\boldsymbol{M}_O$ 中任何一个不等于零时，力系是不平衡的。因此，要使平面力系平衡，就必有 $F'_{\mathrm{R}}=0$，$M_O=0$。反之 $F'_{\mathrm{R}}=0$，$M_O=0$，则力系必然平衡。所以物体在平面任意力系作用下平衡的充分必要条件是：力系的主矢 $\boldsymbol{F}'_{\mathrm{R}}$ 和力系对任一点 O 的主矩 $\boldsymbol{M}_O$ 都等于零，即

$$F'_{\mathrm{R}} = \sqrt{(\sum F_x)^2 + (\sum F_y)^2} = 0$$

$$M_O = \sum M_O(F) = 0$$

故

$$\left.\begin{aligned}\sum F_x &= 0\\ \sum F_y &= 0\\ \sum M_O(\boldsymbol{F}) &= 0\end{aligned}\right\}\qquad(1-14)$$

即平面一般力系平衡的解析条件是：力系中各力在两个正交坐标轴的每一轴上的投影的代数和分别等于零，以及各力对于平面内任意一点之矩的代数和也等于零。式（1－14）称为平面任意力系的平衡方程，它是平衡方程的基本形式。

1.5.2　平衡方程的应用

受到约束的物体，在外力的作用下处于平衡，应用力系的平衡方程可以求出未知反力。求解过程按照以下步骤进行：

（1）根据题意选取研究对象，取出分离体。

（2）分析研究对象的受力情况，正确地在分离体上画出受力图。

（3）应用平衡方程求解未知量。

应当注意判断所选取的研究对象受到何种力系作用，所列出的方程个数不能多于该种力系的独立平衡方程个数，并注意列方程时力求一个方程中只出现一个未知量，尽量避免解联立方程。

【例1.4】 杆 AC、BC 在 C 处铰接，另一端均与墙面铰接，如图1－29（a）所示，$\boldsymbol{F}_1$ 和 $\boldsymbol{F}_2$ 作用在销钉 C 上，$F_1=445$ N，$F_2=535$ N，不计杆重，试求两杆所受的力。

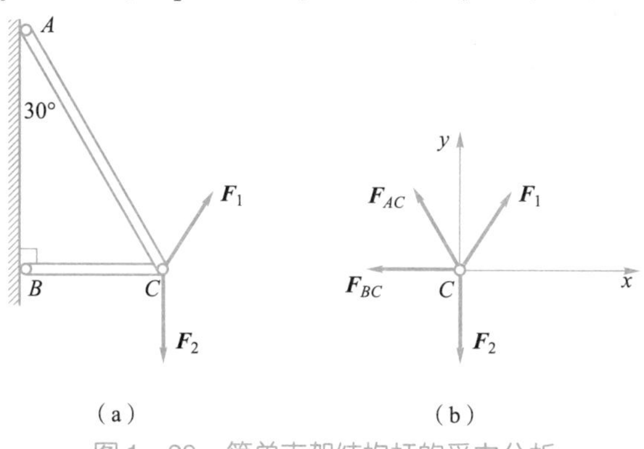

图1－29　简单支架结构杆的受力分析

解：（1）根据题意，选销钉 C 为研究对象。

（2）画受力图。销钉 C 受四个力的作用：已知 $\boldsymbol{F}_1$ 和 $\boldsymbol{F}_2$ 两个力以及杆 AC、杆 BC 给它的约束反力，而 AC、BC 均为二力杆，三力汇交于 C 点，如图1－29（b）所示。

（3）以水平向右为 x 轴正方向，竖直向上为 y 轴方向，列平衡方程：

$$\sum F_y = 0$$

$$F_1 \times \frac{4}{5} + F_{AC}\sin 60° - F_2 = 0$$

$$\sum F_x = 0$$

$$F_1 \times \frac{3}{5} - F_{BC} - F_{AC}\cos 60° = 0$$

得

$$F_{AC}=207\ \text{N}$$
$$F_{BC}=164\ \text{N}$$

AC 与 BC 两杆均受拉。

【例 1.5】 如图 1－30 所示，电动机轴通过联轴器与工作轴相连接，联轴器上四个螺栓 A、B、C、D 的孔心均匀地分布在同一圆周上，此圆的直径 $AC=BD=150$ mm，电动机轴传给联轴器的力偶矩 $M_O=2.5\ \text{kN}\cdot\text{m}$，试求每个螺栓所受的力。

解：

（1）取联轴器为研究对象。作用于联轴器上的力有电动机传给联轴器的力偶、每个螺栓的反力，受力图如图 1－31 所示。假设四个螺栓的受力均匀，即 $F_1=F_2=F_3=F_4=F$，则组成两个力偶并与电动机传给联轴器的力偶平衡。

（2）列平面力偶系平衡方程。

由 $\sum M=0$，有

$$M_O-F\times AC-F\times BD=0$$
$$AC=BD$$

故

$$F=\frac{M_O}{2AC}=\frac{2.5}{2\times 0.15}=8.33\ (\text{kN})$$

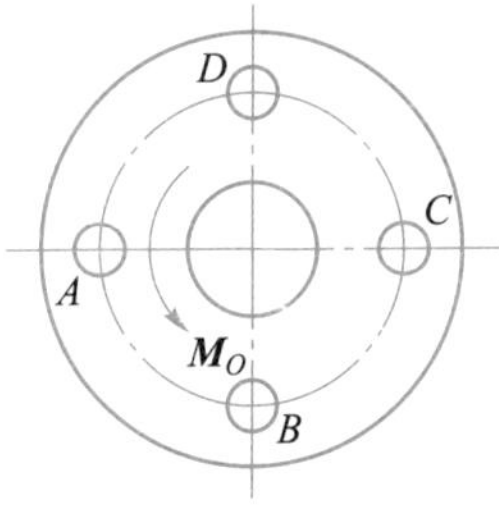

图 1－30　联轴器

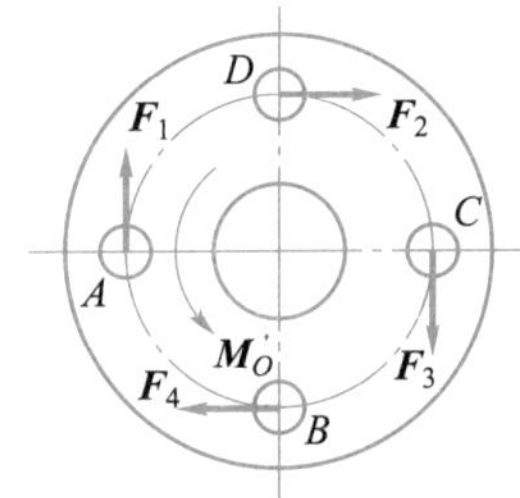

图 1－31　联轴器受力分析

【例 1.6】 悬臂梁 AB 长 l，A 端为固定端，如图 1－32（a）所示，已知均布载荷的集度为 q，不计梁自重，求固定端 A 的约束反力。

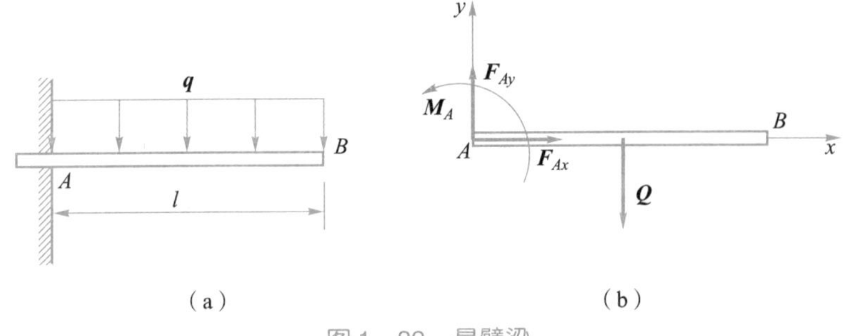

图 1－32　悬臂梁

解：（1）取梁 AB 为研究对象，画受力图。AB 梁为悬臂梁，因此在梁的 A 段作用着约束反力 $\boldsymbol{F}_{Ax}$ 和 $\boldsymbol{F}_{Ay}$ 以及一个反力偶矩 $\boldsymbol{M}_A$。因此，作用于梁上的力有 $\boldsymbol{F}_{Ax}$ 和 $\boldsymbol{F}_{Ay}$、$\boldsymbol{M}_A$ 以及均布

载荷 q 的合力 Q($Q=ql$，作用在分布载荷区段的中点)，显然它是一个平面一般力系，取坐标轴如图 1－32（b）所示。

（2）列平衡方程：

$$\sum F_x = 0$$

$$F_{Ax}=0$$

$$\sum F_y = 0$$

$$F_{Ay}-Q=0$$

$$\sum M_A(\boldsymbol{F}) = 0$$

$$M_A-Q\cdot\frac{1}{2}=0$$

解得

$$F_{Ax}=0,\ F_{Ay}=0,\ M_A=\frac{1}{2}ql^2$$

平衡方程解得的结果均为正值，说明图 1－32（b）中所设约束反力的方向均与实际方向相同。

【例 1.7】 悬臂吊车如图 1－33（a）所示。横梁 AB 长 $l=2.5$ m，重力 $P=1.2$ kN，拉杆 CB 的倾角 $\alpha=30°$，质量不计，载荷 $Q=7.5$ kN。求图示位置 $a=2$ m 时拉杆的拉力和铰链 A 的约束反力。

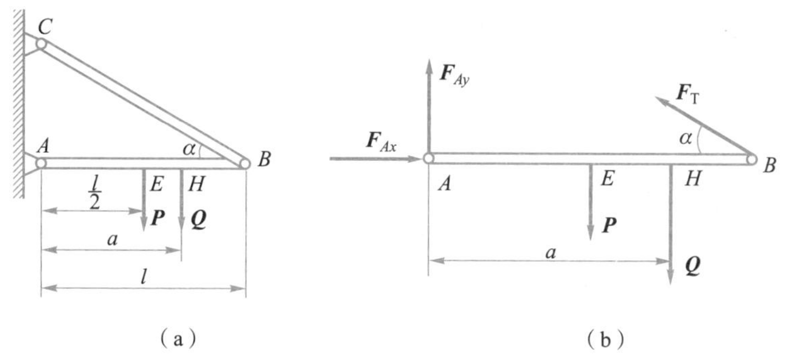

图 1－33　悬臂吊车

解：（1）选 AB 梁为研究对象，画受力图。作用于横梁上的力有重力 $\boldsymbol{P}$、载荷 $\boldsymbol{Q}$、拉杆的拉力 $\boldsymbol{F}_T$ 和铰链 A 的约束反力 $\boldsymbol{F}_A$。因为 CB 杆是二力杆，故拉力 $\boldsymbol{F}_T$ 沿 CB 连线；$\boldsymbol{F}_A$ 方向未知，故分解为两个分力 $\boldsymbol{F}_{Ax}$ 和 $\boldsymbol{F}_{Ay}$。显然各力的作用线分布在同一个平面内，而且组成平衡力系，如图 1－33（b）所示。

（2）列平衡方程，求未知量。运用平面力系平衡方程，得

$$\sum F_x = 0$$

$$F_{Ax}-F_T\cos\alpha=0 \qquad (a)$$

$$\sum F_y = 0$$

$$F_{Ay}+F_T\sin\alpha-P-Q=0 \qquad (b)$$

$$\sum M_A(\boldsymbol{F}) = 0$$

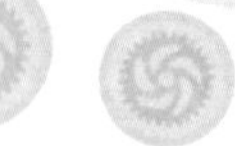

$$F_T\sin\alpha \times 1 - P \times \frac{1}{2} - Q \cdot a = 0 \qquad (c)$$

由式（c）解得

$$F_T = \frac{1}{\sin\alpha \times 1}\left(P \times \frac{1}{2} + Q \cdot a\right) = 13.2\ \text{kN}$$

将 F_T 值代入式（a）解得

$$F_{Ax} = F_T\cos\alpha = 11.43\ \text{kN}$$

将 F_T 值代入式（b）解得

$$F_{Ay} = Q + P - F_T\sin\alpha = 2.1\ \text{kN}$$

解得 F_{Ax} 和 F_{Ay} 皆为正值，表示假设的指向与实际的指向相同。

习　题

一、填空题

1. 平面汇交力系的平衡条件是：________________________________。

2. 空间汇交力系的合力在任意一个坐标轴上的投影等于________在同一轴上投影的________。

二、计算题

1. 水平力 $\boldsymbol{F}$ 作用在钢架的 B 点，如图 1-34 所示。如不计钢架质量，试求支座 A 和 D 处的约束力。

2. 在简支梁 AB 的中点 C 作用一个倾斜 45°的力 $\boldsymbol{F}$，力的大小等于 20 kN，如图 1-35 所示。若梁的自重不计，试求两支座的约束力。

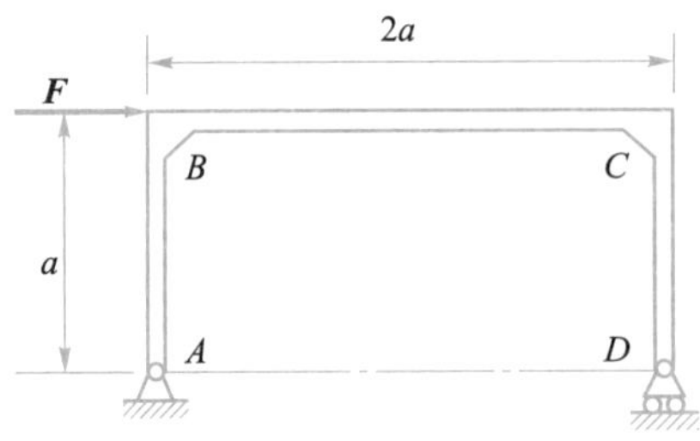

图 1-34　计算题 1 图

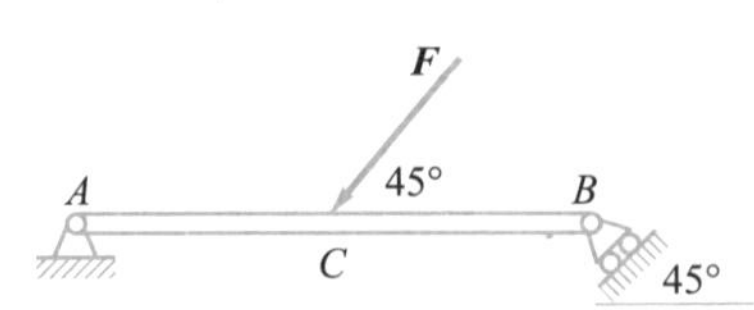

图 1-35　计算题 2 图

3. 已知梁 AB 上作用一力偶，力偶矩为 $\boldsymbol{M}$，梁长为 l，梁重不计。求图 1-36 所示支座 A 和 B 的约束力。

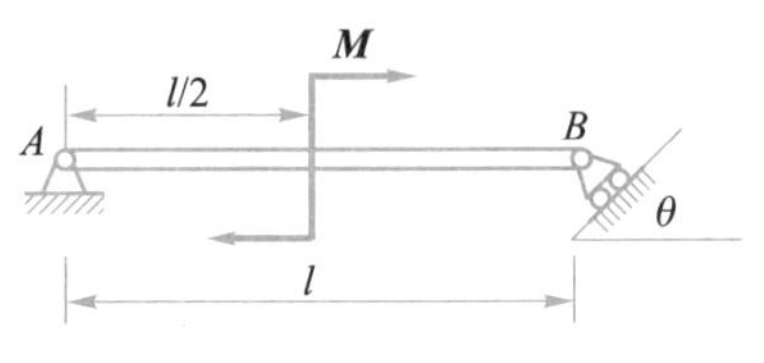

图 1-36　计算题 3 图

4. 水平梁 AB，A 端为固定铰支座，B 端为水平面上的滚动支座，受力及几何尺寸如图 1-37 所示，试求 A、B 端的约束力。

5. 由 AC 和 CD 构成的组合梁通过铰链 C 连接。它的

支承和受力如图 1－38 所示。已知均布载荷强度 $q=10\ \text{kN/m}$，力偶矩 $M=40\ \text{kN}\cdot\text{m}$，不计梁重。求支座 A、B、D 的约束反力和铰链 C 处所受的力。

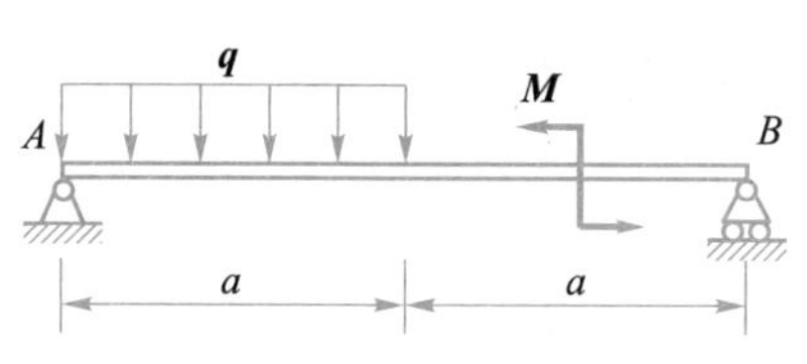

图 1－37　计算题 4 图

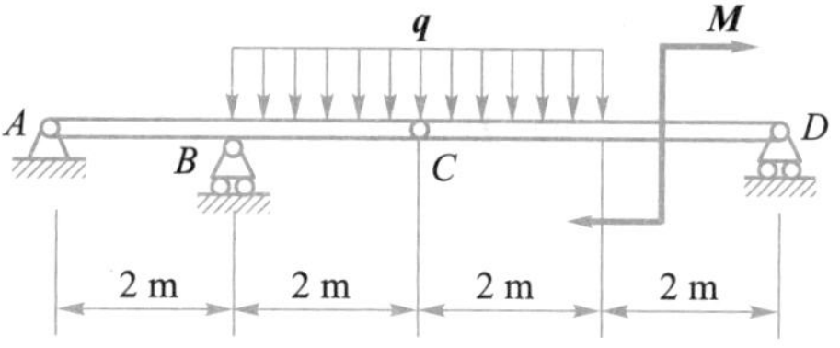

图 1－38　计算题 5 图

第2章　杆件的变形与强度计算

在工程实际中，常常遇到这样的情况：当杆件受力过大时，会发生破坏而造成事故，或者杆件在受力后产生过大的变形而影响机器的正常工作。例如齿轮轴有时会因为载荷过大而断裂，造成机器停止运转，或者在受力变形后影响齿轮间的正常啮合。这些情况在实际中都是不允许的。因此，为了保证机器或构件正常工作，要求每个构件都具备足够的抵抗破坏的能力，即有足够的强度、刚度和稳定性。

学习目标

知识目标

- 了解各种基本变形的应力概念、特点和分布规律。
- 掌握各种基本变形的应力和强度计算方法。

能力目标

- 具有分析杆件内力的能力，能进行强度和刚度计算。
- 对应力状态理论和强度理论有一定的认识。

2.1　概　　述

2.1.1　构件正常工作的基本要求

为了保证机械零件有足够的承载能力，零件必须满足下列基本要求：

（1）足够强度。构件在外载荷作用下会产生变形，当其产生显著的塑性变形或断裂时将导致构件失效。例如，起吊重物的钢丝绳不能被拉断，减速器中齿轮的轮齿在传递载荷时不允许被折断，构件抵抗破坏的能力称为构件的强度。

（2）足够刚度。构件不仅要有足够的强度，而且也不能产生过大的弹性变形。若产生过大的变形，将会影响构件的正常工作。例如传动轴发生较大变形，轴承、齿轮会加剧磨损、降低寿命，从而影响齿轮的正常啮合，使机器不能运转。所以把构件抵抗变形的能力称为构件的刚度。

（3）足够稳定性。一些细长、薄壁的构件在轴向压力达到一定程度时，会失去原有平

衡形式而丧失正常工作能力，这种现象称为构件丧失了稳定。例如液压缸中的长活塞杆，若其丧失了稳定性，就会突然变弯或由此导致折断。把压杆能够维持原有直线平衡状态的能力称为压杆的稳定性。

2.1.2　杆件变形的基本形式

杆件是机械中最常用的基本形式。所谓的杆件，就是纵向（长度方向）尺寸远大于横向（垂直于长度方向）尺寸的构件。例如，悬臂吊中的拉杆和横梁及机器中的齿轮轴等都属于杆件。杆件有两个主要几何要素，即横截面和轴线。杆件分为直杆和曲杆。直杆的特征是轴线为直线，如图2－1（a）所示；曲杆的特征是轴线为曲线，如图2－1（b）所示。直杆和曲杆的轴线与横截面都是相互垂直的。

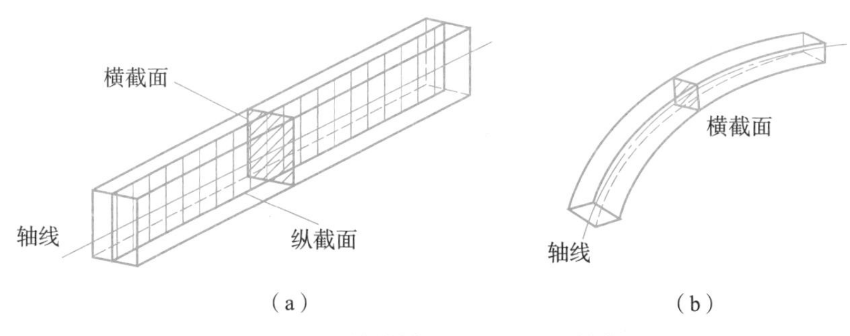

图2－1　杆件的轴线、横截面和纵截面

1. 杆件变形的基本形式

杆件在不同的受力情况下各不相同，受力后所产生变形的形式也随之改变。对于杆件来说，其受力后产生的变形有以下4种形式。

1）轴向拉伸和轴向压缩

在一对等值、反向且作用线与杆轴线重合的外力作用下，直杆的主要变形是长度的改变。这种变形称为轴向拉伸或轴向压缩，如图2－2（a）和图2－2（b）所示。

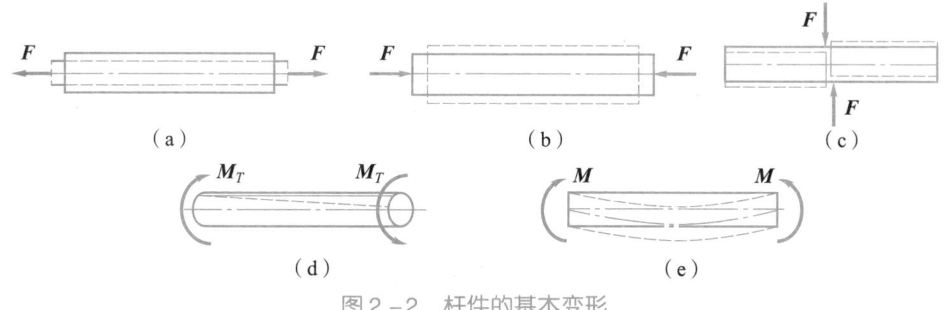

图2－2　杆件的基本变形

2）剪切

在一对相距很近的等值、反向的外力作用下，杆的主要变形是横截面沿外力作用方向发生的相对错动变形，这种变形称为剪切，如图2－2（c）所示。

3）扭转

在一对等值、反向、作用面都垂直于杆轴的力偶作用下，杆件的任意两个相邻横截面绕

轴线发生相对移动变形，而轴线仍维持直线，这种变形形式称为扭转，如图 2－2（d）所示。

4）弯曲

在一对等值、反向、作用在杆件纵向平面内的两个力偶作用下，杆件将在纵向平面内发生弯曲变形，变形后杆的轴线将弯曲成曲线，这种变形称为弯曲，如图 2－2（e）所示。

2.1.3 内力和应力

1. 内力

构件所受到的外力包括载荷和约束反力。外力可以从不同的角度分类，这些在前一章已介绍。构件在外力作用下发生变形的同时将引起内力。

在物理学中，物体内相邻质点之间的相互作用力称为内力。物体未受到外力作用时，内力已经存在，正是因为内力的存在，物体才能保持一定的形状，当外力作用后，原有的内力会发生改变，这一改变量称为附加内力，简称内力。内力由外力引起，随外力的增大而增大，当内力增大到某一极限值时，材料就会破坏。

2. 应力

在外力作用下，杆件某一截面上任一点处内力的分布集度称为应力。

如图 2－3 所示，在杆件截面 $m-m$ 上任一点 K 的周围取一微面积 ΔA，设 ΔA 上分布内力的合力为 ΔF，则在微面积 ΔA 上内力 ΔF 的平均集度 $\frac{\Delta F}{\Delta A}$ 称为 ΔA 上的平均应力。

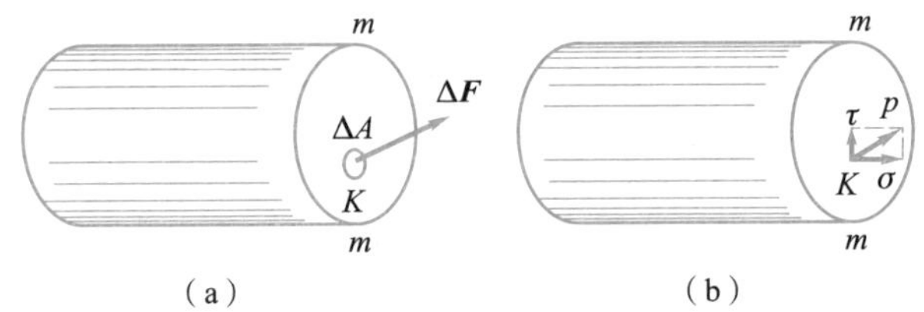

图 2－3　横截面积上的内力和应力

垂直于截面的应力称为正应力，用 σ 表示；平行于截面的应力称为切应力，用 τ 表示。

在我国法定计量单位中，应力的单位是 Pa（帕斯卡）。在工程实践中，还常采用 MPa 和 GPa，$1\ \text{GPa}=10^3\ \text{MPa}=10^9\ \text{Pa}$。

$$1\ \text{Pa}=1\ \text{N/m}^2,\ 1\ \text{MPa}=1\ \text{N/mm}^2$$

一、填空题

1. 构件的强度是指________的能力。

2. 构件的刚度是指________的能力。
3. 使构件发生脆性断裂的原因主要是________。
4. 在材料力学中分析杆件内力的基本方法是________，步骤是________。

二、判断题

(　　) 1. 内力是随外力的增大而不断增大的。
(　　) 2. 主应力指的是单元体的最大剪应力。
(　　) 3. 材料力学是研究构件承载能力的一门学科。
(　　) 4. 横截面上的正应力和切应力总是同时存在的。
(　　) 5. 应力是横截面上的平均内力。

三、简答题

1. 什么是应力？
2. 什么是内力？

2.2　轴向拉伸和压缩

在工程中，经常会遇到轴向拉伸或压缩的杆件，例如图2－4所示的桁架竖杆、斜杆和上下弦杆，如图2－5所示起重架的1、2杆。作用在这些杆上外力的合力作用线与杆轴线重合。在这种受力情况下，杆所产生的变形主要是纵向伸长或缩短。产生轴向拉伸或压缩的杆件称为拉杆或压杆。

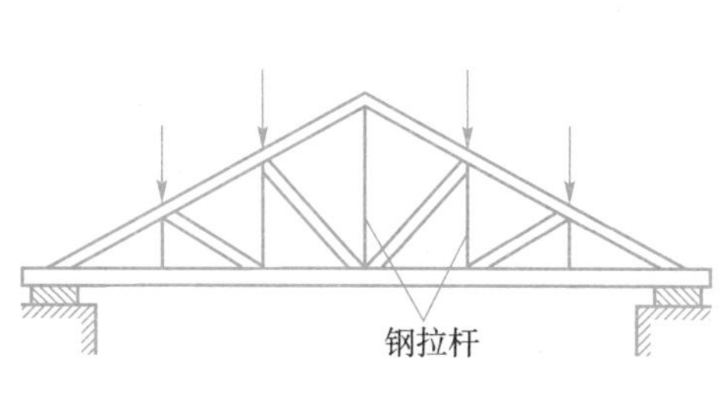

图2－4　桁架

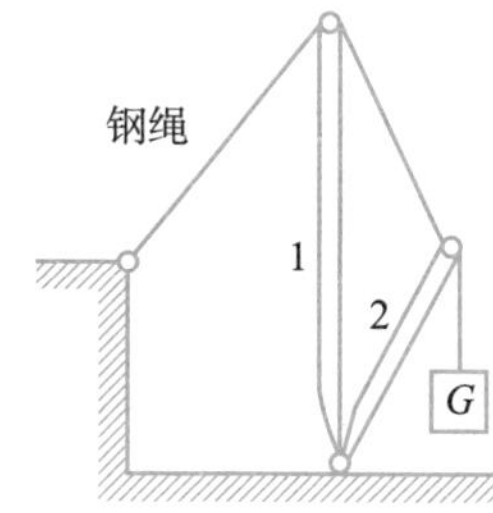

图2－5　起重架

1. 截面法、轴力、轴力图

求构件内力的基本方法是截面法。下面通过求解图2－6（a）的拉杆 $m-m$ 横截面上的内力来阐明这种方法。假想用一横截面将杆沿截面 $m-m$ 截开，取左段为研究对象，如图2－6（b）所示，由于整个杆件是处于平衡状态的，所以左段也保持平衡，由平衡条件 $\sum F_x=0$ 可知，截面 $m-m$ 上的分布内力的合力必是与杆轴相重合的一个力，且 $F_N=P$，其指向背离截面。同样，若取右段为研究对象，如图2－6（c）所示，可得出相同的结果。

对于压杆，也可通过上述方法求得其任一横截面 $m-m$ 上的轴力 $\boldsymbol{F}_N$，其指向如图2－7所示。

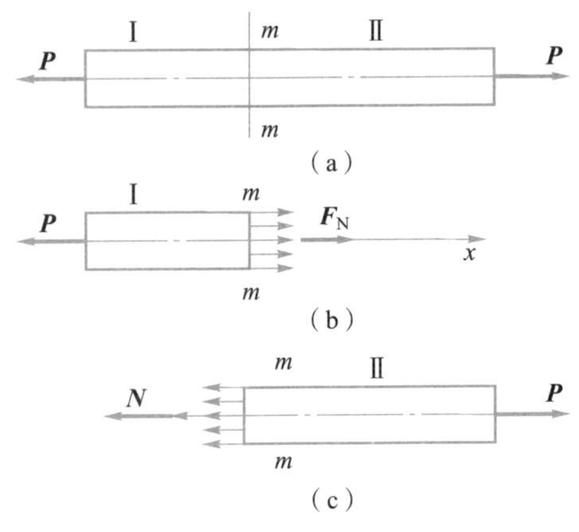

图2－6　拉杆

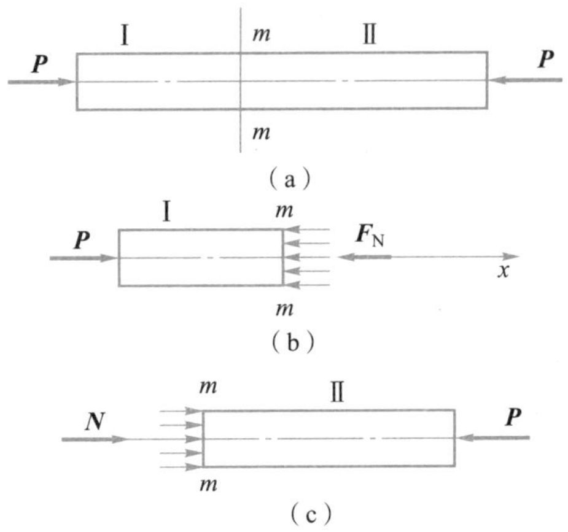

图2－7　压杆

把作用线与杆轴线相重合的内力称为轴力，用符号 F_N 表示。背离截面的轴力称为拉力，指向截面的轴力称为压力。通常规定：拉力为正，压力为负。

轴力的单位为牛顿（N）或千牛顿（kN）。

这种假想用一截面将物体截开为两部分，取其中一部分为研究对象，利用平衡条件求解截面内力的方法称为截面法。

综上所述，截面法包括以下三个步骤：

（1）沿所求内力的截面假想地将杆件截成两部分。

（2）取出任一部分为研究对象，并在其截面上画出所受的力。

（3）列出研究对象的平衡方程，并求解内力。

【例2.1】 杆件受力如图2－8（a）所示，在力 $\boldsymbol{P}_1$、$\boldsymbol{P}_2$、$\boldsymbol{P}_3$ 作用下处于平衡。已知 $P_1 = 25\ \text{kN}$，$P_2 = 35\ \text{kN}$，$P_3 = 10\ \text{kN}$，求杆件 AB 和 BC 段的轴力。

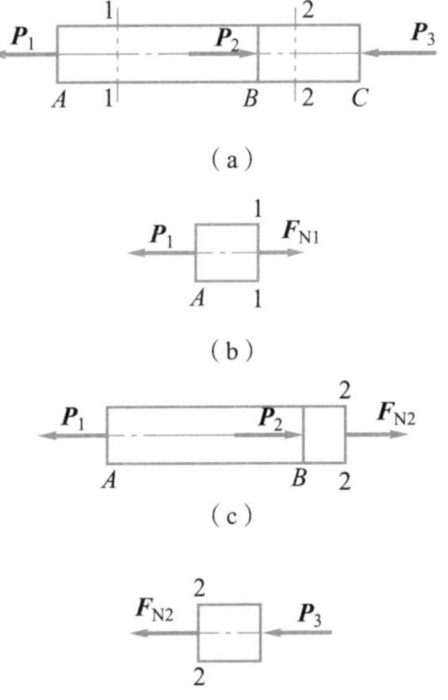

图2－8　杆件受力分析

解： 杆件承受多个轴向力作用时，外力将杆分为几段，各段杆的内力将不相同，因此要分段求出杆的力。

1）求 AB 段的轴力

用1－1截面在 AB 段内将杆截开，取左段为研究对象（如图2－8（b）所示），截面上的轴力用 $\boldsymbol{F}_{N1}$ 表示，并假设为拉力，由平衡方程

$$\sum F_x = 0$$

有

$$F_{N1} - P_1 = 0$$

$$F_{N1} = P_1 = 25\ \text{kN}$$

结果为正值，说明假设方向与实际方向相同，AB 段的轴力为拉力。

2）求 BC 段的轴力

用2－2截面在 BC 段内将杆截开，取左段为研究对

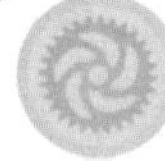

象（如图 2－8（c）所示），截面上的轴力用 $\boldsymbol{F}_{N2}$ 表示，由平衡方程

$$\sum F_x = 0$$

有

$$F_{N2} + P_2 - P_1 = 0$$

$$F_{N2} = P_1 - P_2 = -10\ \text{kN}$$

结果为负值，说明假设方向与实际方向相反，BC 杆的轴力为压力。

若取右段为研究对象（如图 2－8（d）所示），由平衡方程

$$\sum F_x = 0$$

有

$$-F_{N2} - P_3 = 0$$

$$F_{N2} = -P_3 = -10\ \text{kN}$$

结果与取左段相同。

当杆件受到多于两个的轴向外力作用时，在杆的不同截面上轴力将不相同，在这种情况下，对杆件进行强度计算时，必须知道杆各个横截面上轴力、最大轴力的数值及其所在截面的位置。为了直观地看出轴力沿横截面位置的变化情况，可按选定的比例尺，用平行于轴线的坐标表示横截面的位置，用垂直于杆轴线的坐标表示各横截面轴力的大小，绘出表示轴力与截面位置关系的图线，该图线就称为轴力图。画图时，习惯上将正值的轴力画在上侧，负值的轴力画在下侧。

2. 拉（压）杆横截面上的应力

根据应力的定义和横截面上应力均匀分布的规律，可知拉（压）变形横截面上存在正应力，用符号 σ 表示。其应力计算公式为

$$\sigma = \frac{F_N}{A} \tag{2-1}$$

式中：σ——横截面上的应力；

F_N——横截面上的轴力；

A——横截面面积。

3. 轴向拉（压）杆的强度条件和强度计算

为了使零件有足够的强度，零件在载荷作用下的最大应力必须小于材料的极限应力 σ_0。对于塑性材料，取 $\sigma_0 = \sigma_s$；对于脆性材料，取 $\sigma_0 = \sigma_s$ 或 $\sigma_0 = \sigma_{bc}$。但为了零件能安全可靠地工作，应留有适当的强度储备。一般把极限应力除以大于 1 的安全系数 n 所得的结果称为许用应力 $[\sigma]$，即 $[\sigma] = \frac{\sigma_0}{n}$。

由拉（压）杆的工作应力公式（2－1）可知，为了保证构件能安全正常地工作，杆内最大的工作应力不得超过材料的许用应力，即

$$\sigma_{max} = \frac{F_N}{A} \leqslant [\sigma] \tag{2-2}$$

式（2－2）称为拉（压）杆的强度条件。

在轴向拉（压）杆中，产生最大正应力的截面称为危险截面。对于轴向拉压的等直杆，其轴力最大的截面就是危险截面。

应用强度条件（式（2－2））可以解决轴向拉（压）杆在强度计算的三类问题：

1）强度校核

在已知杆的材料、尺寸（已知 $[\sigma]$ 和 A）和所受荷载（已知 F_N）的情况下，可用式（2－2）检查和校核杆的强度。如 $\sigma_{max}=\dfrac{F_N}{A}\leqslant[\sigma]$，表示杆的强度是满足的，否则不满足强度条件。

2）截面选择

已知杆所受的荷载、材料，则杆所需的横截面面积 A 可用下式计算：

$$A\geqslant\frac{F_N}{[\sigma]} \tag{2-3}$$

3）确定许可荷载

已知杆的尺寸、材料，确定杆能承受的最大轴力，并由此计算杆能承受的许可荷载。

$$[F_N]\leqslant A[\sigma] \tag{2-4}$$

【例 2.2】 如图 2－9 所示的阶梯形圆截面杆，同时承受轴向载荷 $\boldsymbol{F}_1$ 与 $\boldsymbol{F}_2$ 作用。试计算杆件各截面上的轴力和正应力。已知 $F_1=20$ kN，$F_2=50$ kN，杆件 AB 段与 BC 段的直径分别为 $d_1=20$ mm 与 $d_2=30$ mm。

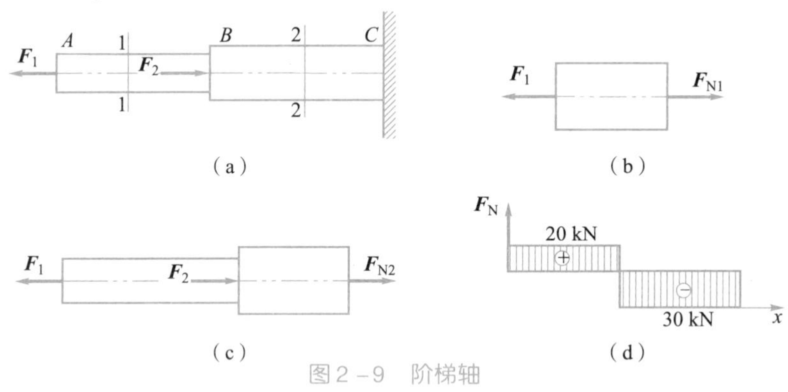

图 2－9　阶梯轴

解：

1）计算轴力

（1）取 1－1 截面左侧为研究对象，如图 2－9（b）所示。AB 段轴力

$$F_{N1}=F_1=20\ \text{kN}$$

（2）取 2－2 截面左侧为研究对象，如图 2－9（c）所示。BC 段轴力

$$F_{N2}=F_1-F_2=-30\ \text{kN}$$

F_{N2} 为负，说明 BC 段为压力。

（3）作轴力图，如图 2－9（d）所示。

2）应力计算

（1）AB 段任意截面 1－1 的正应力

$$\sigma_1=\frac{F_{N1}}{A_1}=\frac{4\times20\times10^3}{\pi\times20^2}=63.7\ (\text{MPa})$$

（2）BC 段任意截面 2－2 的正应力

$$\sigma_2 = \frac{F_{N2}}{A_2} = \frac{4 \times (-30 \times 10^3)}{\pi \times 30^2} = -42.4 \text{ (MPa)}$$

σ_2 为负，故为压应力。是压应力。

【**例 2.3**】如图 2－10 所示，已知一圆杆受拉力 $P = 25$ kN，直径 $d = 14$ mm，许用应力 $[\sigma] = 170$ MPa，此杆是否满足强度要求？

图 2－10 圆杆

解：最大轴力为

$$F_N = P = 25 \text{ kN}$$

面积

$$A = \frac{\pi d^2}{4} = \frac{3.14 \times 14^2}{4} = 154 \text{ (mm}^2\text{)}$$

由式（2－1）得

$$\sigma = \frac{F_N}{A} = \frac{25 \times 10^3}{154} = 162 \text{(MPa)} < [\sigma]$$

所以此杆满足强度要求。

【**例 2.4**】如图 2－11 所示的起重设备示意图，杆 AB 和 BC 均为圆截面钢杆，直径均为 $d = 36$ mm，钢杆的许用应力 $[\sigma] = 170$ MPa，试确定吊车的最大许用起重量 W。

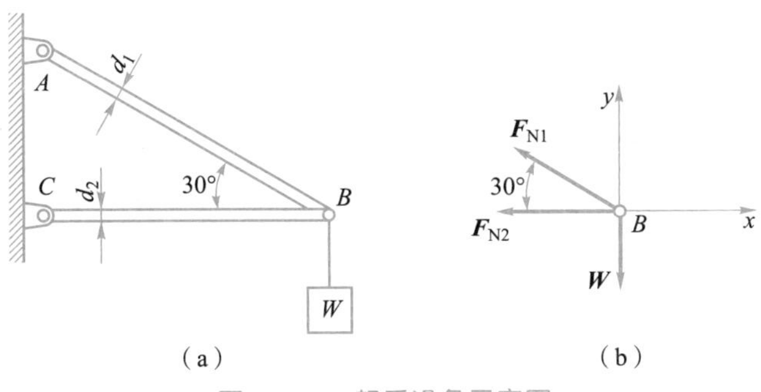

图 2－11 起重设备示意图

解：（1）计算 AB、BC 杆的轴力。

设 AB 杆的轴力为 $\boldsymbol{F}_{N1}$，BC 杆的轴力为 $\boldsymbol{F}_{N2}$，根据结点 B 的平衡，如图 2－11（b）所示，由式（1－8）有

$$F_{N1} \cos 30° + F_{N2} = 0$$
$$F_{N1} \sin 30° - W = 0$$

解得

$$F_{N1} = 2W, \quad F_{N2} = -\sqrt{3} W$$

上式表明，AB 杆受拉伸，BC 杆受压缩。

（2）求许用载荷。

由式（2－4）可知，当 AB 杆到达许用应力时

$$F_{N1} = 2W \leqslant A[\sigma] = \frac{\pi \times 36^2}{4} \times 170 = 173 \text{(kN)}$$

解得

$$W \leqslant 86.5\ \text{kN}$$

当 BC 杆到达许用应力时

$$F_{N2} = \sqrt{3}W \leqslant A[\sigma] = \frac{\pi \times 36^2}{4} \times 170 = 173(\text{kN})$$

解得

$$W \leqslant 99.9\ \text{kN}$$

两者之间取最小值，因此该吊车的最大许可载荷为 $[W] = 86.5\ \text{kN}$。

4. 应变的概念

假设杆件原长为 l，直径为 d，承受一对轴向拉力 $\boldsymbol{F}$ 作用后，杆长变为 l_1，直径变为 d_1，如图 2－12所示，则杆件的纵向伸长为

$$\Delta l = l_1 - l \tag{2-5}$$

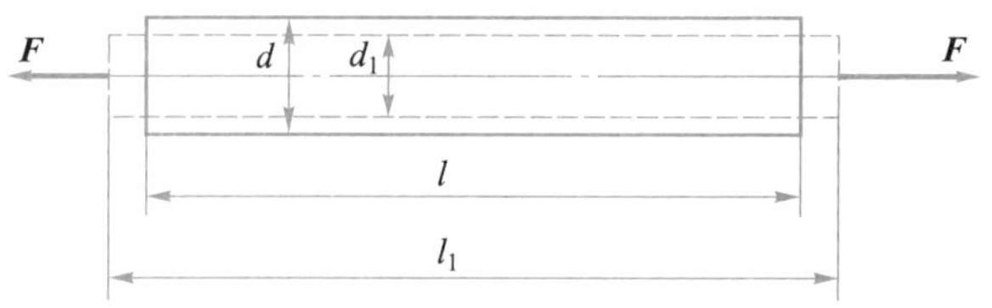

图 2－12　杆件的纵向变形和横向变形

横向收缩量为

$$\Delta d = d_1 - d \tag{2-6}$$

Δl 表示杆件的纵向总伸长量，Δd 表示横向收缩量，显然，对于不同长度的杆件，即使伸长量相同，其变形程度也是不同的。为了量度杆件的变形程度，我们引入应变的概念，单位长度上的伸长量称为线应变，用符号 ε 表示。则杆件的纵向线应变为

$$\varepsilon = \frac{\Delta l}{l} \tag{2-7}$$

横向线应变为

$$\varepsilon' = \frac{\Delta d}{d} \tag{2-8}$$

实验表明，在材料的弹性范围内，其横向线应变与纵向线应变的比值为一常数，记作 μ，称为横向变形系数（泊松比）。

$$\left|\frac{\varepsilon'}{\varepsilon}\right| = \mu \text{ 或 } \varepsilon' = -\mu\varepsilon \tag{2-9}$$

5. 胡克定律

实验表明，对等截面、等内力的拉（压）杆，当应力不超过某一极限值时，杆的纵向变形 Δl 与轴力 F_N 成正比，与杆长 l 成正比，与横截面面积 A 成反比，这一比例关系称为胡克定律。

$$\Delta l = \frac{F_N l}{EA} \tag{2-10}$$

式中，E 为比例系数，其值与材料的性质有关，称为材料的弹性模量，它的单位与应力的单位相同。

将式（2-10）两边同除以 l，并用 σ 代替 F_N/A，胡克定律可以简化成另一种表达式，即

$$\sigma = E\varepsilon \tag{2-11}$$

式（2-11）表明，当应力不超过某一极限值时，应力与应变成正比。

习　题

一、填空题

1. 一空心圆截面直杆，其内、外径之比为 $a=0.8$，两端承受轴向拉力作用，如将内、外径增加一倍，则其抗拉强度是原来的________倍。

2. 如图2-13所示，拉杆的左半段是边长为 b 的正方形，右半段是直径为 b 的圆杆，两段许用应力均为［σ］，则杆的许用载荷［F］=________。

3. 图2-14（a）所示为矩形截面拉杆，图2-14（b）所示为切去深为 $h/4$ 的一个缺口，则杆内最大应力增大到原来的________倍。

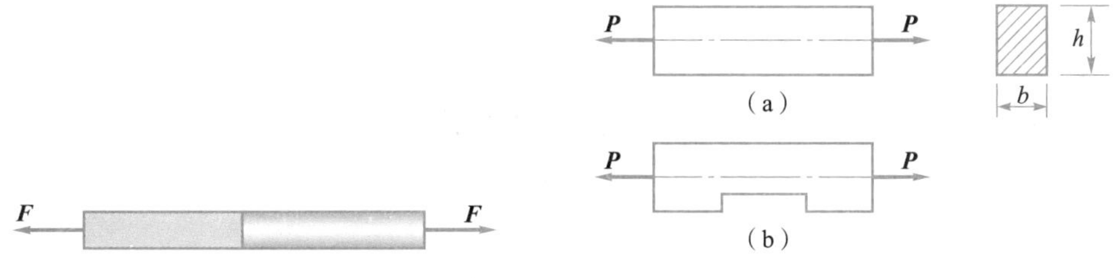

图2-13　填空题2图　　　图2-14　填空题3图

二、判断题

（　　）1. 截面法求轴力杆件，受拉时轴力为负，受压时轴力为正。

（　　）2. 使杆件产生轴向拉压变形的外力必须是一对沿杆件轴线的集中力。

（　　）3. 拉杆伸长后，横向会缩短，这是因为杆有横向应力存在。

三、计算题

1. 试求图2-15所示各杆的轴力，并指出轴力的最大值，画出轴力图。

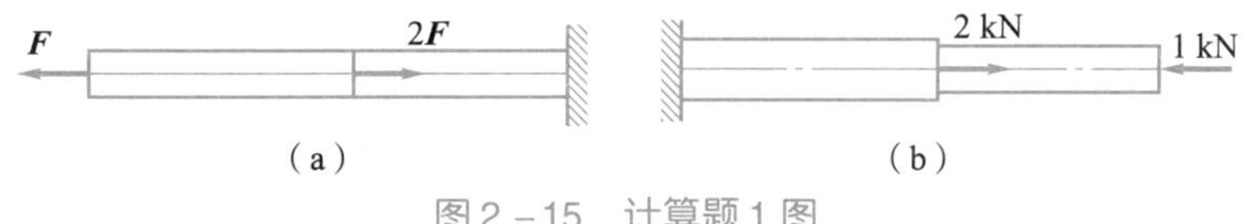

图2-15　计算题1图

2. 一直杆受力情况如图2-16所示。直杆的横截面面积 $A=10\ \text{cm}^2$，材料的容许应力［σ］=160 MPa，试校核杆的强度。

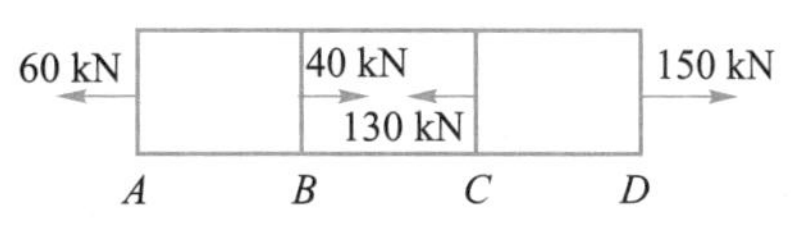

图2-16　计算题2图

3. 如图2-17所示的支架，①杆为直径 $d=16$ mm

的圆截面杆，许用应力 $[\sigma]_1=160$ MPa，②杆为边长 $a=12$ cm 的正方形截面杆，$[\sigma]_2=10$ MPa，在结点 B 处挂一重物 P，求许可荷载 $[P]$。

4. 如图 2-18 所示，起重机的起重量 $P=35$ kN，绳索 AB 的许用应力 $[\sigma]=45$ MPa，试根据绳索的强度条件选择其直径 d。

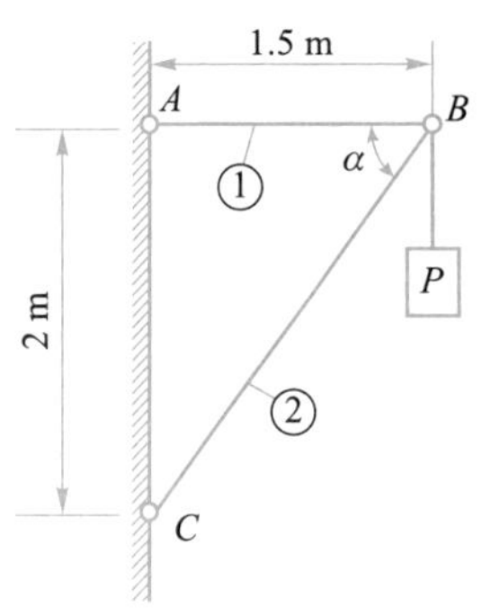

图 2-17　计算题 3 图

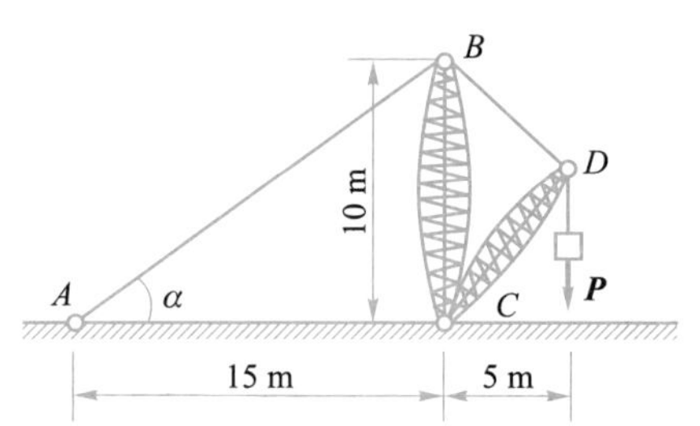

图 2-18　计算题 4 图

四、简答题

1. 什么是轴向拉伸与压缩？试举例说明。
2. 试简述拉、压强度校核条件。

2.3　剪切和挤压

在工程实际中，经常会遇到剪切和挤压问题。如在剪切机上剪断钢板，常用的销连接和螺栓连接件等都是发生剪切变形的构件，称为剪切构件，如图 2-19 所示。

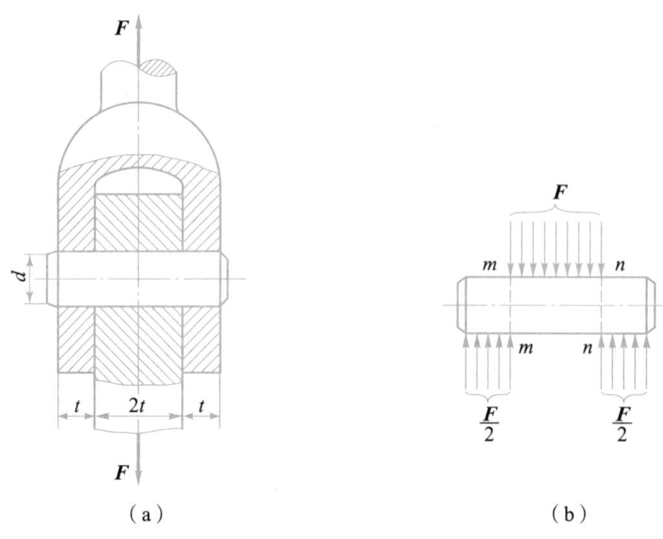

图 2-19　剪切构件

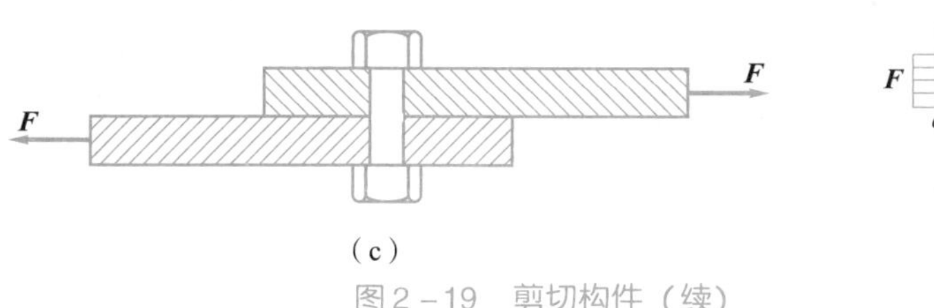

图2－19　剪切构件（续）

1. 剪切强度

剪切是杆件的基本变形之一，其计算简图如图2－20（a）所示，在杆件受到一对相距很近、大小相同、方向相反的横向外力 $\boldsymbol{F}$ 的作用时，杆件沿着两外力之间的横截面将会产生相对错动，这种变形形式称为剪切。当外力 $\boldsymbol{F}$ 足够大时，杆件便会被剪断。产生相对错动的横截面称为剪切面。

既然外力 $\boldsymbol{F}$ 使得剪切面发生相对错动，那么该截面上必然会产生相应的内力以抵抗这种变形，这种内力就称为剪力，用符号 $\boldsymbol{F}_Q$ 表示。运用所学知识，很容易分析出剪切面上的剪力 $\boldsymbol{F}_Q$ 与外力 $\boldsymbol{F}$ 大小相等、方向相反，如图2－20（b）所示。

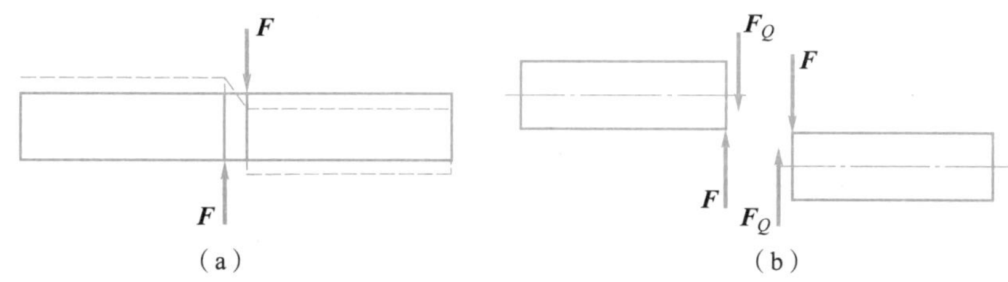

图2－20　剪切示意图

在轴向拉伸与压缩一节中，曾用正应力 σ 表示单位面积上垂直于截面的内力；同样，对于剪切构件，也可以用单位面积上平行于截面的内力来衡量内力的聚集程度，称为切应力，用符号 τ 表示，剪切构件横截面上的切应力可按下式计算：

$$\tau=\frac{F_Q}{A} \tag{2-12}$$

式中：F_Q——剪切面上的剪力；

A——剪切面面积。

为了保证剪切件安全可靠地工作，要求其工作时的切应力不得超过某一个许用值。因此剪切构件的剪切强度条件为

$$\tau=\frac{F_Q}{A}\leqslant[\tau] \tag{2-13}$$

式中：$[\tau]$——材料的许用切应力。

2. 挤压强度计算

在外力作用下，剪切构件除可能被剪断外，还可能产生挤压破坏。挤压破坏的特点是：构件互相接触的表面上，因承受了较大的压力作用，使接触处的局部区域发生显著的塑性变形或被压碎。这种作用在接触面上的压力称为挤压力，用符号 $\boldsymbol{F}_{jy}$ 表示；在接触处产生的变形称为挤压变形，如图2－21所示。当挤压力足够大时，将使螺栓压扁或钢板在孔缘处压

皱，从而导致连接处松动而失效。因此，对剪切构件还需进行挤压强度计算。

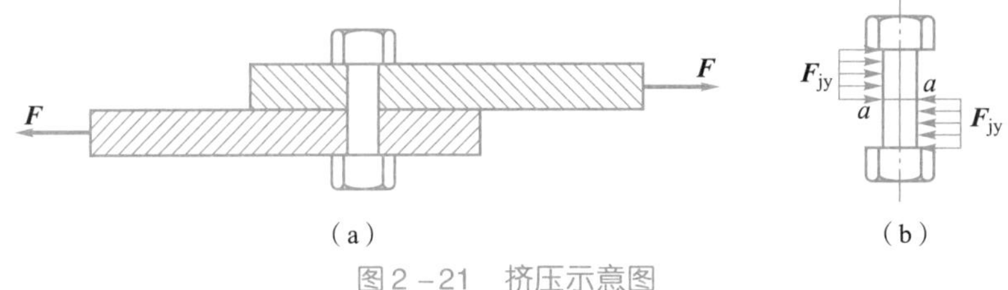

图2-21　挤压示意图

挤压力的作用面叫作挤压面，由于挤压力而引起的应力叫作挤压应力，用符号 σ_{jy} 表示。在挤压面上，挤压应力的分布情况比较复杂，因此，在实际计算中假设挤压应力均匀分布在挤压面上，即挤压应力可按下式计算：

$$\sigma_{jy}=\frac{F_{jy}}{A_{jy}} \tag{2-14}$$

式中：F_{jy}——挤压面的挤压力；

A_{jy}——挤压面面积。

为了保证构件的正常工作，应要求构件工作时所引起的挤压应力不得超过某一个许用值，因此挤压强度条件为

$$\sigma_{jy}=\frac{F_{jy}}{A_{jy}}\leqslant[\sigma_{jy}] \tag{2-15}$$

式中：$[\sigma_{jy}]$ ——材料的许用挤压应力。

【例2.5】 如图2-22所示，齿轮用平键与轴连接。已知轴的直径 $d=70$ mm，键的尺寸为 $b\times h\times l=20$ mm $\times 12$ mm $\times 100$ mm，传递的力偶矩 $M=2$ kN·m，键的许用应力 $[\tau]=60$ MPa，$[\sigma_{jy}]=100$ MPa。试校核键的强度。

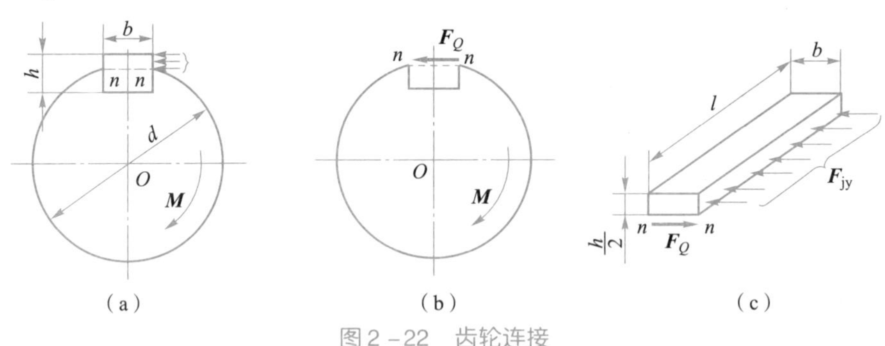

图2-22　齿轮连接

解：（1）校核键的剪切强度。

将键沿 $n-n$ 截面假想地分成两部分，并把 $n-n$ 截面以下的部分和轴作为一个整体来考虑，如图2-22（b）所示。因为假设在 $n-n$ 截面上的切应力均匀分布，故 $n-n$ 截面上的剪力 F_Q 为

$$F_Q=A\tau=bl\tau$$

由 $\sum M_O(F)=0$，得

$$F_Q\frac{d}{2}-M=0$$

$$bl\tau\frac{d}{2}=M$$

故

$$\tau=\frac{2M}{bld}=\frac{2\times2\times10^3}{20\times100\times90\times10^{-9}}=28.6(\mathrm{MPa})<[\tau]$$

可见该键满足剪切强度条件。

（2）校核键的挤压强度。

考虑键在 $n-n$ 截面以上部分的平衡如图 2－22（c）所示，在 $n-n$ 截面上的剪力为 $F_Q=bl\tau$，右侧面上的挤压力为

$$F_{jy}=A_{jy}\cdot\sigma_{jy}=\frac{h}{2}l\sigma_{jy}$$

由水平方向的平衡条件得

$$F_Q=F_{jy}$$

由此求得

$$\sigma_{jy}=\frac{2b\tau}{h}=\frac{2\times20\times28.6}{12}=95.3(\mathrm{MPa})<[\sigma_{jy}]$$

故平键也符合挤压强度要求。

【例 2.6】 电瓶车挂钩用插销连接，如图 2－23 所示。已知 $t=8$ mm，插销材料的许用切应力 $[\tau]=30$ MPa，许用挤压应力 $[\sigma_{jy}]=100$ MPa，牵引力 $F=15$ kN。试选定插销的直径 d。

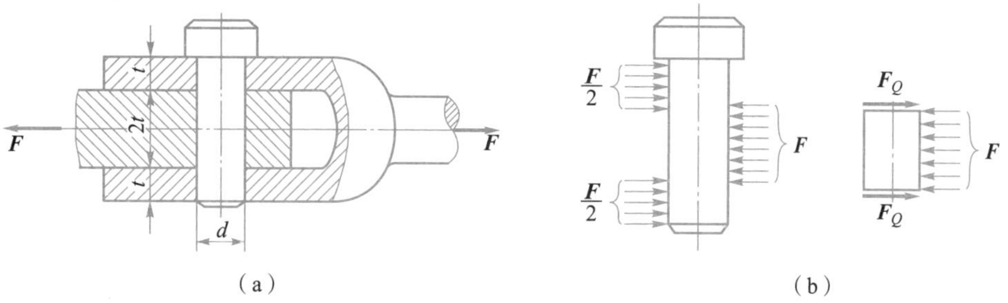

图 2－23　插销连接

解： 插销的受力情况如图 2－23（b）所示，可以求得

$$F_Q=\frac{F}{2}=\frac{15}{2}=7.5\ (\mathrm{kN})$$

先按抗剪强度条件进行设计

$$A\geqslant\frac{F_Q}{[\tau]}=\frac{7.5\times10^3}{30}=250\ (\mathrm{mm}^2)$$

即

$$\frac{\pi d^2}{4}\geqslant250$$

$$d\geqslant17.8\ \mathrm{mm}$$

再用挤压强度条件进行校核

$$\sigma_{jy}=\frac{F_{jy}}{A_{jy}}=\frac{F}{2td}=\frac{15\times10^{3}}{2\times8\times17.8}=52.7(\text{MPa})<[\sigma_{jy}]$$

所以挤压强度条件也是足够的。查机械设计手册，最后采用 $d=20$ mm 的标准圆柱销钉。

习 题

一、填空题

1. 图 2-24 所示为受拉力 $\boldsymbol{F}$ 作用的螺栓，已知材料的剪切许用应力 $[\tau]$ 是拉伸许用应力 $[\sigma]$ 的 0.6 倍。求螺栓直径 d 和螺栓头高度 h 的合理比值 d/h 为________。

2. 剪切面上的剪力 $\boldsymbol{F}_Q$ 与外力 $\boldsymbol{F}$ 大小________、________相反。

3. 剪切与挤压变形，剪切面上切应力的计算公式为________________，挤压面上挤压应力的计算公式为____________，挤压变形的强度计算表达式为____________，剪切的强度计算式为________________。

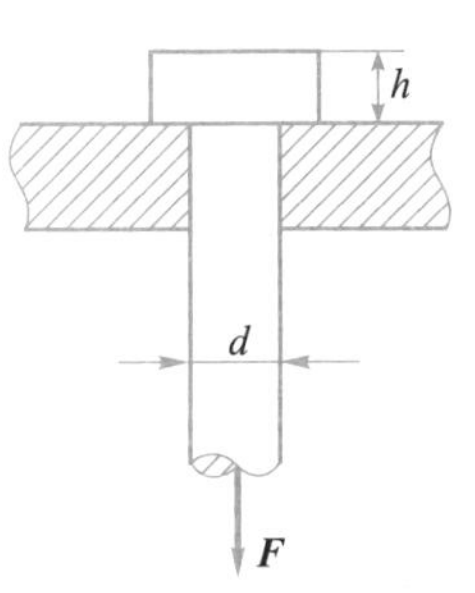

图 2-24　填空题 1 图

二、判断题

(　　) 1. 凡是产生相对错动的构件，必然存在剪切应力。

(　　) 2. 剪力对所研究的分离体内任意一点的力矩的方向可随意指定。

(　　) 3. 构件上作用有大小相等、方向相反、作用线相距很近且互相平行的两力时，构件将产生挤压变形。

三、计算题

1. 如图 2-25 所示，切料装置用刀刃把切料模中 $\phi12$ mm 的棒料切断。棒料的抗剪强度 $\tau=320$ MPa。试计算切断力。

2. 矩形截面的木拉杆的接头如图 2-26 所示，已知轴向拉力 $F=50$ kN，截面宽度 $b=250$ mm，木材的顺纹许用应力 $[\sigma_{jy}]=10$ MPa，顺纹的许用切应力 $[\tau]=1$ MPa。求接头处所需的尺寸 l 和 a。

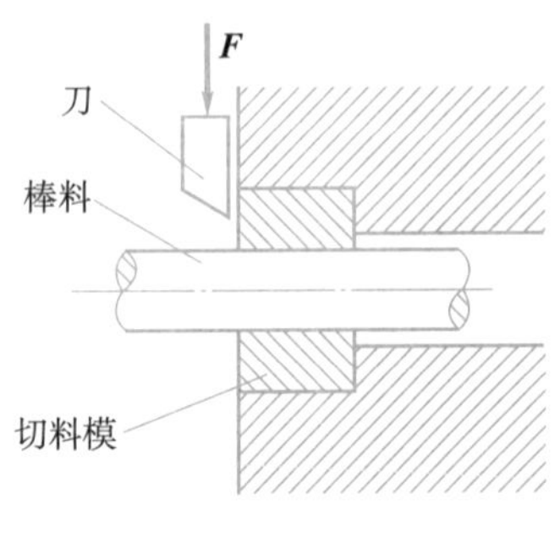

图 2-25　计算题 1 图

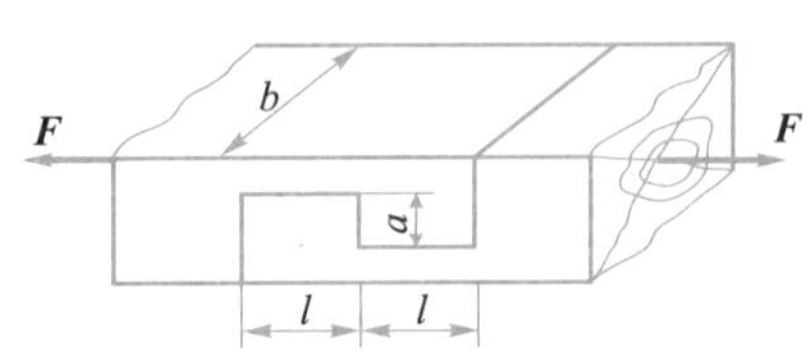

图 2-26　计算题 2 图

3. 如图 2-27 所示，板承受轴向载荷 $\boldsymbol{F}$ 作用，试校核接头的强度。已知：载荷 $F=$

80 kN，板宽 $b=80$ mm，板厚 $\delta=10$ mm，铆钉直径 $d=16$ mm，许用应力 $\sigma=160$ MPa，许用切应力 $\tau=120$ MPa，许用挤压应力 $\sigma=340$ MPa。

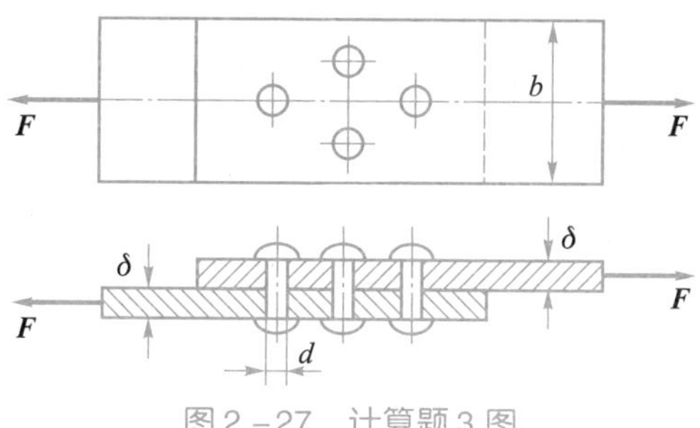

图2-27 计算题3图

四、简答题

1. 挤压变形与压缩变形有什么区别？为什么挤压许用应力远远大于压缩许用应力？
2. 什么是剪切变形？试述剪切变形的特征。
3. 简述为何对受剪的构件同时进行剪切强度和挤压强度的计算。

2.4 圆 轴 扭 转

1. 扭矩

扭转也是杆的一种基本变形形式。如图2-28所示，在一对大小相等、转向相反、作用面垂直于杆件轴线的外力偶（其矩为 $\boldsymbol{M}_c$）的作用下，直杆的任意两横截面（如图中 $m-m$ 截面和 $n-n$ 截面）将绕轴线相对转动，杆件的轴线仍将保持直线，而其表面的纵向线将倾斜一个角度，这种变形形式称为扭转。

在工程实际中，受扭杆件很常见，常将以扭转变形为主的杆件称为轴。例如机械中的传动轴、汽车的转向轴等。但单纯发生扭转的杆件不多，如果杆件的变形以扭转为主，则其他次要变形可忽略不计。可以按照扭转变形对其进行强度和刚度计算；如果杆件除了扭转外还有其他主要变形，则要通过组合变形计算。

因此，要研究受扭转杆件的应力和变形，首先需计算轴横截面上的内力。

以工程中常用的传动轴为例，我们往往只知道它所传递的功率 P 和转速 n，但作用在上面的外力偶矩可以通过功率 P 和转速 n 换算得到。因为功率是每秒内所做的功，故有

$$P=M_c\times10^{-3}\times\omega=M_c\times\frac{2n\pi}{60}\times10^{-3} \tag{2-16}$$

于是，作用在轴上的外力偶矩为

$$M_c=9\ 549\,\frac{P}{n} \tag{2-17}$$

式中：M_c——作用在轴上的外力偶矩，N·m；

P——轴传递的功率，kW；

n——轴的转速，r/min。

从式（2－17）可以看出，轴所承受的力偶矩与传递的功率成正比，与轴的转速成反比。因此，在传递同样的功率时，低速轴所受的力偶矩比高速轴大。所以在一个传动系统中，低速轴的直径要比高速轴的直径大一些。

当轴上的外力偶矩确定后，可用截面法计算任意横截面上的内力。对图2－28（a）所示的圆轴，欲求 $m-m$ 截面的内力，可假设沿 $m-m$ 截面将圆轴一分为二，并取其左半段分析，如图2－28（b）所示，由平衡方程

$$\sum M_x = 0, T - M_c = 0$$

得

$$T = M_c$$

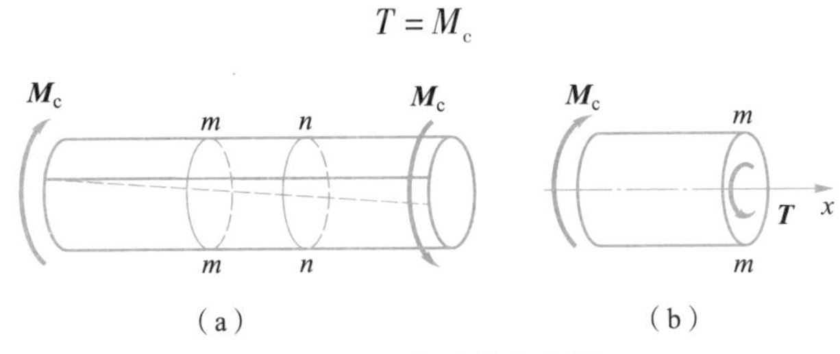

图2－28　传动轴示意图

T 是横截面上的内力偶矩，称为扭矩。如果取圆轴的右半段分析，则在同一横截面上可求得扭矩的数值大小相等、方向相反。为使从两段杆所求得的同一横截面上的扭矩在正负号上一致，通常规定：按右手螺旋法则确定扭矩矢量，如果扭矩矢量的指向与截面的外法向一致，则扭矩为正，反之为负。

当轴上作用有多个外力偶矩时，为了表现沿轴线各个截面上扭矩的变化情况，从而确定最大扭矩及其所在位置，可仿照轴力图的绘制方法来绘制扭矩图。

【例2.7】一传动轴如图2－29（a）所示，轴的转速 $n=500$ r/min，主动轮的输入功率为 $P_A=500$ kW，三个从动轮的输出功率分别为 $P_B=P_C=180$ kW，$P_D=240$ kW。试计算轴内的最大扭矩，并作扭矩图。

解：（1）由公式（2－17）计算外力偶矩

$$M_A = 9\,549 \times \frac{600}{500} = 11.46 \times 10^3 \text{（N·m）} = 11.46 \text{ kN·m}$$

$$M_B = M_C = 9\,549 \times \frac{180}{500} = 3.44 \times 10^3 \text{（N·m）} = 3.44 \text{ kN·m}$$

$$M_D = 9\,549 \times \frac{240}{500} = 4.58 \times 10^3 \text{（N·m）} = 4.58 \text{ kN·m}$$

（2）根据图2－29（b）所示，计算各轴段内的扭矩。先考虑 AC 段，从任意截面2－2处截取，取截面左侧进行分析，如图2－29（c）所示，假设 $\boldsymbol{T}_2$ 为正，由平衡方程

$$\sum M_x = 0$$

$$M_B - M_A + T_2 = 0$$

得

$$T_2 = M_A - M_B = 11.46 - 3.44 = 8.02 \text{（kN·m）}$$

同理，在 BA 段内，有

$$T_1 = -M_B = -3.44\ \text{kN}\cdot\text{m}\ （或 -3\ 440\ \text{N}\cdot\text{m}）$$

在 CD 段内，有

$$T_3 = M_D = 4.58\ \text{kN}\cdot\text{m}$$

要注意的是，在求各个截面的扭矩时，通常采用“设正法”，即假设扭矩为正。若所得结果为负的话，则说明该截面扭矩的实际方向与假设方向相反。

根据这些扭矩即可作出扭矩图，如图2－29（d）所示。从图2－29（d）中可见，最大扭矩发生在 AC 段，其值为8.02 kN·m。

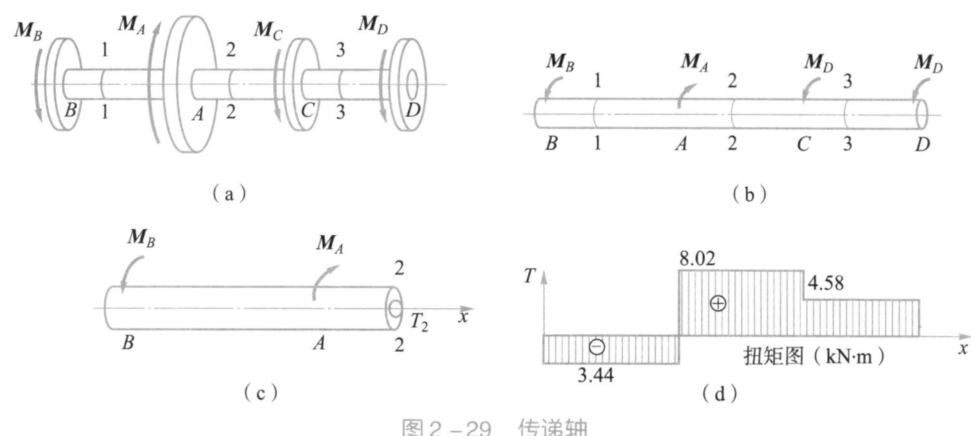

图2－29 传递轴

2. 横截面上的应力

对于圆轴来说，当产生扭转时处于纯剪应力状态，横截面上只有切应力而无正应力。图2－30所示为轴变形后的情况。为推导圆轴扭转时横截面上的切应力公式，可以从三个方面着手分析：先由变形几何关系找出切应变的变化规律，再利用物理关系找出切应力在横截面上的分布规律，最后根据力学关系导出切应力公式，即扭转时横截面上任一点处切应力的公式为

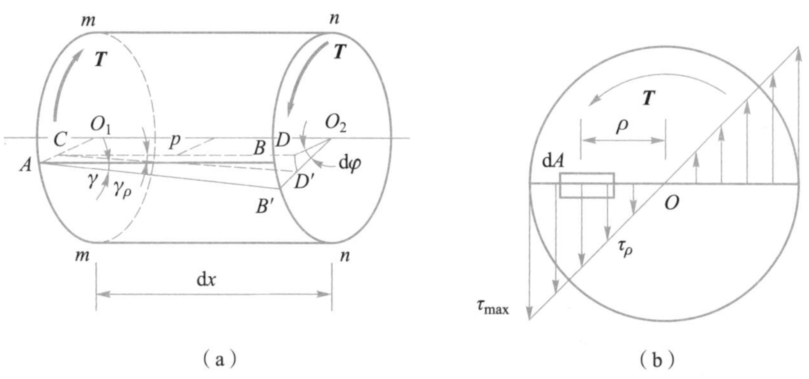

图2－30 圆轴扭转时的切应变和切应力

$$\tau_\rho = \frac{T\rho}{I_P} \tag{2-18}$$

式中：τ_ρ——圆轴的切应力；

T——横截面上的扭矩；

ρ——横截面上任一点到圆心的距离；

I_p——横截面对形心的极惯性矩，m^4。

由图 2－30（b）可知，在横截面周边各点，即 $\rho = r$ 处，切应力达到最大值，即

$$\tau_{max} = \frac{Tr}{I_P} \tag{2-19}$$

若定义

$$W_p = \frac{I_P}{r} \tag{2-20}$$

则有

$$\tau_{max} = \frac{T}{W_P} \tag{2-21}$$

式中：W_P——抗扭截面系数，m^3。

对于实心圆截面，如图 2－31（a）所示，其极惯性矩为

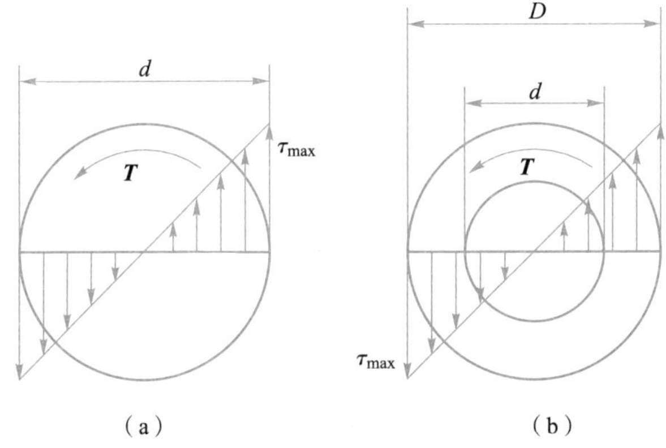

图 2－31　圆截面与空心圆截面上的切应力分布

$$I_P = \frac{\pi d^4}{32} \tag{2-22}$$

将式（2－22）代入式（2－20），得实心圆截面的抗扭截面系数为

$$W_P = \frac{I_P}{r} = \frac{I_P}{d/2} = \frac{\pi d^3}{16} \tag{2-23}$$

对于空心圆截面，如图 2－31（b）所示，可将空心圆截面设想为大圆面积减去小圆面积，利用式（2－22）可得

$$I_P = \frac{\pi}{32}(D^4 - d^4) = \frac{\pi D^4}{32}(1 - \alpha^4) \tag{2-24}$$

空心圆截面的抗扭截面系数为

$$W_P = \frac{I_P}{D/2} = \frac{\pi(D^4 - d^4)}{16D} = \frac{\pi D^3}{16}(1 - \alpha^4) \tag{2-25}$$

式中：α——空心圆截面内外直径之比，$\alpha = \dfrac{d}{D}$。

【例 2.8】 长度都为 l 的两根受扭圆轴，一为实心圆轴，一为空心圆轴，如图 2－32 所示，两者材料相同，在圆轴两端都承受大小为 M_e 的外力偶矩，圆轴外表面上纵向线的倾斜

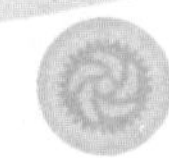

角度也相等。实心轴的直径为 D_1，空心轴的直径为 D_2，内径为 d_2，且 $\alpha = d_2/D_2 = 0.9$。试求两杆的外径之比 d_1/D_1 以及两杆的质量比。

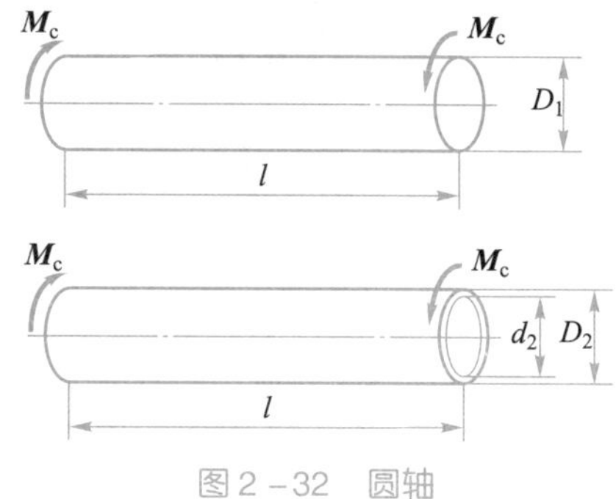

图 2－32　圆轴

解：因为两轴的材料相同，可得

$$\tau_{1\max} = \tau_{2\max}$$

两轴的抗扭截面系数分别为

$$W_{P1} = \frac{\pi D_1^3}{16},\quad W_{P2} = \frac{\pi D_2^3}{16}(1-\alpha^4)$$

将以上两式分别代入式（2－21），可得两轴的最大切应力为

$$\tau_{1\max} = \frac{T_1}{W_{P1}} = \frac{16T_1}{\pi D_1^3},\quad \tau_{2\max} = \frac{T_2}{W_{P2}} = \frac{16T_2}{\pi D_2^3(1-\alpha^4)}$$

根据上面求得的 $\tau_{1\max} = \tau_{2\max}$，并将 $T_1 = T_2 = M_c$ 和 $\alpha = 0.9$ 代入，经整理可得

$$\frac{D_1}{D_2} = \sqrt[3]{1-\alpha^4} = \sqrt[3]{1-0.9^4} = 0.7$$

因为两轴的材料和长度均相同，故两轴的质量比即为其横截面积之比。于是有

$$\frac{A_1}{A_2} = \frac{\frac{\pi}{4}D_1^2}{\frac{\pi}{4}D_2^2(1-\alpha^4)} = \frac{D_1^2}{D_2^2(1-\alpha^4)} = \frac{0.7}{1-0.9^4} = 3.7$$

由此可见，在最大切应力相等的情况下，空心圆轴比实心圆轴节省材料。因此，空心圆轴在工程中得到广泛应用。

3. 强度条件

受扭杆件的强度条件是：杆件横截面上的最大工作切应力 $\tau_{\max}$ 不能超过材料的许用切应力 $[\tau]$，即

$$\tau_{\max} \leqslant [\tau] \tag{2-26}$$

对于等直圆轴，其最大工作切应力发生在扭转最大的横截面（即危险截面）上的边缘各点（即危险点）处。依据式（2－21），强度条件表达式可写为

$$\tau_{\max} = \frac{T}{W_P} \leqslant [\tau] \tag{2-27}$$

【例 2.9】 某牌号汽车传动轴，传递最大扭矩 $T = 1\ 930\ \text{N}\cdot\text{m}$，传动轴用外径 $D = 89\ \text{mm}$、壁厚 $\delta = 2.5\ \text{mm}$ 的钢管做成。材料为 20 号钢，$[\tau] = 70\ \text{MPa}$，校核此轴的强度。

解：（1）计算抗扭截面模量。

$$\alpha = \frac{d}{D}0.945$$

$$W_P = 0.2D^3(1-\alpha^4) = 0.2\times 8.9^3(1-0.945^4) = 29(\text{cm}^3)$$

（2）强度校核，由式（2－27）得

$$\tau_{\max} = \frac{T}{W_P} = \frac{1\ 930\times 10^3}{29\times 10^3} = 66.7(\text{MPa}) < [\tau]$$

满足强度要求。

【例2.10】 例2.7中的传动轴如图2－29（a）所示，是空心圆截面轴，其内外直径之比 $\alpha = 0.6$，材料的许用切应力 $[\tau] = 60$ MPa，试按强度条件选择轴的直径。

解：将已知数据代入式（2－25），可得

$$W_P = \frac{\pi D^3}{16}(1-\alpha^4) = \frac{\pi D^3}{16}(1-0.6^4) = 0.054\ 4\pi D^3$$

根据【例2.7】中已经求出的 $T = 8.02$ kN·m。将上式代入式（2－27），经整理后可得空心圆轴的外径为

$$D = \sqrt[3]{\frac{T}{0.054\ 4\pi[\tau]}} = \sqrt[3]{\frac{8.02\times 10^3}{\pi(60\times 10^6)}} = 0.035(\text{m}) = 35\ \text{mm}$$

【例2.11】 有一阶梯轴，如图2－33（a）所示，轴的直径分别为 $d_1 = 50$ mm，$d_2 = 80$ mm，扭转力偶矩分别为 $M_{c1} = 0.8$ kN·m，$M_{c2} = 1.2$ kN·m。若材料的许用切应力 $[\tau] = 40$ MPa，试校核该轴的强度。

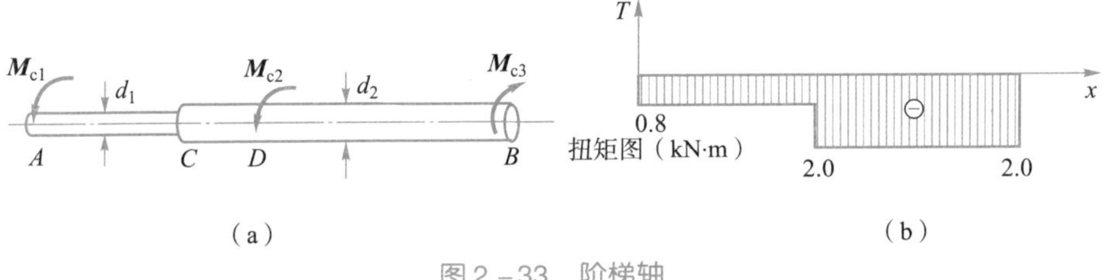

图2－33 阶梯轴

解：用截面法求出圆轴各段的扭矩，并作出扭矩图，如图2－33（b）所示。

由扭矩图可见，*CD* 段和 *BD* 段的直径相同，但 *BD* 段的扭矩大于 *CD* 段，故这两段只要校核 *BD* 段的强度即可。*AC* 段的扭矩虽然小于 *BD* 段，但其直径也比 *BD* 段小，故 *AC* 段的强度也需要校核。

AC 段：

$$\tau_{\max} = \frac{T_{AC}}{W_{P1}} = \frac{T_{AC}}{\frac{\pi d_1^3}{16}} = \frac{0.8\times 10^6\times 16}{\pi\times 50^3} = 32.6(\text{MPa}) < [\tau]$$

BD 段：

$$\tau_{\max} = \frac{T_{BD}}{W_{P2}} = \frac{T_{BD}}{\frac{\pi d_2^3}{16}} = \frac{2\times 10^6\times 16}{\pi\times 80^3} = 19.9(\text{MPa}) < [\tau]$$

计算结果表明，该轴满足强度要求。

习　题

一、填空题

1. 轴受的外力偶矩如图 2－34 所示，圆周直径为 120 mm，其最大剪应力约为________ MPa。

2. 圆轴扭转的变形特点是：杆件的各截面绕杆轴线发生相对________，杆轴线始终保持________。

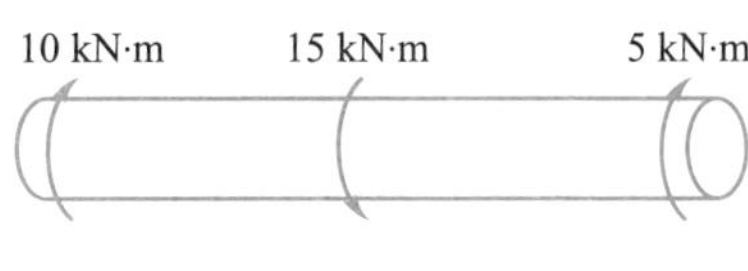

图 2－34　填空题 1 图

3. 圆轴扭转时，横截面上任意点处的切应力沿横截面的半径是________分布。

4. 同种材料制成的两根实心圆轴，第一根圆轴的直径 d_1 和长度 L_1 分别是第二根轴直径 d_2 和长度 L_2 的 2 倍，两根轴的两端承受相等的转矩作用。两根圆轴的最大切应力之比 $\frac{\tau_1}{\tau_2}=$________。

二、判断题

(　　) 1. 在减速器中，一般高速轴的直径较小、低速轴的直径较大。

(　　) 2. I_P 反映了圆轴变形的能力。

(　　) 3. 圆轴扭转时横截面上各点具有剪应力，其作用线互相平行，同一半径的圆周上各点剪应力大小相等。

三、计算题

1. 试求图 2－35 所示各轴的扭矩，画出扭矩图，并指出最大扭矩值。

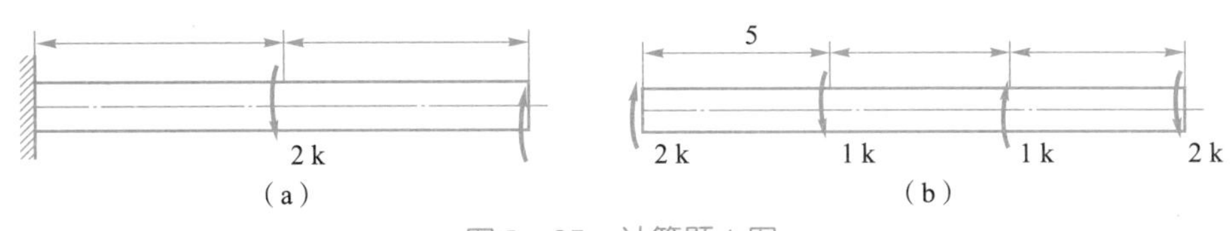

图 2－35　计算题 1 图

2. 如图 2－36 所示某传动轴，转速 $n=300$ r/min，轮 1 为主动轮，输入的功率 $P_1=50$ kW，轮 2、轮 3 与轮 4 为从动轮，输出功率分别为 $P_2=10$ kW，$P_3=P_4=20$ kW。

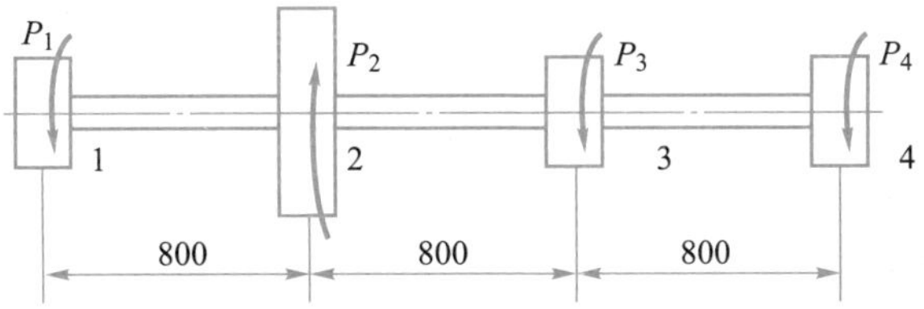

图 2－36　计算题 2 图

(1) 试画轴的扭矩图，并求轴的最大扭矩。

（2）若将轮 1 与轮 3 的位置对调，轴的最大扭矩变为何值？对轴的受力是否有利？

3. 如图 2－37 所示的传动轴，AB 与 BC 段的直径分别为 d_1 与 d_2，且 $d_1=4d_2/3$。

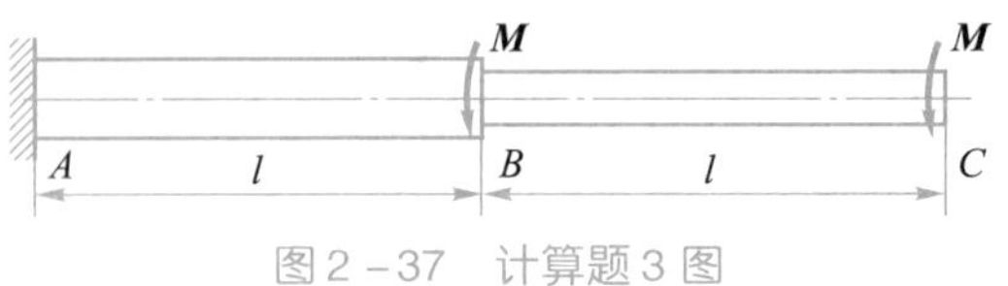

图 2－37 计算题 3 图

（1）试求轴内的最大切应力。

（2）若扭力偶矩 $M=1$ kN·m，许用切应力 $[\tau]=80$ MPa，试确定轴径。

四、简答题

1. 变速箱中的高速轴一般较细，低速轴一般较粗，为什么？

2. 如图 2－38 所示的两根传动轴，主动轮 A，从动轮 B、C。试问哪一种轮的布置对提高轴的承载能力有利？为什么？

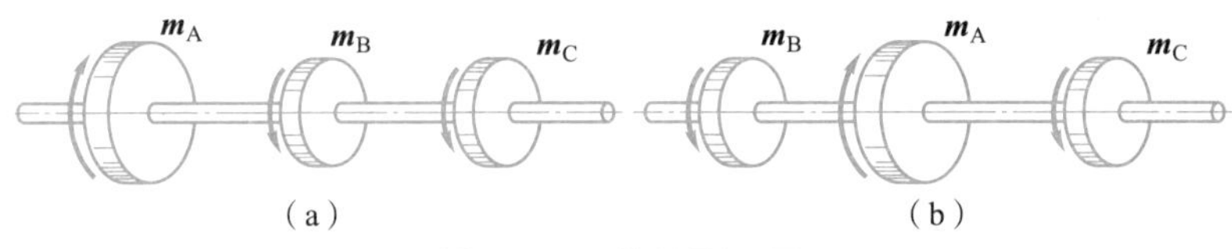

图 2－38 简答题 2 图

2.5 梁的弯曲

1. 弯曲的概念

当杆件受到垂直于杆轴线的外力作用或在纵向平面内受到力偶作用时（如图 2－39 所示），杆轴线将由直线变成一条平面曲线，这种变形称为弯曲变形。工程上常把以弯曲变形为主的杆件称为梁。

弯曲变形是工程中最常见的一种基本变形。例如房屋建筑中的楼面梁、阳台挑梁等受到楼面载荷和梁自重的作用，将产生弯曲变形。图 2－40 所示为以弯曲变形为主的构件。

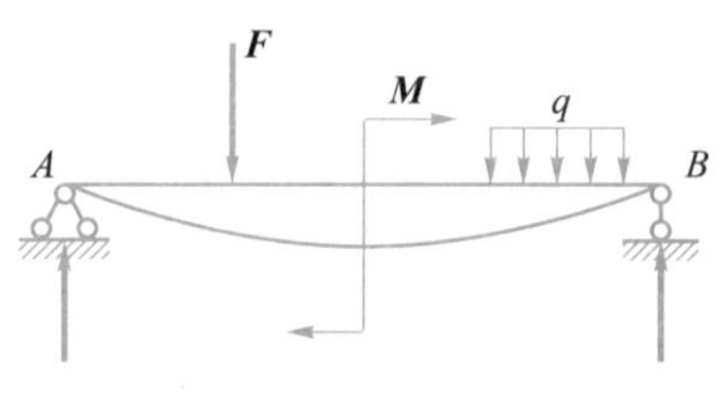

图 2－39 受弯杆件的受力形式

工程中常见的梁，其横截面往往有一根对称轴，如图 2－41 所示，这根对称轴与梁轴线所组成的平面，称为梁的纵向对称平面。如果作用在梁上的外力（包括荷载和支座反力）和外力偶都位于纵向对称平面内，梁变形后，轴线将在此纵向对称平面内弯曲，如图 2－42 所示。

这种梁的弯曲平面与外力作用平面相重合的弯曲，称为平面弯曲。平面弯曲是一种最简单，也是最常见的弯曲变形，本节将主要讨论等截面直梁的平面弯曲问题。

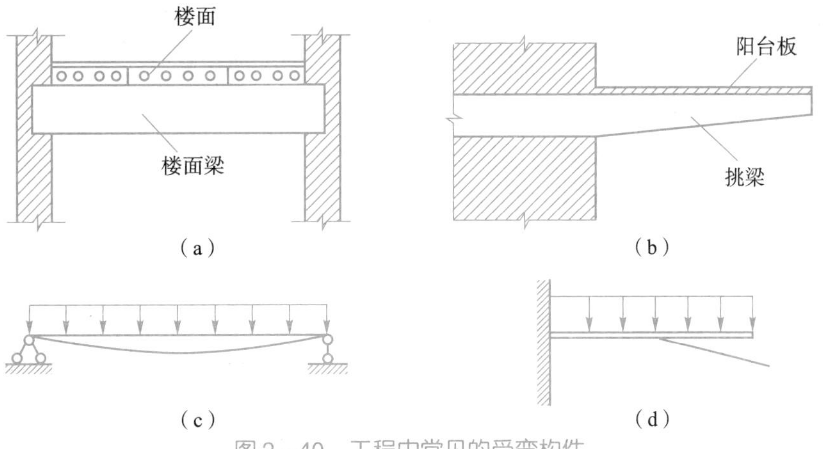

图 2-40　工程中常见的受弯构件

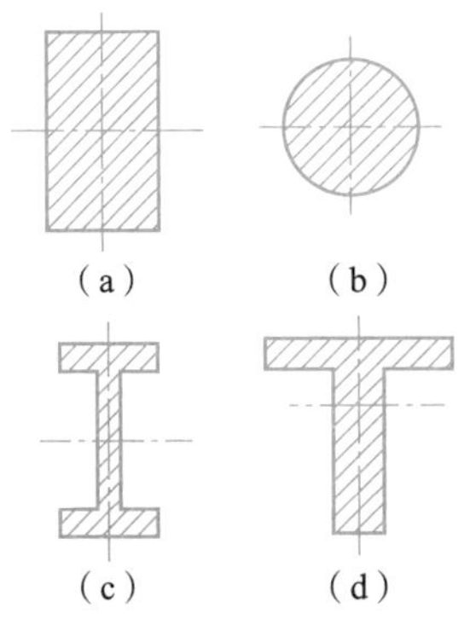

图 2-41　梁常见的截面形状

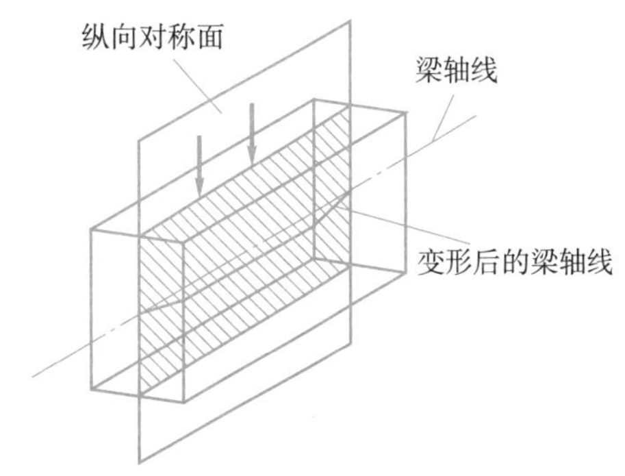

图 2-42　平面弯曲的特征

工程中对于单跨静定梁按其支座情况分为下列三种形式：

(1) 悬臂梁：梁的一端为固定端，另一端为自由端（见图 2-43（a））。

(2) 简支梁：梁的一端为固定铰支座，另一端为可动铰支座（见图 2-43（b））。

(3) 外伸梁：梁的一端或两端伸出支座的简支梁（见图 2-43（c））。

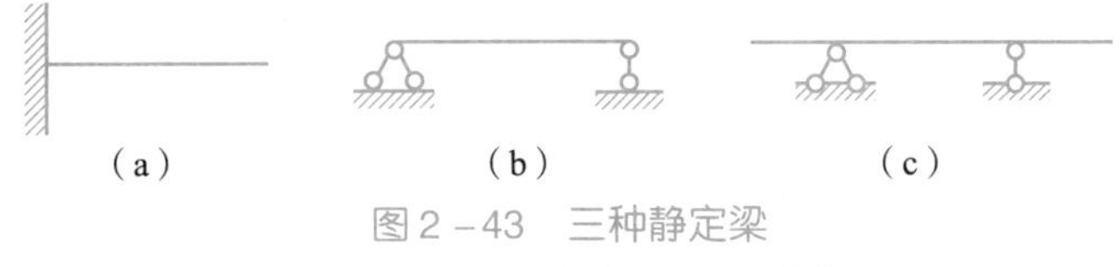

图 2-43　三种静定梁

(a) 悬臂梁；(b) 简支梁；(c) 外伸梁

2. 剪力和弯矩

为了计算梁的强度和刚度问题，在求得梁的支座反力后，就必须计算梁的内力。下面研究梁横截面上的内力。

图 2-44（a）所示为一简支梁，荷载 $\boldsymbol{F}$ 和支座反力 $\boldsymbol{R}_A$、$\boldsymbol{R}_B$ 是作用在梁的纵向对称平面内的平衡力系。现用截面法分析任一截面 $m-m$ 上的内力。假想将梁沿 $m-m$ 截面分为两段，现取左段为研究对象，从图 2-44（b）可见，因有座支反力 $\boldsymbol{R}_A$ 作用，为使左段满足 $\sum Y=0$，截面 $m-m$ 上必然有与 $\boldsymbol{R}_A$ 等值、平行且反向的内力 $\boldsymbol{F}_Q$ 存在，这个内力 $\boldsymbol{F}_Q$，称

为剪力；同时，因 R_A 对截面 $m-m$ 的形心 O 点有一个力矩 $R_A \cdot a$ 的作用，为满足 $\sum M_o(F)=0$，在截面 $m-m$ 上也必然有一个与力矩 $R_A \cdot a$ 大小相等且转向相反的内力偶矩 M 存在，这个内力偶矩 M 称为弯矩。由此可见，在梁发生弯曲时，横截面上同时存在着两个内力因素，即剪力和弯矩。

剪力的常用单位为 N 或 kN，弯矩的常用单位为 N · m 或 kN · m。

剪力和弯矩的大小，可由左段梁的静力平衡方程求得，即

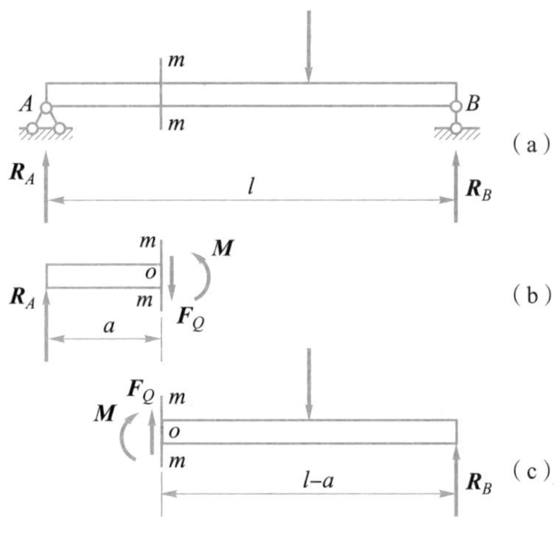

图 2-44 简支梁

$$\sum F_y=0$$

得

$$R_A-F_Q=0,\ F_Q=R_A$$

$$\sum M_o(\boldsymbol{F})=0$$

得

$$R_A\times a-M=0,\ M=R_A\times a$$

如果取右段梁作为研究对象，同样可求得截面 $m-m$ 上的 F_Q 和 M，根据作用与反作用力的关系，它们与从右段梁求出 $m-m$ 截面上的 F_Q 和 M 大小相等、方向相反，如图 2-45（c）所示。

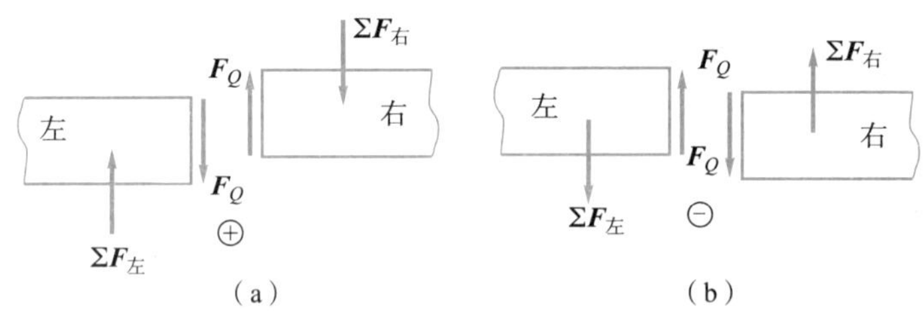

图 2-45 剪力的正负号规定

为了使从左、右两段梁求得同一截面上的剪力 F_Q 和弯矩 M 具有相同的正负号，并考虑到土建工程上的习惯要求，对剪力和弯矩的正负号特作如下规定：

（1）剪力的正负号：使梁段有顺时针转动趋势的剪力为正，如图 2-45（a）所示；反之为负，如图 2-45（b）所示。

（2）弯矩的正负号：使梁段产生下侧受拉的弯矩为正，如图 2-46（a）所示；反之为负，如图 2-46（b）所示。

用截面法求指定截面上的剪力和弯矩的步骤如下：

（1）计算支座反力；

（2）用假想的截面在需求内力处将梁截成两段，取其中任一段为研究对象；

（3）画出研究对象的受力图（截面上的 F_Q 和 M 都先假设为正的方向）；

（4）建立平衡方程，解出内力。

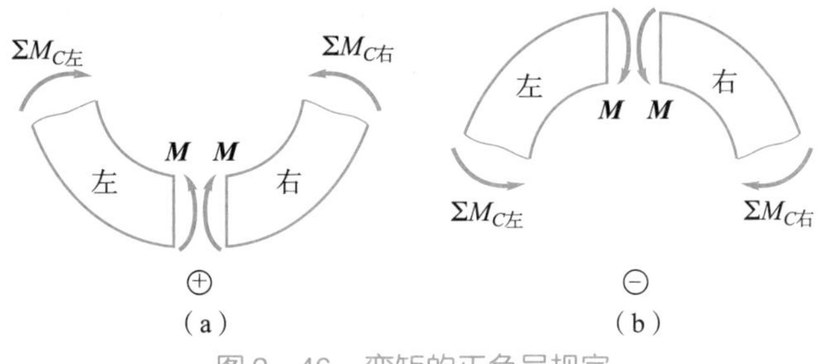

图 2－46　弯矩的正负号规定

下面举例说明用截面法计算指定截面上的剪力和弯矩。

【例 2.12】简支梁如图 2－47（a）所示。已知 $F_1=30$ kN，$F_2=30$ kN，试求截面 1－1 上的剪力和弯矩。

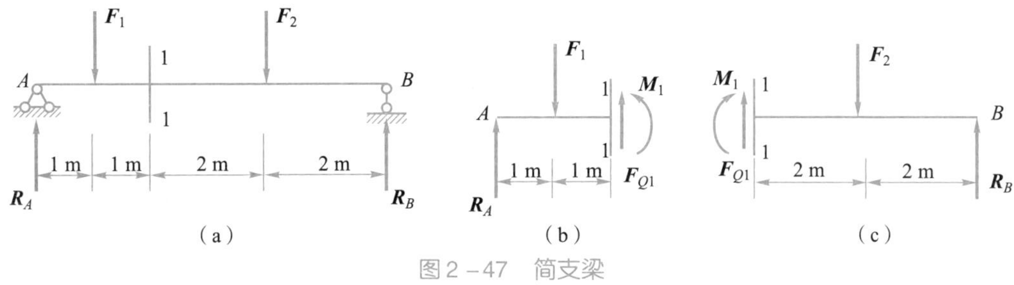

图 2－47　简支梁

解：（1）求支座反力，考虑梁的整体平衡。

$$\sum M_B(\boldsymbol{F})=0, F_1\times5+F_2\times2-R_A\times6=0$$

$$\sum M_A(\boldsymbol{F})=0,\ -F_1\times1-F_2\times4+R_B\times6=0$$

得

$$R_A=35\ \text{kN}\ (\uparrow),\ R_B=25\ \text{kN}\ (\uparrow)$$

校核

$$\sum F_y=R_A+R_B-F_1-F_2=35+25-30-30=0$$

（2）求截面 1－1 上的内力。

在截面 1－1 处将梁截开，取左段梁为研究对象，画出其受力，内力 $\boldsymbol{F}_{Q1}$ 和 $\boldsymbol{M}_1$ 均先假设为正的方向如图 2－48（b）所示，例平衡方程

$$\sum F_y=0,\quad R_A-F_1-F_{Q1}=0$$

$$\sum M_1(\boldsymbol{F})=0,\quad -R_A\times2+F_1\times1+M_1=0$$

得

$$F_{Q1}=R_A-F_1=35-30=5\ (\text{kN})$$

$$M_1=R_A\times2-F_1\times1=35\times2-30\times1=40\ (\text{kN}\cdot\text{m})$$

求得 $\boldsymbol{F}_{Q1}$ 和 $\boldsymbol{M}_1$ 均为正值，表示截面 1－1 上内力的实际方向与假定的方向相同；按内力的符号规定，剪力、弯矩都是正的。所以，画受力图时一定要先假设内力为正的方向，由平衡方程求得结果的正负号，就能直接代表内力本身的正负。

如取 1－1 截面右段梁为研究对象，如图 2－47（c）所示，可得出同样的结果。

【例 2.13】悬臂梁，其尺寸及梁上荷载如图 2－48 所示，求截面 1－1 上的剪力和弯矩。

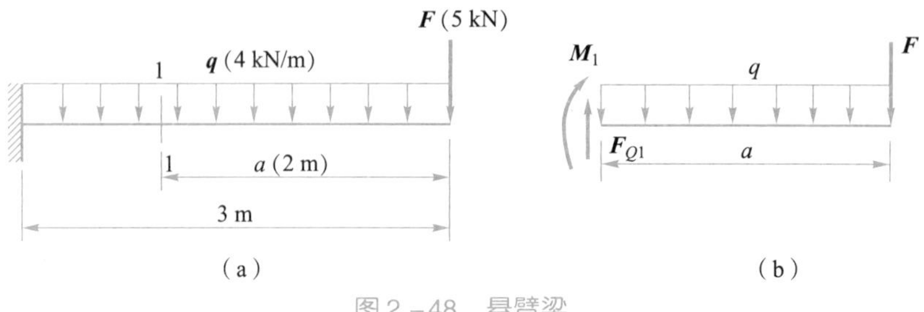

图 2－48 悬臂梁

解：对于悬臂梁不需求支座反力，可取右段梁为研究对象，其受力图如图 2－48（b）所示。

$$\sum F_y = 0 \quad , \quad F_{Q1} - qa - F = 0$$

$$\sum M_1(\boldsymbol{F}) = 0 \quad , \quad -M_1 - qa \cdot \frac{a}{2} - F \cdot a = 0$$

得

$$F_{Q1} = qa + F = 4 \times 2 + 5 = 13 \text{ (kN)}$$

$$M_1 = -\frac{qa^2}{2} - Fa = -\frac{4 \times 2^2}{2} - 5 \times 2 = -18 \text{ (kN·m)}$$

求得 $\boldsymbol{F}_{Q1}$ 为正值，表示 $\boldsymbol{F}_{Q1}$ 的实际方向与假定的方向相同；$\boldsymbol{M}_1$ 为负值，表示 $\boldsymbol{M}_1$ 的实际方向与假定的方向相反。所以，按梁内力的符号规定，1－1 截面上的剪力为正、弯矩为负。

3. 剪力图和弯矩图

梁内各截面上的剪力和弯矩一般随截面的位置而变化。若横截面的位置用沿梁轴线的坐标 x 来表示，则各横截面上的剪力和弯矩都可以表示为坐标 x 的函数，即

$$F_Q = F_Q(x)$$

$$M = M(x)$$

以上两个函数式表示梁内剪力和弯矩沿梁轴线的变化规律，分别称为剪力方程和弯矩方程。

为了形象地表示剪力和弯矩沿梁轴线的变化规律，可以根据剪力方程和弯矩方程分别绘制剪力图和弯矩图。以沿梁轴线的横坐标 x 表示梁横截面的位置，以纵坐标表示相应横截面上的剪力或弯矩，在土建工程中，习惯上把正剪力画在 x 轴上方、负剪力画在 x 轴下方；而把弯矩图画在梁受拉的一侧，即正弯矩画在 x 轴下方、负弯矩画在 x 轴上方。

【例 2.14】简支梁受均布荷载作用如图 2－49 所示（a）所示，试画出梁的剪力图和弯矩图。

解：（1）求支座反力。

因对称关系，可得：

$$R_A = R_B = \frac{1}{2}ql \ (\uparrow)$$

（2）列剪力方程和弯矩方程。

取距 A 点为 x 处的任意截面，将梁假想截开，考虑左段平衡，可得：

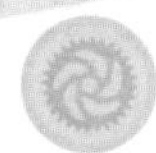

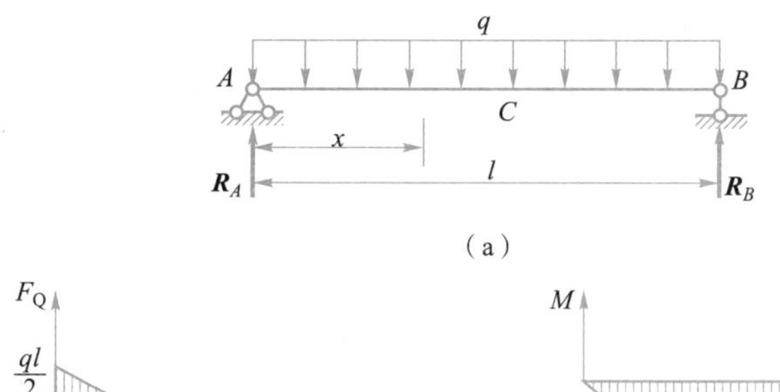

（a）

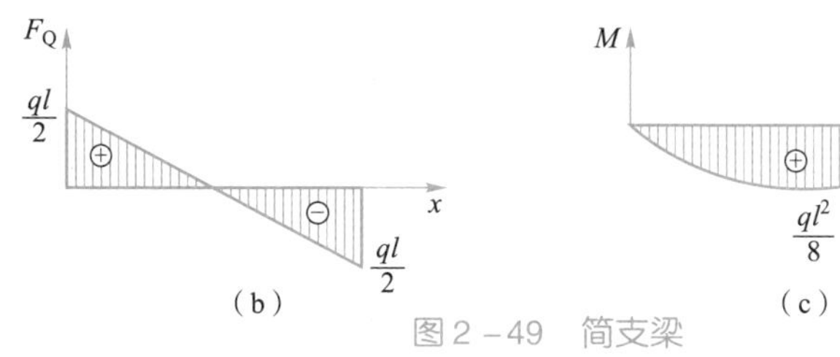

（b）　　（c）

图2－49　简支梁

$$F_Q(x)=R_A-qx=\frac{1}{2}ql-qx \qquad (0<x<l) \qquad (1)$$

$$M(x)=R_Ax-\frac{1}{2}qx^2=\frac{1}{2}qlx-\frac{1}{2}qx^2 \qquad (0\leqslant x\leqslant l) \qquad (2)$$

（3）画剪力图和弯矩图。

由式（1）可见，$F_Q(x)$ 是 x 的一次函数，即剪力方程为一直线方程，剪力图是一条斜直线。

当 $x=0$ 时，

$$F_{QA}=\frac{ql}{2}$$

当 $x=l$ 时，

$$F_{QB}=-\frac{ql}{2}$$

根据这两个截面的剪力值，画出剪力图，如图2－49（b）所示。

由式（2）可知，$M(x)$ 是 x 的二次函数，说明弯矩图是一条二次抛物线，应至少计算三个截面的弯矩值，才可描绘出曲线的大致形状。

当 $x=0$ 时，

$$M_A=0$$

当 $x=\frac{l}{2}$ 时，

$$M_C=\frac{ql^2}{8}$$

当 $x=l$ 时，

$$M_B=0$$

根据以上计算结果，画出弯矩图，如图2－49（c）所示。

从剪力图和弯矩图中可知，受均布荷载作用的简支梁，其剪力图为斜直线，弯矩图为二次抛物线；最大剪力发生在两端支座处，绝对值为 $|F_Q|_{\max}=\frac{1}{2}ql$；而最大弯矩发生在剪力为零的跨中截面上，其绝对值为 $|M|_{\max}=\frac{1}{8}ql^2$。

结论：在均布荷载作用的梁段，剪力图为斜直线、弯矩图为二次抛物线。在剪力等于零

的截面上弯矩有极值。

【例 2.15】如图 2－50（a）所示，简支梁受集中力偶作用，试画出梁的剪力图和弯矩图。

解：(1) 求支座反力。

由整梁平衡得

$$\sum M_B(\boldsymbol{F}) = 0\ ,\ R_A = \frac{m}{l}\ (\uparrow)$$

$$\sum M_A(\boldsymbol{F}) = 0\ ,\ R_B = -\frac{m}{l}\ (\downarrow)$$

校核：$\sum F_y = R_A + R_B = \frac{m}{l} - \frac{m}{l} = 0$

计算无误。

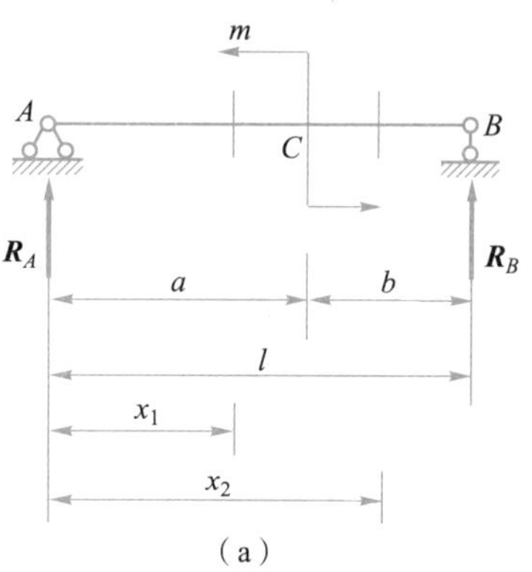

（a）

(2) 列剪力方程和弯矩方程。

在梁的 C 截面的集中力偶 m 作用，分两段列出剪力方程和弯矩方程。

AC 段：在 A 端为 x_1 的截面处假想将梁截开，考虑左段梁平衡，列出剪力方程和弯矩方程为

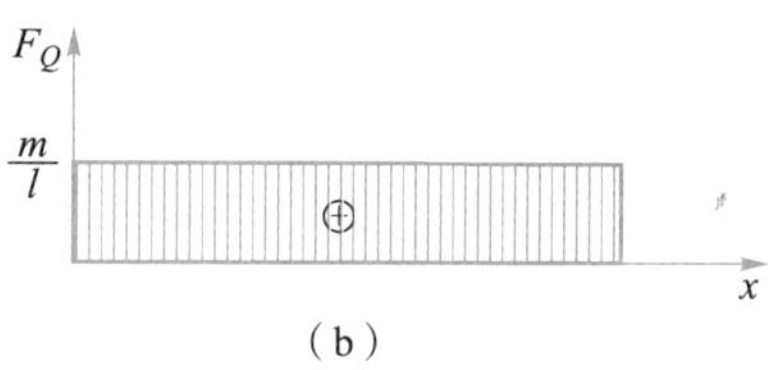

（b）

$$F_Q(x_1) = R_A = \frac{m}{l} \qquad (0 < x_1 \leqslant a) \qquad (1)$$

$$M(x_1) = R_A x_1 = \frac{m}{l}x_1 \qquad (0 \leqslant x_1 < a) \qquad (2)$$

CB 段：在 A 端为 x_2 的截面处假想将梁截开，考虑左段梁平衡，列出剪力方程和弯矩方程为

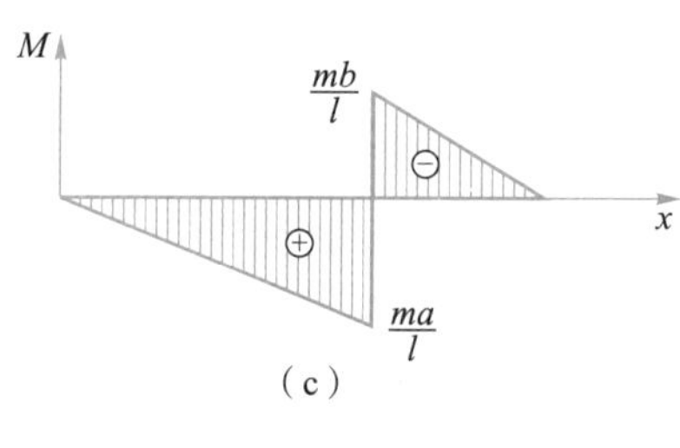

（c）

图 2－50　简支梁

$$F_Q(x_2) = R_A = \frac{m}{l} \qquad (a \leqslant x_2 < l) \qquad (3)$$

$$M(x_2) = R_A x_2 - m = -\frac{m}{l}(l - x_2) \qquad (a < x_2 \leqslant l) \qquad (4)$$

(3) 画剪力图和弯矩图。

F_Q 图：由式（1）和式（3）可知，梁在 AC 段和 CB 段剪力都是常数，其值为$\frac{m}{l}$，故剪力是一条在 x 轴上方且平行于 x 轴的直线。画出剪力图如图 2－50（b）所示。

M 图：由式（2）和式（4）可知，梁在 AC 段和 CB 段内弯矩都是 x 的一次函数，故弯矩图是两段斜直线。

AC 段：

当 $x_1 = 0$ 时，　　$M_A = 0$

当 $x_1 = a$ 时，　　$M_{Cn} = \frac{ma}{l}$

CB 段：

当 $x_2 = a$ 时，　　$M_{2n} = -\frac{mb}{l}$

当 $x_2 = l$ 时，　　$M_B = 0$

画出弯矩图，如图 2－50（c）所示。

由内力图可见，简支梁只受一个力偶作用时，剪力图为同一条平行线，而弯矩图是两段平行的斜直线，在集中力偶处左右截面上的弯矩发生了突变。

结论：梁在集中力偶作用处，左右截面上的剪力无变化，而弯矩出现突变，其突变值等于该集中力偶矩。

4. 梁的正应力强度条件

1）最大正应力

在强度计算时必须计算出梁的最大正应力。产生最大正应力的截面称为危险截面。对于等直梁，最大弯矩所在的截面就是危险截面。危险截面上的最大应力点称为危险点，它发生在距中性轴最远的上、下边缘处。

对于中性轴是截面对称轴的梁，最大正应力的值为

$$\sigma_{\max}=\frac{M_{\max}y_{\max}}{I_z} \tag{2-28}$$

令

$$W_z=\frac{I_z}{y_{\max}}$$

则

$$\sigma_{\max}=\frac{M_{\max}}{W_z} \tag{2-29}$$

式中：W_z——抗弯截面系数（或模量），它是一个与截面形状和尺寸有关的几何量，其常用单位为 m^3 或 mm^3。

对高为 h、宽为 b 的矩形截面，其抗弯截面系数为

$$W_z=\frac{I_z}{y_{\max}}=\frac{bh^3/12}{h/2}=\frac{bh^2}{6} \tag{2-30}$$

对直径为 D 的圆形截面，其抗弯截面系数为

$$W_z=\frac{I_z}{y_{\max}}=\frac{\pi D^4/64}{D/2}=\frac{\pi D^3}{32} \tag{2-31}$$

常见截面的 I_z 和 W_z 见表 2-1。

表 2-1 常见截面的 I_z 和 W_z

矩形截面	y, h, c, b	$I_z=\frac{bh^3}{12}$	$W_z=\frac{bh^2}{6}$
圆柱截面	y, d, c	$I_z=\frac{\pi d^4}{64}$	$W_z=\frac{\pi d^3}{32}$

续表

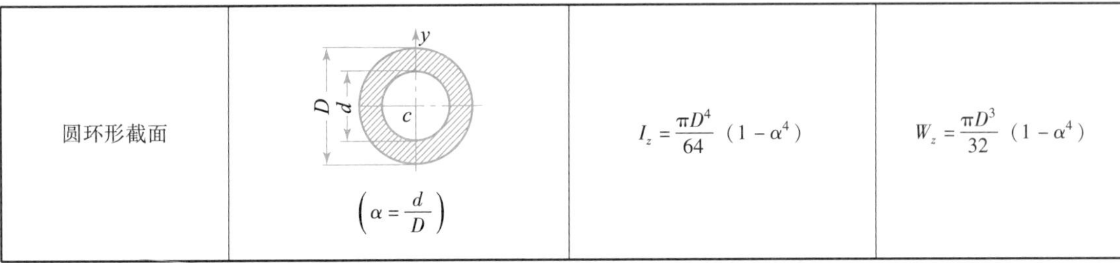

圆环形截面	$\left(\alpha=\frac{d}{D}\right)$	$I_z=\frac{\pi D^4}{64}\left(1-\alpha^4\right)$	$W_z=\frac{\pi D^3}{32}\left(1-\alpha^4\right)$

2）正应力强度条件

为了保证梁具有足够的强度，必须使梁危险截面上的最大正应力不超过材料的许用应力，即

$$\sigma_{\max}=\frac{M_{\max}}{W_z}\leqslant[\sigma] \tag{2-32}$$

式中：$M_{\max}$——梁的最大弯矩；

W_z——横截面的抗弯截面系数；

$[\sigma]$——材料的许用弯曲正应力。

式（2－32）为梁的正应力强度条件。

根据强度条件可解决工程中有关强度方面的三类问题。

（1）强度校核。在已知梁的横截面形状和尺寸、材料及所受荷载的情况下，可校核梁是否满足正应力强度条件，即校核是否满足式（2－32）。

（2）设计截面。当已知梁的荷载和所用的材料时，可根据强度条件，先计算出所需的最小抗弯截面系数。

$$W_z\geqslant\frac{M_{\max}}{[\sigma]} \tag{2-33}$$

然后根据梁的截面形状，再由 W_z 值确定截面的具体尺寸或型钢号。

（3）确定许用荷载。已知梁的材料、横截面形状和尺寸，根据强度条件先计算出梁所能承受的最大弯矩，即

$$M_{\max}\leqslant W_z[\sigma] \tag{2-34}$$

然后由 $M_{\max}$ 与荷载的关系计算出梁所能承受的最大荷载。

【例 2.16】 如图 2－51 所示，一悬臂梁长 $l=1.5\text{m}$，自由端受集中力 $F=32\ \text{kN}$ 作用，梁由工字钢制成，自重按 $q=0.33\ \text{kN/m}$ 计算，$[\sigma]=160\ \text{MPa}$。试校核梁的正应力强度。

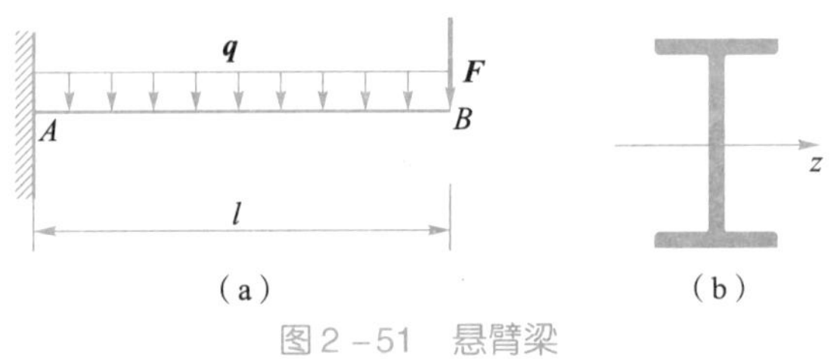

图 2－51　悬臂梁

解：

（1）求最大弯矩的绝对值：

$$|M_{max}| = Fl + \frac{ql^2}{2} = 32 \times 1.5 + \frac{1}{2} \times 0.33 \times 1.5^2 = 48.4\ (\text{kN} \cdot \text{m})$$

（2）查型钢表，工字钢的抗弯截面系数为

$$W_z = 309\ \text{cm}^3$$

（3）校核正应力强度：

$$\sigma_{max} = \frac{M_{max}}{W_z} = \frac{48.4 \times 10^6}{309 \times 10^3} = 157(\text{MPa}) < [\sigma] = 160\ \text{MPa}$$

满足正应力强度条件。

【例 2.17】 一外伸工字型钢梁，字钢的型号为 No22a，梁上荷载如图 2－52（a）所示。已知 $l = 6$ m，$F = 30$ kN，$q = 6$ kN/m，$[\sigma] = 170$ MPa，检查此梁是否安全。

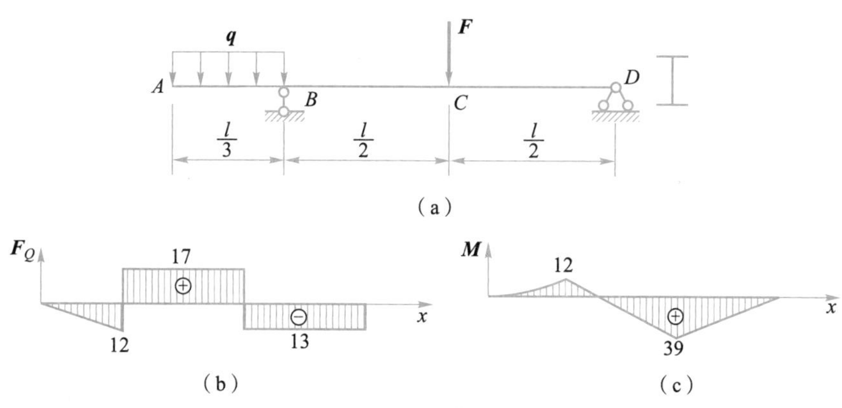

图 2－52　工字型钢梁

解：

（1）绘制剪力图、弯矩图，如图 2－52（b）和图 2－52（c）所示。

$$M_{max} = 39\ \text{kN} \cdot \text{m}$$

（2）由型钢表查得有关数据：

$$W_z = 309\ \text{cm}^3$$

（3）校核正应力强度：

$$\sigma_{max} = \frac{M_{max}}{W_z} = \frac{39 \times 10^6}{309 \times 10^3} = 126(\text{MPa}) < [\sigma] = 170\ \text{MPa}$$

所以，梁是安全的。

习　题

一、填空题

1. 平面弯曲变形的变形特点是杆的轴线被弯成一条________。
2. 在梁上作用有均布载荷时，剪力图是一条________线，而弯矩图是一条________线。

3. 横截面上最大弯曲拉应力等于压应力的条件是________________________。

4. 实心圆形横截面梁承受一定的横向载荷，若将其直径增加一倍，其余条件不变，则梁横截面上的最大正应力变为原来的________倍。

5. 梁的剪应力强度条件________________。

二、判断题

(　　) 1. 在减速器中，一般高速轴的直径较小、低速轴的直径较大。

(　　) 2. 主应力指的是单元体的最大剪应力。

(　　) 3. 梁内弯矩符号的规定是构件顺时针转动取负号、逆时针转动取正号。

(　　) 4. 梁内产生的应力与梁的加载方式有关。

(　　) 5. 当梁上的载荷只有集中力时，弯矩图为曲线。

三、计算题

1. 试计算如图 2－53 所示各梁指定截面（标有细线者）的剪力与弯矩，并画剪力与弯矩图。

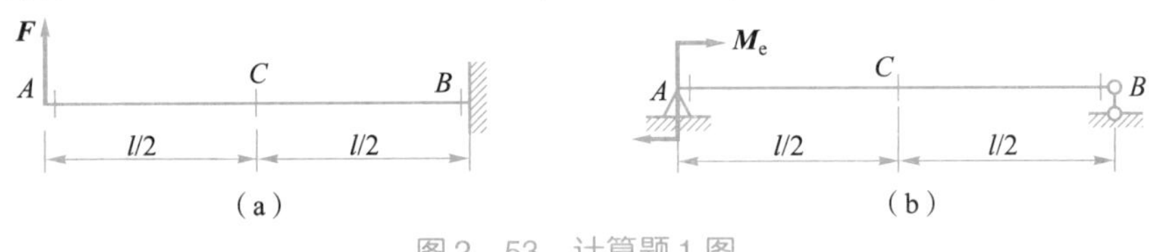

图 2－53　计算题 1 图

2. 如图 2－54 所示的实心圆截面悬臂梁，横截面直径 $d=40$ mm，试求梁的最大弯曲正应力。

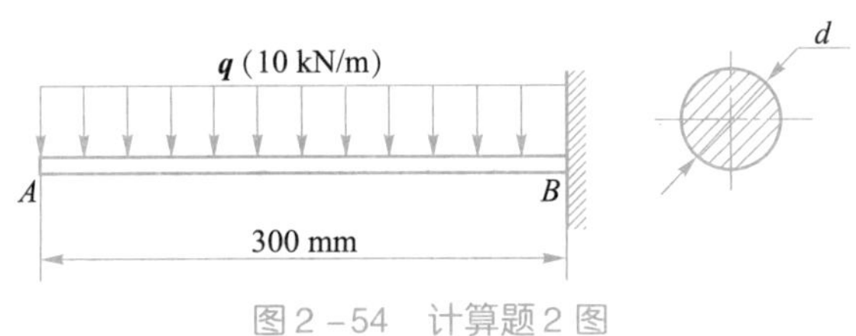

图 2－54　计算题 2 图

3. 如图 2－55 所示的矩形截面钢梁，承受集中载荷 ***F*** 与集度为 ***q*** 的均布载荷作用，试确定截面尺寸 b。已知载荷 $F=10$ kN，$q=5$ N/mm，许用应力 $[\sigma]=160$ MPa。

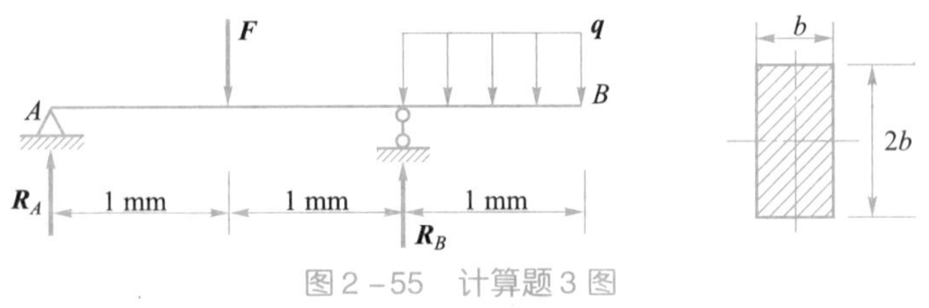

图 2－55　计算题 3 图

四、问答题

在集中力作用处，梁的剪力图和弯矩图各有什么特点？

第3章　常用机构

原动机输出的运动一般以匀速旋转和往复直线运动为主，而生产实际中要求的运动形式千变万化，为此人们在生产劳动中创造了平面连杆机构、凸轮机构、螺旋机构、棘轮机构和槽轮机构等，以达到转换运动形式的目的。

学习目标

知识目标

- 了解运动副及其分类。
- 理解和掌握铰链四杆结构的类型、特性以及曲柄的存在条件。
- 理解和掌握凸轮机构的类型与应用。
- 理解棘轮机构和槽轮机构的结构与工作原理。
- 理解螺旋机构的结构和工作原理。

能力目标

- 能明白平面连杆机构、凸轮机构、间歇运动机构和螺旋机构的概念。
- 能对常用机构进行运动分析、结构分析和计算。

3.1　运　动　副

3.1.1　运动副概念

机构是由构件组成的，而机构最主要的特征是各构件之间具有确定的相对运动。这就要求组成机构的各构件必须以一定的方式进行连接，且各构件之间仍能有一定的相对运动。这种使两个构件直接接触并能产生某种相对运动的连接就称为运动副。

3.1.2　运动副分类及表示方法

1. 运动副的种类

（1）高副：两构件构成点、线接触的运动副称为高副，如图3－1所示。

（2）低副：两构件构成面接触的运动副称为低副，如图3－2（a）和图3－2（b）所示均为低副。

平面低副按其相对运动形式分为转动副和移动副。

①转动副：两构件间只能产生相对转动的运动副，如图3－2（a）所示。

②移动副：两构件间只能产生相对移动的运动副，如图3－2（b）所示。

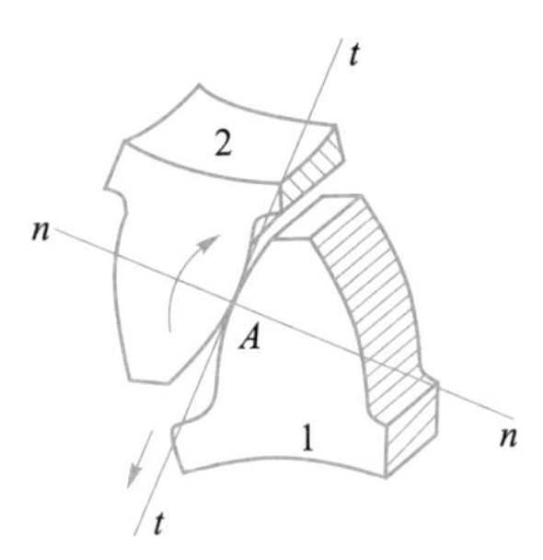

图3－1 高副

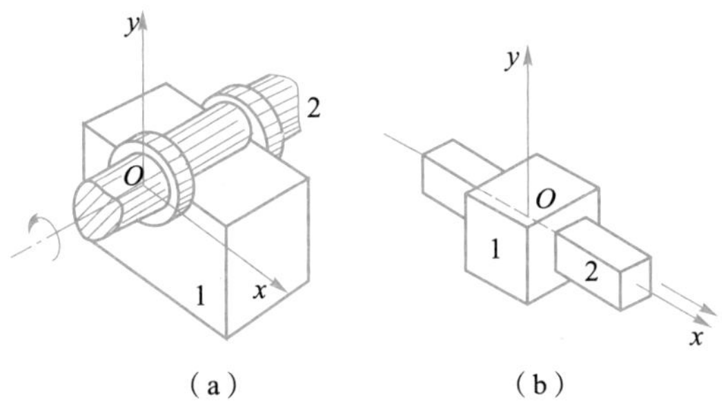

图3－2 低副

2. 运动副的表示方法

（1）转动副的画法如图3－3所示，其中带斜线的为固定构件（又称机架）。

（2）移动副的画法如图3－4所示。

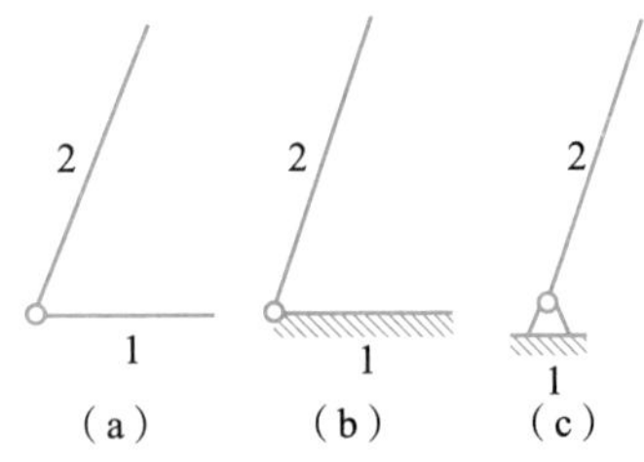

图3－3 转动副的表示方法

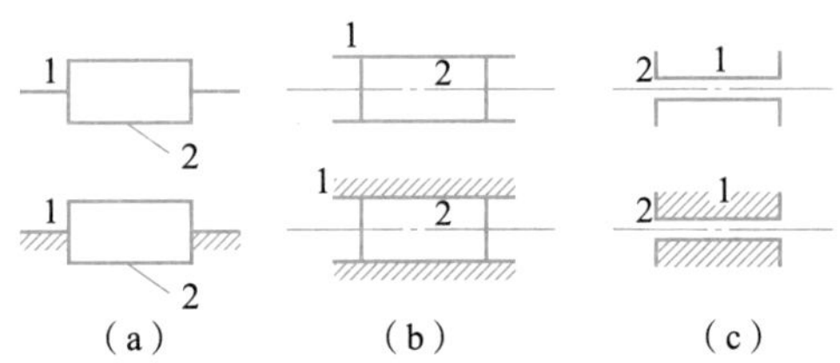

图3－4 移动副的表示方法

（3）高副的表示方法如图3－5（a）和图3－5（b）所示，即绘出其接触处的轮廓线形状。图3－5（a）所示为凸轮副，图3－5（b）所示为齿轮副（也可用一对节圆代替）。

3. 构件的表示方法

（1）参与形成两个运动副的构件，其表示方法如图3－6所示。

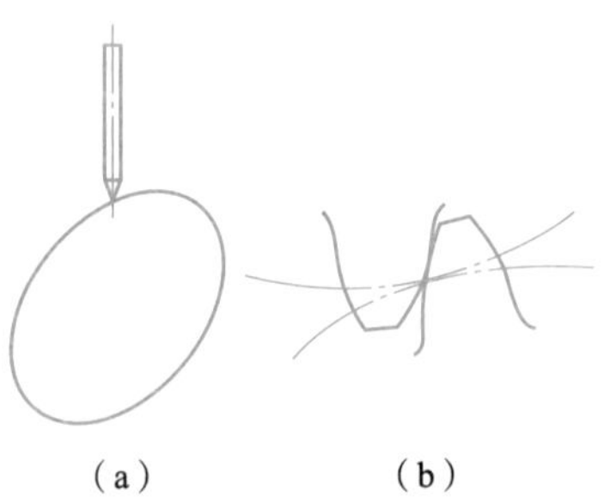

图3－5 高副的表达方法

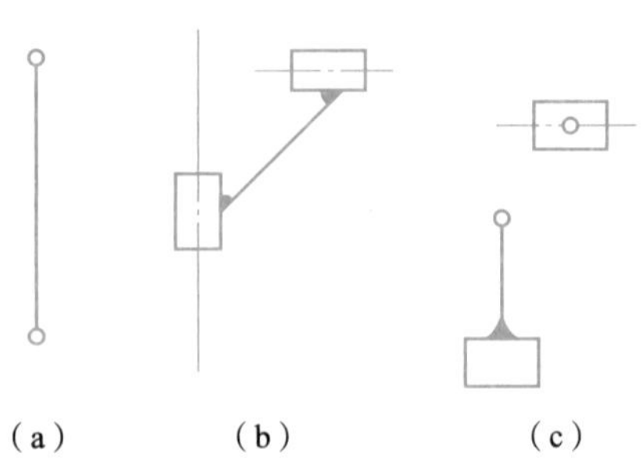

图3－6 构件的表示方法

（2）参与形成三个转动副的构件，其表示方法如图 3－7 所示。图 3－7（a）是用三角形表示，为了表明这是一个单一的构件，故在三角形内角上涂以焊缝符号。图 3－7（b）也是用三角形表示，只是将整个三角形画上斜线以表示是一个构件。如果同一构件上的三个转动副位于一条直线上，其画法如图 3－7（c）所示。

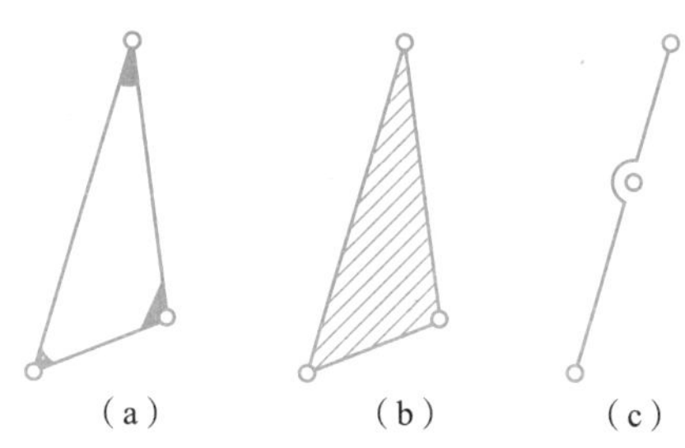

图 3－7　形成三个转动副构件的表示方法

其他常用零部件的表示方法可参看 GB/T 4460—2013《机械制图　机构运动简图用图形符号》。

3.2　平面连杆机构

连杆机构是由多个构件通过低副连接而成的机构，若机构中各构件在同一平面或相互平行的平面内运动，则构成平面连杆机构。其主要特点是：由于低副为面接触，压强低、磨损小，而且构成运动副的表面为圆柱面或平面，故制造方便；又因为这类机构容易实现常见的转动、移动及其转换，所以应用较广泛。它的缺点是：由于低副中存在间隙，机构不可避免地会产生运动误差；另外，平面连杆机构不易精确地实现复杂的运动规律。

平面连杆机构中最常见的是由 4 个构件和 4 个低副组成的四杆机构，分为铰链四杆机构和滑块四杆机构两类，前者是平面四杆机构的基本形式，后者由前者演化而来。

3.2.1　铰链四杆机构

当四杆机构中的运动副都是转动副时就构成铰链四杆机构，如图 3－8 所示，机构中固定不动的构件称为机架；与机架相连接的构件 1 和构件 3 称为连杆。连杆若能绕机架做整周转动则称为曲柄，若只能绕机架在小于 360°的范围内做往复摆动则称为摇杆，与连杆相连接的构件 2 称为摇杆。根据铰链四杆机构中有无曲柄存在可将其分为曲柄摇杆机构、双曲柄机构和双摇杆机构。

1. 曲柄摇杆机构

两个连杆中，一个是曲柄、一个是摇杆的铰链四杆机构，称为曲柄摇杆机构。通常曲柄作为主动件，可以将曲柄的连续转动转化为摇杆的往复摆动，同时连杆做平面复杂运动。图 3－9 所示为雷达天线俯仰机构，是典型的曲柄摇杆机构的应用实例。图中构件 1 为曲柄，当其连续转动时通过连杆 2 带动摇杆 3 在一定角度内反复摆动，固定在摇杆 3 上的雷达天线装

置做俯仰运动，进行目标跟踪。

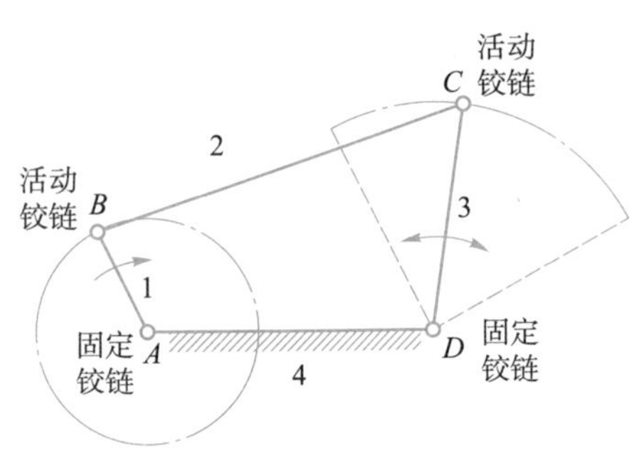

图 3－8　铰链四杆机构

1—曲柄；2—连杆；3—摇杆；4—机架

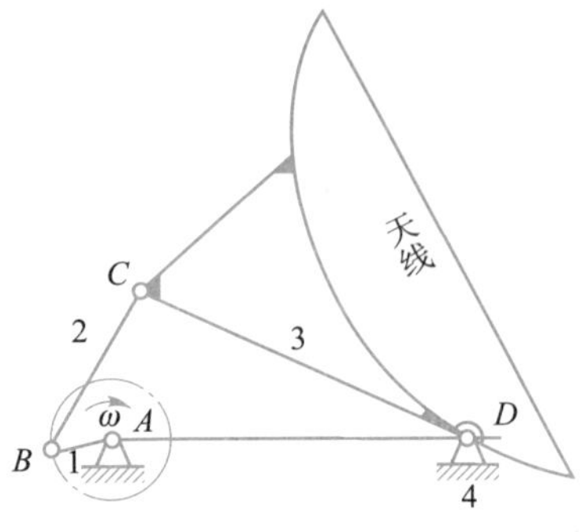

图 3－9　雷达天线俯仰机构

1—曲柄；2—连杆；3—摇杆；3—机架

图 3－10 所示为食品设备中的物料搅拌机构，当曲柄 1 旋转时，利用连杆 2 上 *E* 点的轨迹可以实现物料搅拌的要求。

在铰链四杆机构中，摇杆有时也可以作为主动件。如图 3－11 所示的缝纫机踏板机构，当踏板（摇杆）1 做往复摆动时，通过连杆 2 带动曲轴（曲柄）3 做连续整周转动，再通过皮带传动驱动缝纫机头工作。

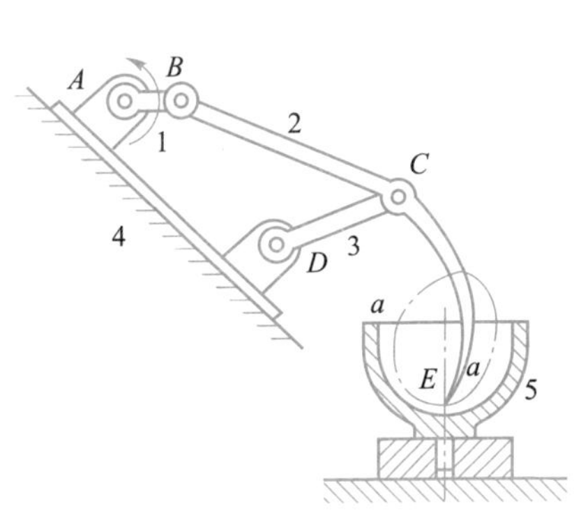

图 3－10　搅拌器中的搅拌机构

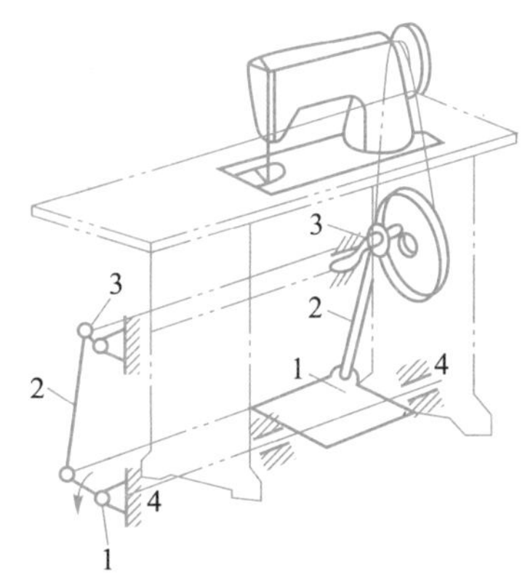

图 3－11　缝纫机踏板机构

1—踏板；2—连杆；3—曲轴；4—机架

2. 双曲柄机构

两个连架杆都是曲柄的铰链四杆机构，称为双曲柄机构。如图 3－12（a）所示的惯性筛机构，其中 *ABCD* 就是一个不等长的双曲柄机构。当曲柄 *AB* 做等角速转动时，曲柄 *CD* 做变角速转动，通过构件 *CE* 使筛体做变速的往复直线运动，筛面上的物料由于惯性而来回抖动，从而实现筛选。

在双曲柄机构中，如果两个曲柄的长度相等，且机架与连杆的长度也相等，则为平行双曲柄机构。当机架与连杆平行时也称为正平行四边形机构。图 3－12（b）所示的天平机构中的 *ABCD* 就是一个正平行四边形机构的应用，主动曲柄 *AB*、从动曲柄 *CD* 做同速、同向转动，连杆 *BC* 则做平移运动，使天平盘 1 和 2 始终保持水平位置。

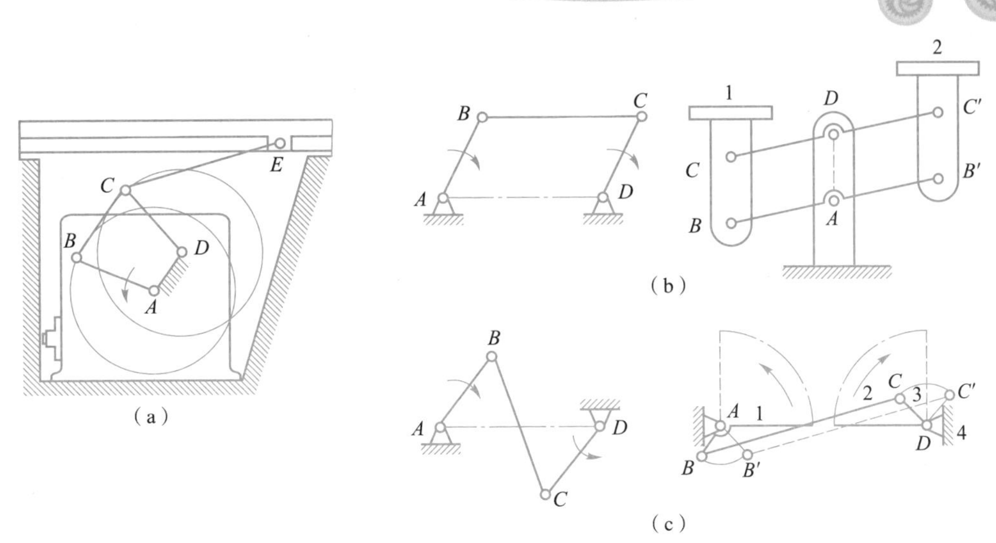

图 3－12　双曲柄机构的应用

在图 3－12（c）所示的平行双曲柄机构中，机架 *AD* 与连杆 *BC* 不平行，曲柄 *AB* 与 *CD* 做反向转动，称为逆平行四边形机构。此机构应用于车门启动机构，可以保证分别与曲柄 *AB* 和 *CD* 固定连接的两扇车门同时开启或关闭。

3. 双摇杆机构

两个连架杆都是摇杆的铰链四杆机构，称为双摇杆机构。图 3－13（a）所示的可逆式座椅 *ABCD* 是一个双摇杆机构，摇杆 *AB* 与摇杆 *CD* 的随同摆动可以变更座椅垫背 *BC* 的方向；在图 3－13（b）所示的鹤式起重机中，*ABCD* 也是一个双摇杆机构，当主动摇杆 *AB* 摆动时，从动摇杆 *CD* 也随着摆动，从而使连杆延长线上的重物悬挂点 *E* 做近似水平的直线运动。

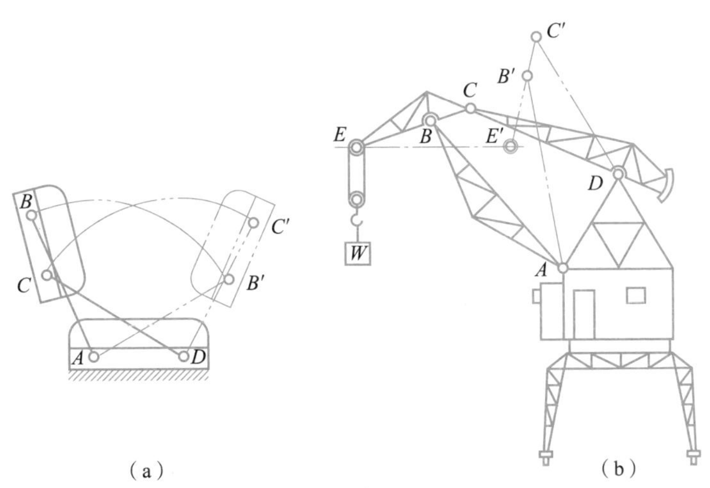

图 3－13　双摇杆机构的应用

3.2.2　滑块四杆机构及其演化

铰链四杆机构可以通过改变其中某些杆的长度或结构形式演化为滑块四杆机构，得到了更加广泛的应用。

1. 曲柄滑块机构

如图3－14（a）所示，铰链四杆机构中的转动副 C 在以 CD 为半径的一段圆弧中往复移动，这时可以将转动副 D 变成半径为 CD 的圆弧槽，CD 杆变换成滑块在槽中移动（即用滑块代替摇杆）。如图3－14（b）所示，如果将摇杆 CD 的长度无限增大（即铰链 D 移到无穷远处），圆弧槽变成直线槽，则得到如图3－14（c）所示的曲柄滑块机构，图中 e 表示曲柄回转中心到滑块移动槽的距离（也称偏心距）。从中可以看出，曲柄滑块机构是由铰链四杆机构通过运动副及杆长变换后演化而来的。

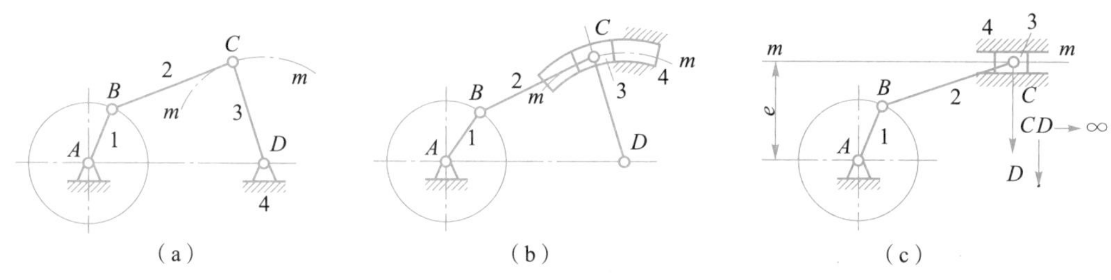

图3－14　一个转动副演化成移动副

若偏心距 $e=0$，如图3－15（a）所示，则称为对心曲柄滑块机构；若偏心距 $e\neq0$，如图3－15（b）所示，则称为偏置曲柄滑块机构。

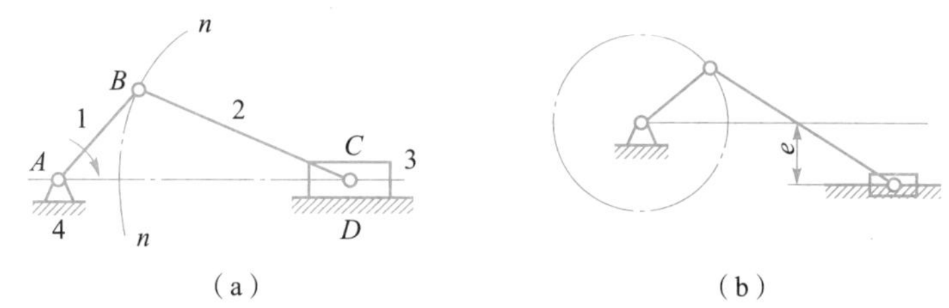

图3－15　曲柄滑块机构

（a）对心曲柄滑块机构；（b）偏置曲柄滑块机构

2. 偏心轮机构

在对心曲柄滑块机构中，当曲柄较短时，由于制造结构的影响，常将它制成偏心轮形式。如图3－16所示，当将曲柄 AB 上转动副 B 的半径扩大到超过曲柄 AB 的长度时，曲柄就演化成偏心轮（其转动中心 A 与几何中心 B 不重合）。偏心轮轴颈的强度和刚度大，广泛适用于要求曲柄长度较短、冲击载荷较大的机械中。因此，在机构运动简图中，偏心轮可以简化成长度等于其转动中心 A 到几何中心 B 距离的杆件。

3. 其他四杆机构

在对心的曲柄滑块机构，通过取不同的构件为机架可以得到摇块机构、移动导杆机构、摆动导杆机构和转动导杆机构等。图3－17（a）所示的手动压水机为移动导杆的应用实例。手动压水机在压杆1的往复作用下，带动活塞杆4做往复移动，从而将水从井中抽出。图3－17（b）所示为曲柄摇块机构在液压泵中的应用，图3－17（c）所示为摆动导杆机构在牛头刨床中的应用。

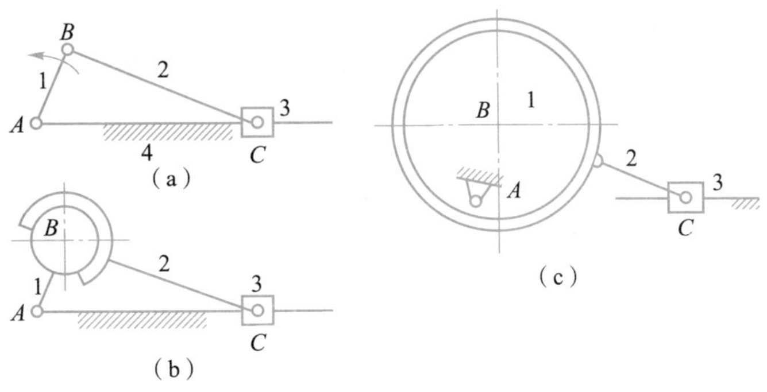

图 3－16　转动副扩大演化成偏心轮

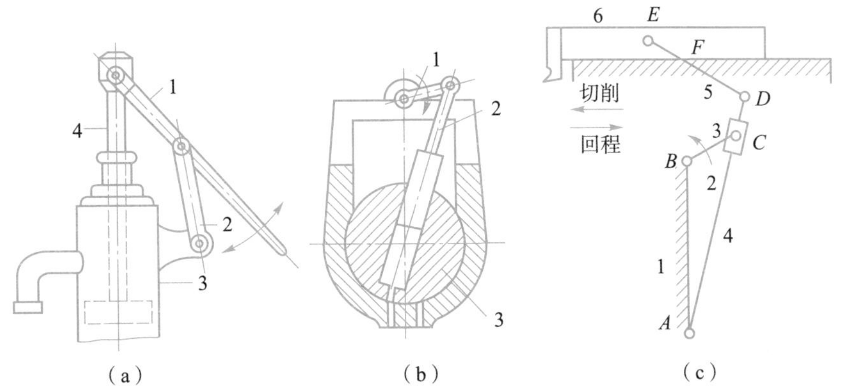

图 3－17　各种四杆机构的应用实例

3.2.3　平面四杆机构的急回特性和死点

1. 急回特性

如图 3－18 所示，当曲柄 AB 为主动件做等速回转时，摇杆 CD 为从动件做变速摆动，曲柄 AB 每回转一周，出现两次与连杆 BC 共线的位置，这时摇杆 CD 分别处于两个极限位置 C_2D，这时曲柄所在位置之间的夹角 θ 称为极位夹角。

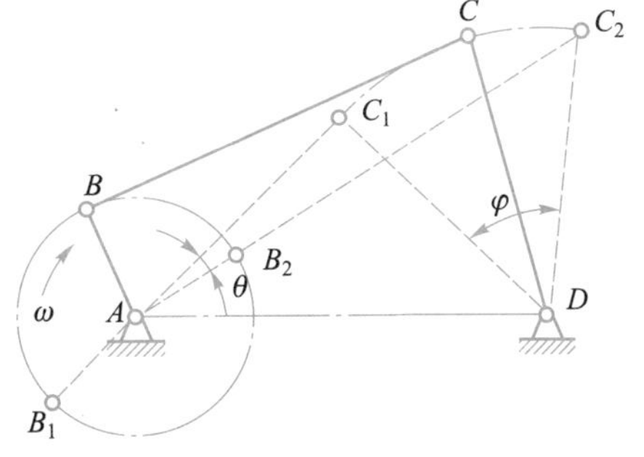

图 3－18　曲柄摇杆机构的极位夹角

当曲柄以角速度 ω 从 AB_1 到 AB_2 顺时针转过 $\alpha_1=180°+\theta$ 时，摇杆 2 从 C_1D 位置摆到 C_2D。所花时间为 t_1，平均速度为 v_1。当曲柄以 ω 从 AB_2 到 AB_1 转过 $\alpha_2=180°-\theta$ 时，摇杆从 C_2D 位置摆回到 C_1D 所花时间为 t_2，平均速度 v_2。由于 $\alpha_1>\alpha_1$，所以 $t_1>t_2$，$v_1<v_2$。这说明，当曲柄等速回转时，摇杆来回摆动的速度不同，其返回的速度较大，机构的这种性质称为急回特性，常用行程速比系数 K 来表示。

$$K=\frac{v_2}{v_1}=\frac{\widehat{C_1C_2}/t_2}{\widehat{C_1C_2}/t_1}=\frac{t_1}{t_2}=\frac{(180°+\theta)\ /\omega_1}{(180°-\theta)\ /\omega_1}=\frac{180°+\theta}{180°-\theta} \tag{3-1}$$

$$\theta=180°\frac{K-1}{K+1} \tag{3-2}$$

所以，除曲柄摇杆机构外，如图3－19所示的偏置曲柄滑块机构也都有急回特性。机构有无急回特性，取决于该机构的极位夹角 θ 是否大于零，θ 越大，急回特性越显著。

2. 死点

如图3－20所示，如果铰链四杆机构的原动件为构件 CD，构件 AB 为从动件，则在图中虚线所示机构的两个极限位置上，由于连杆 BC 与从动件 AB 共线，驱动力矩为零，连杆 BC 不能推动从动件 AB 做功，整个机构处于停顿状态，我们将这种机构的这个位置称为死点。

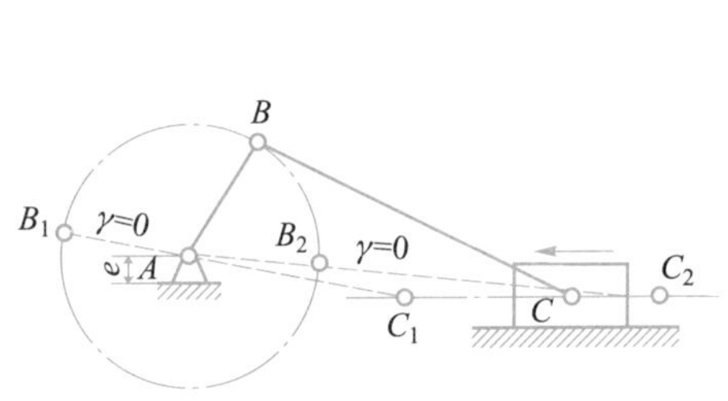

图3－19　偏置曲柄滑块机构

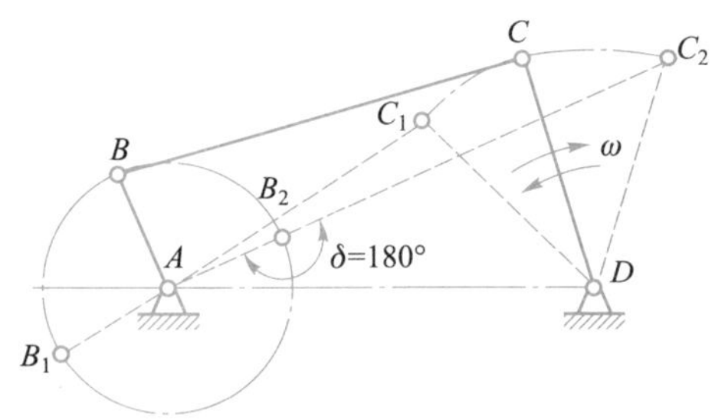

图3－20　死点位置

当机构在死点位置时，从动件的转动方向不能确定，既可有正转也可能反转，还可能静止。例如，在使用家用缝纫机时，踩动踏板通过连杆使曲轴转动，常常会出现踩不动或倒车的现象，这都是因为踏板机构处于死点位置的缘故。

为了使机构能够顺利地通过死点位置，保持正常工作，常采用以下几种方法：

（1）利用从动曲柄本身的质量或附加一转动惯性较大的飞轮（见图3－21），依靠其惯性作用来导向通过死点位置。

（2）采用多组机构错列，如图3－22所示两组车轮的错列装置，两组机构的曲柄错列成90°。

图3－21　手扶拖拉机

（3）增设辅助构件，如图3－23所示机车车轮的联动装置，在机构中增设一个辅助曲柄 EF。

有时，工程上也利用死点位置来实现一定的工作要求。

如图3－24所示的飞机起落机构，当起落架放下时，BC 与 CD 杆共线，机构处于死点位置，地面对机轮的作用力不会使 CD 杆转动，从而保证飞机起落可靠。又如图3－25所示的夹紧机构，当夹紧工件后，BC 与 CD 杆共线，机构处于死点位置，即使工作反力再大也

不能使机构反转，要松开工件，只有向上推动手柄才能实现，因此保证了夹紧可靠。

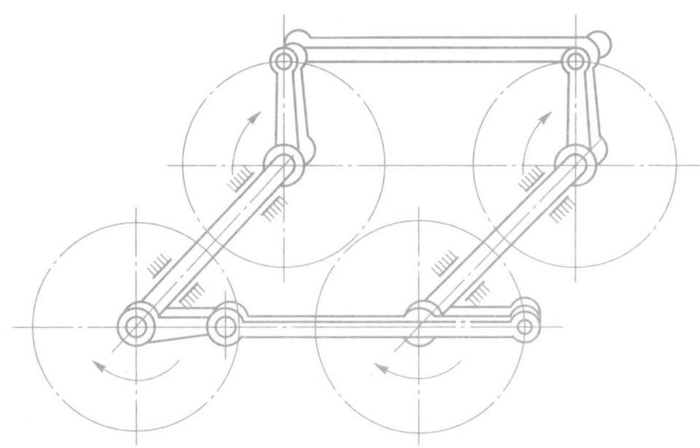

图3-22　两组车轮的错列装置

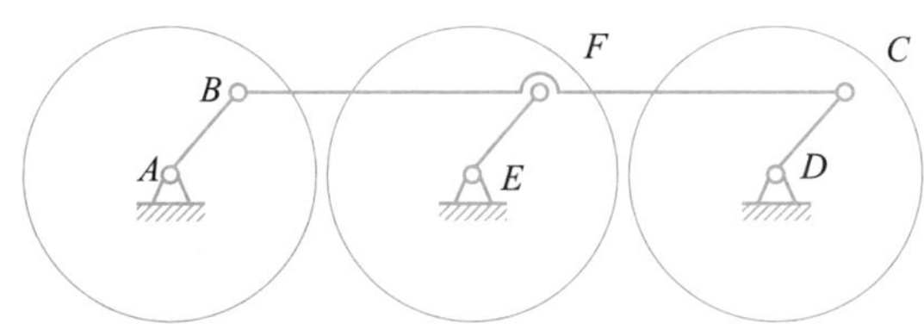

图3-23　机车车轮联动装置

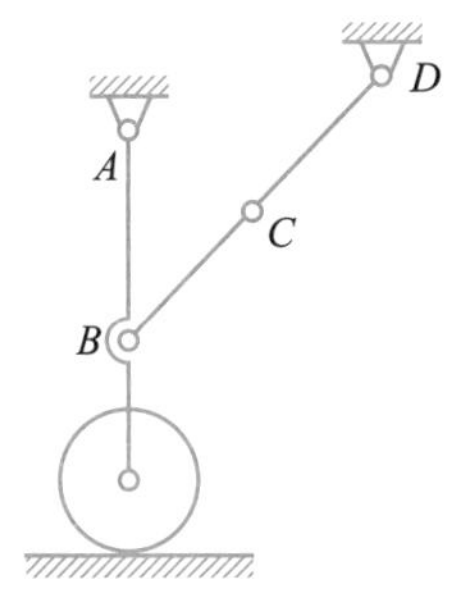

图3-24　飞机起落架机构

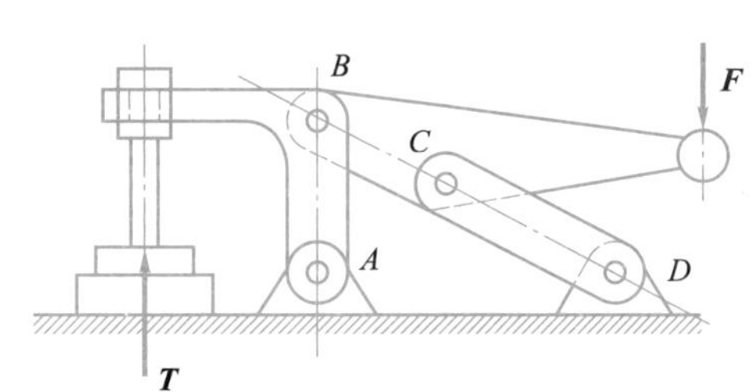

图3-25　夹紧机构

1，3—摇杆；2—连杆（手柄）；4—机架

习　题

一、填空题

1. 构件间用四个转动副相连的平面四杆机构，称为铰链四杆机构，它有________、________和________三种基本类型。

2. 在铰链四杆机构中，固定不动的构件叫________，做整周转动的连架杆叫________，做往复摆动的连架杆叫________。

3. ________是低副，按构件相对运动形式不同，低副分为________和________。

二、判断题

(　　) 1. 缝纫机的踏板系统是曲柄摇杆机构的应用。

(　　) 2. 平面连杆机构属于高副机构。

(　　) 3. 在双曲柄机构中，无论取谁为主动件，机构肯定会有死点存在。

(　　) 4. 急回特性系数 K 值越大，机构的急回特性越显著；当 $K=1$ 时，机构无急回特性。

三、问答题

1. 什么是机构的急回特性？在生产中怎样利用这种特性？

2. 什么是死点位置？通常采用哪些方法使机构顺利通过死点位置？

3.3 凸轮机构

在机器中，特别是自动化的机器中，为实现某些特殊或复杂的运动规律，常采用凸轮机构。凸轮机构通常由凸轮、从动件和机架组成，其作用是将凸轮的连续转动或移动转换为从动件的连续或不连续的移动或摆动。与连杆机构相比，凸轮机构便于准确地实现给定的运动规律，但由于与从动件是点接触或线接触构成高副，所以易磨损。另外，高精度凸轮机构的制造也比较困难。

3.3.1 凸轮机构的应用和类型

1. 凸轮机构的组成特性和应用

图 3－26 所示为内燃机的气门机构。

当具有曲线轮廓的凸轮 1 做等速回转时，凸轮曲线轮廓通过与气门（从动件）的平底接触，迫使气门相对于气门导管（机架）做往复直线运动，从而控制气门有规律地开启和闭合。气门的运动规律取决于凸轮曲线轮廓的形状。

图 3－26　内燃机

由此可以看出，凸轮机构是由凸轮、从动件和机架 3 个构件组成的。凸轮是一个具有曲线轮廓或凹槽的构件，通常作为原动件。当它运动时，通过其曲线轮廓或凹槽与从动件形成高副接触，使从动件获得预期的运动规律。

2. 凸轮机构的类型

凸轮机构应用广泛、类型很多，通常按以下方法分类。

1）按凸轮的形状和运动形式分

（1）盘形凸轮。凸轮绕固定轴旋转，其向径（曲线上各点到回转中心的距离）在发生变化，是凸轮的基本形式，如图 3－26 所示的

凸轮。

（2）平行移动凸轮。这种凸轮外形通常呈平板状，如图 3 - 27 所示，可以看作是回转中心位于无穷远处的盘形凸轮。它相对于机架做直线往复移动。

（3）圆柱凸轮。凸轮是一个具有曲线凹槽的圆柱形构件。它可以看成是将移动凸轮卷成圆柱体演化而成的，图 3 - 28 所示为自动车床进刀机构中的凸轮。

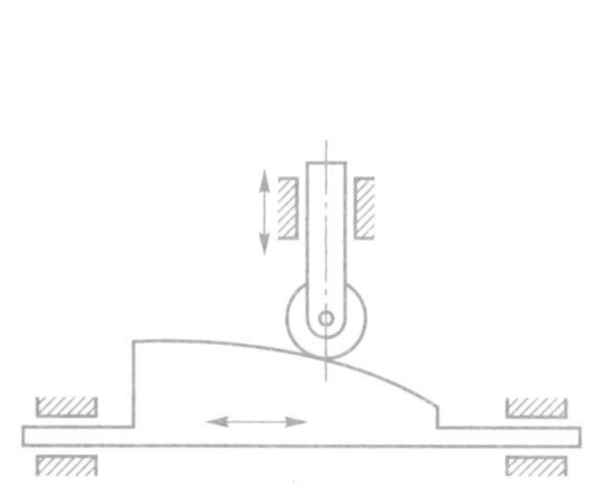

图 3 - 27　平行移动凸轮

图 3 - 28　自动车床进刀机构中的凸轮

盘形凸轮和移动凸轮与其从动件之间的相对运动是平面运动，所以它们属于平面凸轮机构。圆柱凸轮与从动件的相对运动为空间运动，故它属于空间凸轮机构。

2）按从动件的结构形式分

（1）尖顶从动件。如图 3 - 29（a）和图 3 - 29（d）所示，尖顶能与复杂的凸轮轮廓保持接触，因而能实现任意预期的运动规律，但尖顶极易磨损，故只适用于受力不大的低速场合。

（2）滚子从动件。如图 3 - 29（b）和 3 - 29（e）所示，为了减轻尖顶磨损，在从动件的顶尖处安装个滚子，滚子与凸轮轮廓之间为滚动，磨损较小，可用来传递较大的动力，应用最为广泛。

（3）平底从动件。如图 3 - 29（c）和图 3 - 29（f）所示，这种从动件与凸轮轮廓表面接触处的端面做成平底（即为平面），结构简单，与凸轮轮廓接触面间易形成油膜，润滑状况好、磨损小。当不考虑摩擦时，凸轮对从动件的作用力始终垂直于平底，故受力平稳、传动效率高，常用于高速场合，但仅能与轮廓全部外凸的凸轮相互作用构成凸轮机构。

另外，还可以按从动件的运动形式分为直动和摆动从动件，根据工作需要选用一种凸轮和一种从动件形式组成直动或摆动凸轮机构。凸轮机构在工作时必须保证从动件相关部位始终与凸轮轮廓曲线保持接触，可采用重力、弹簧力或特殊的几何形状来实现。

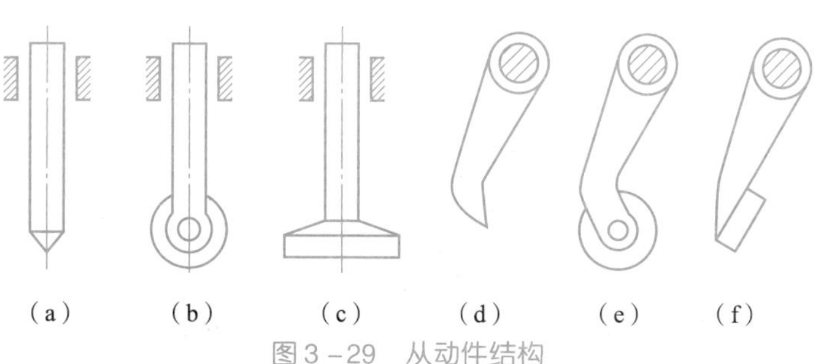

图 3 - 29　从动件结构

3.3.2 凸轮机构中从动件的常用运动规律

1. 凸轮机构工作过程分析

图 3－30 是对心尖顶直动从动件盘形凸轮机构，其中以凸轮轮廓最小向径 r_b 为半径所作的圆称为凸轮基圆。在图示位置时，从动件处于上升的最低位置，其尖顶与凸轮在 A 点接触。当凸轮以等角速度 ω 顺时针方向转动时，凸轮向径逐渐增大，将推动从动件按一定的运动规律运动，在凸轮转过一个 Φ_O 角度时，从动件尖顶运动到 B'点，此时尖顶与凸轮 B 点接触，AB'是从动件的最大位移，用 h 表示，称为从动件推程（或行程），对应的凸轮转角 Φ_O 称为凸轮推程运动角；当凸轮继续转动时，凸轮与尖顶从 B 点移到 C 点接触，由于凸轮的向径没有变化，从动件在最大位移处 B'点停留不动，这个过程称为从动件远停程，对应的凸轮转角 Φ_s 称为凸轮的远停程运动角；当凸轮接着转动时，凸轮与尖顶从 C 点移到 D 点接触，凸轮向径由最大变化到最小（基圆半径 r_b），从动件按一定的运动规律返回到起始点，这个过程称为从动件回程，对应的凸轮转角 Φ'_O 称为凸轮回程运动角；当凸轮再转动时，凸轮与尖顶从 D 点又移到 A 点接触，由于该段基圆弧上各点向径大小不变，从动件在最低位置不动（从动件的位移没有变化），这一过程称为近停程，对应转角 Φ'_s 称为近停程运动角。此时凸轮转过了一整周，若凸轮再继续转动，从动件将重复上述升—停—降—停的运动过程。以凸轮转角 φ 为横坐标，从动件的位移 s 为纵坐标，可用曲线将从动件在一个运动循环中的工作位移变化规律表示出来，如图 3－30（b）所示，该曲线称为从动件的位移线图（$s-\varphi$ 图）。由于凸轮通常做等速运动，其转角与时间成正比，因此该线图的横坐标也代表时间 t。根据 $s-\varphi$ 图，可以求出从动件的速度线图（$v-\varphi$ 图）和从动件的加速度线图（$a-\varphi$图），统称为从动件的运动线图，反映出从动件的运动规律。

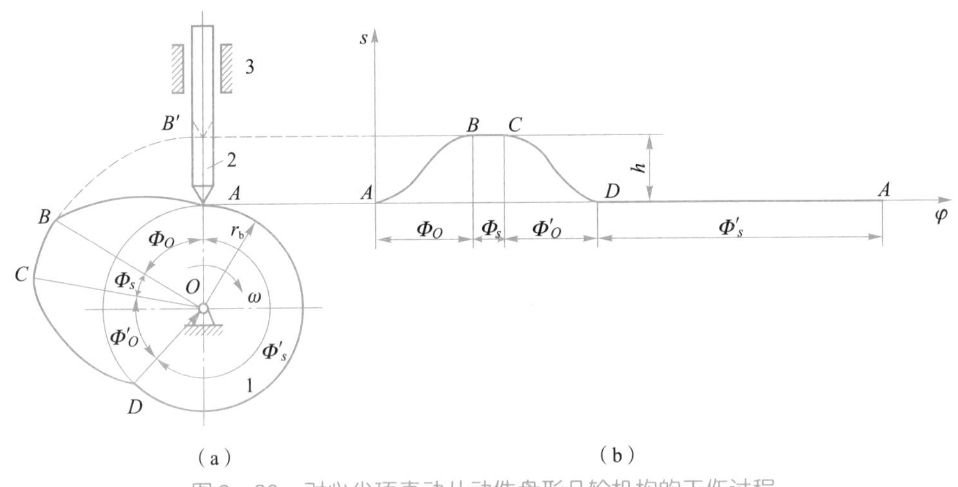

图 3－30 对心尖顶直动从动件盘形凸轮机构的工作过程

2. 从动件常用运动规律

由于凸轮轮廓曲线决定了从动件的位移线图（运动规律），故凸轮轮廓曲线也要根据从动件的位移线图（运动规律）来设计。因此，在用图解法设计凸轮时，首先应当根据机器的工作要求选择从动件的运动规律，作位移线图，从动件经常利用推程完成做功，这里以推

程为例，介绍从动件几种常用的基本运动规律。

(1) 等速运动规律。从动件做等速运动时，其位移、速度和加速度的运动线图如图 3－31所示。在此阶段，经过时间 t_0（凸轮转角为 Φ_O），从动件完成升程 h，所以从动件速度 $v_0 = h/t_0$ 为常数，速度线图为水平直线；从动件的位移 $s = v_0 t$，其位移线图为一斜直线，故又称直线运动规律。

当从动件运动时其加速度始终为零，但在运动开始和运动终止位置的瞬间，因有速度突变，故这一瞬间的加速度理论上由零突变为无穷大，导致从动件产生理论上无穷大的惯性力（实际上由于材料的弹性变形，惯性力不会达到无穷大），使机构产生强烈的刚性冲击。因此，等速运动规律只适用于低速和从动件质量较轻的凸轮机构中。在实际应用时，为避免刚性冲击，常将从动件在运动开始和终止时的位移曲线加以修正，使速度逐渐增加和逐渐降低，如图 3－32 所示。

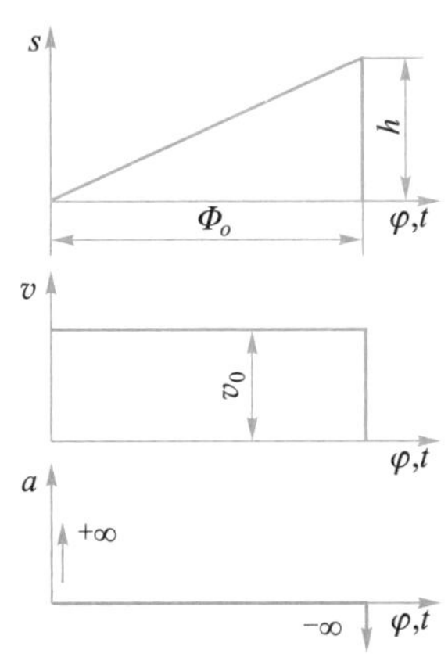

图 3－31　等速运动规律图

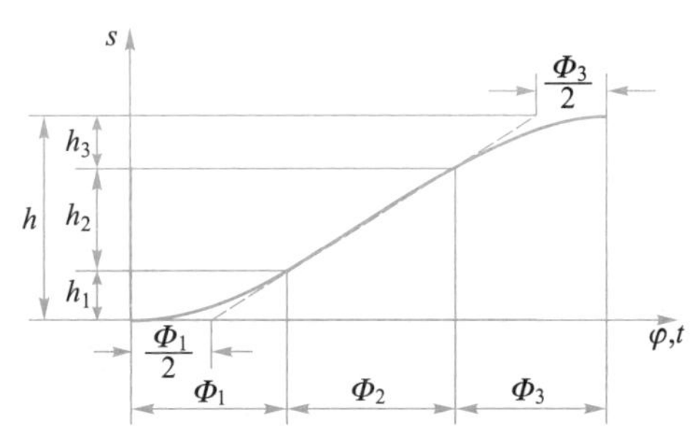

图 3－32　修正型等速运动规律

(2) 等加速等减速运动规律。这种运动规律通常令前半行程做等加速运动，后半行程做等减速运动，其加速度和减速度的绝对值相等。图 3－33 所示为从动件在推程运动中做等加速等减速运动时的运动线图。以前半个推程为例，从动件做等加速运动时，其加速度线图为平行于横坐标轴的直线。从动件速度 $v = at$，则速度线图为斜直线。从动件的位移 $s = at^2/2$，其位移线图为一抛物线。其作图方法如下。

在纵坐标上将行程 h 分成相等的两部分。在横坐标轴上，将与行程 h 对应的凸轮转角也分成相等的两部分，再将每一部分分为若干等份（图中为 4 等份），得到 1、2、3、4 各点，过这些点分别作横坐标轴的垂线。同时将纵坐标轴上各部分也分为与横坐标轴相同的等份（4 等份），得 1′、2′、3′、4′各点。连接 $A1'$、$A2'$、$A3'$、$A4'$与相应的垂线分别交于 1″、2″、3″、4″各点，将这些交点连接成光滑曲线，即可得到推程 AB 段的等加速运动的位移线图（抛物线）。后半行程的等减速运动规律位移线图也可用同样的方法画出，只是弯曲的方向相反。

由图 3－33 可见，从动件加速度分别在 A、B 和 C 位置有突变，但其变化为有限值，由此而产生的惯性力变化也为有限值。这种由惯性力的有限变化对机构所造成的冲击、振动和噪声要较刚性冲击小，故称为柔性冲击。因此，等加速、等减速运动规律也只适用于中速、轻载的场合。

（3）摆线运动规律。当半径为 R 的圆沿纵坐标轴做纯滚动时，圆周上某定点 M 的运动轨迹为一摆线，该点在纵坐标轴上投影的变化规律即构成摆线运动规律。如图 3－34 所示，从动件按摆线运动规律运动时其行程 $h=2\pi r$。位移线图作法如下：

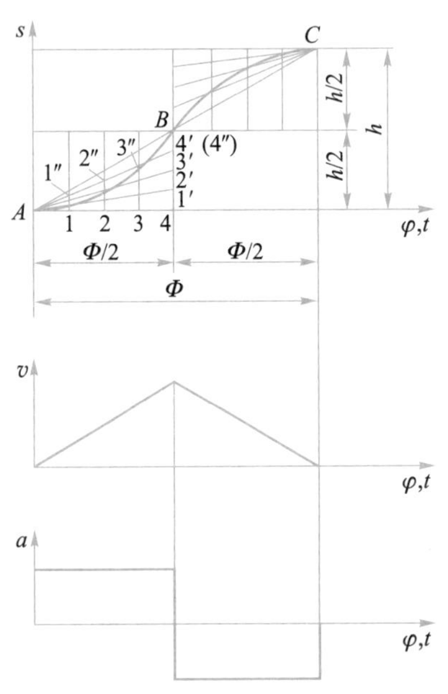

图 3－33 等加速等减速运动曲线图

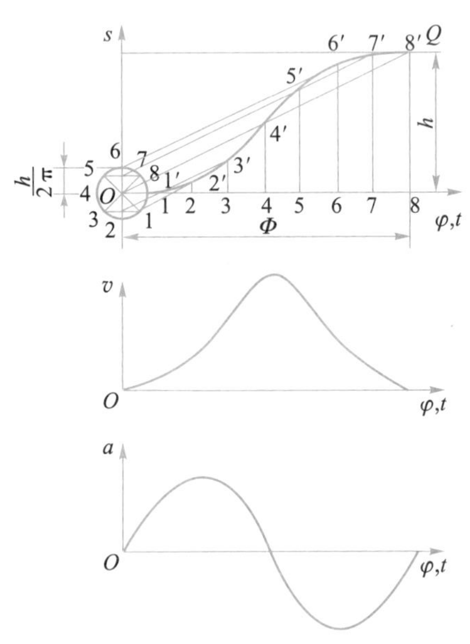

图 3－34 摆线运动规律

画出坐标轴，以行程 h 和对应的凸轮转角 Φ 为两边作一矩形，并作矩形对角线 OQ；将代表 Φ 的线段分成若干等份，过等分点作横坐标轴垂线；以坐标原点 O 为圆心，以 $R=h/(2\pi)$ 为半径作一圆，按 Φ 的等份数等分此圆周，将圆周上等分点向纵坐标投影，并过各投影点作 OQ 的平行线，这些平行线与上述各垂线对应相交，将这些交点连成光滑曲线，即为位移线图。

由运动线图可知，当从动件按摆线运动规律运动时，其加速度按正弦曲线变化，故又称为正弦加速度运动规律。从动件在行程的始点和终点处加速度皆为零，且加速度曲线均匀连续而无突变，因此在运动中既无刚性冲击，又无柔性冲击，常用于较高速度的凸轮机构。

习 题

一、填空题

1. 凸轮机构由________、________和________三个基本构件组成。

2. 以凸轮轮廓上最小半径所画的圆称为________。

3. 盘形凸轮的基圆半径越________，则该凸轮机构的传动角越大，机械效率越________。

二、判断题

(　　) 1. 凸轮机构的从动件做等加速等减速运动时，因加速度有突变，故会产生刚性冲击。

(　　) 2. 移动凸轮可以相对机架做往复直线运动。

(　　) 3. 圆柱凸轮与从动件之间的运动是平面运动。

(　　) 4. 凸轮机构的从动件做等加速等减速运动时，因加速度有突变，故会产生刚性冲击。

三、问答题

1. 试比较凸轮机构与平面连杆机构的特点和应用。

2. 凸轮有哪几种型式？从动件有哪几种型式？

3. 说明等速、等加速等减速和摆线运动等 3 种基本运动规律的加速度的变化特点和它们的应用场合。

4. 试比较连杆机构和凸轮机构的优缺点。

四、分析作图

已知：一个直动从动件盘形凸轮机构，基圆半径 $r_b=50$ mm，凸轮工作时逆时针方向转动，从动件行程为 $h=40$ mm。凸轮转角 φ 在 0° ~150°时，从动件等加速、等减速运动上升到最高位置；在 150° ~240°时从动件在最高位置不动；在 240° ~320°时从动件以等速运动返回；而在 320° ~360°时，从动件在最低位置不动。根据上述条件作出从动件随角度的位移线图。

* 3.4　间歇运动机构

在一些机器和仪表中，要求构件做周期性的时动、时停运动，能实现这类运动的机构称为间歇运动机构。常用的间歇运动机构有棘轮机构和槽轮机构等。

3.4.1　棘轮机构

1. 棘轮机构的组成和工作原理

棘轮机构是利用主动件做往复摆动，实现从动件的间歇转动，有外啮合和内啮合两种形式。如图 3 -35 所示，棘轮机构一般由主动件、驱动棘爪、棘轮、止动爪以及机架等构件组成，主动件和棘轮可分别以 O_3 点为中心转动，为保证棘爪、止动爪工作可靠，常利用弹簧使其紧压齿面。在图中当主动件逆时针摆动时，主动件上铰接的棘爪插入棘轮的齿内，推动棘轮同向转动一定角度；当主动件顺时针摆动时，止动爪阻止棘轮反向转动，此时棘爪在棘轮的齿背上滑过并落入棘轮的另一齿内，棘轮静止不动；当主动件连续往复摆动时，棘轮便得到单向的间歇运动。

2. 棘轮机构的类型和应用

根据棘轮机构的棘爪和棘轮结构，将其分为齿式（见图 3 -35）和摩擦式（见图 3 -36）

两大类。根据工作需要还有双动式棘轮机构（见图 3－37）和可变向棘轮机构（见图 3－38）。

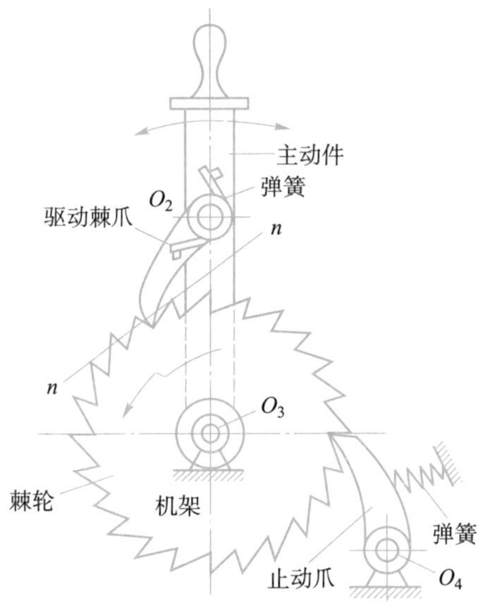

图 3－35　齿式棘轮机构

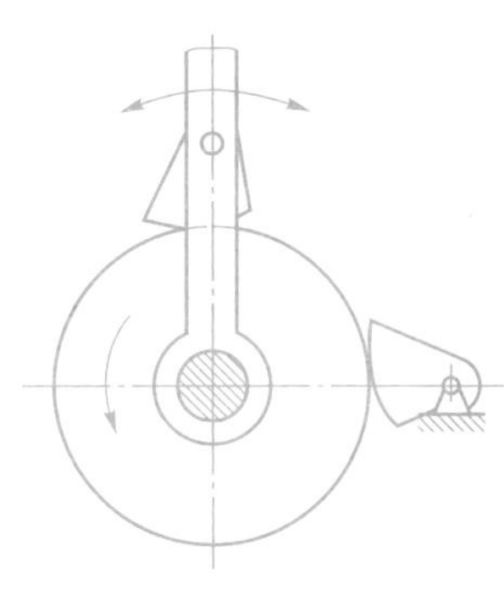

图 3－36　摩擦式棘轮机构

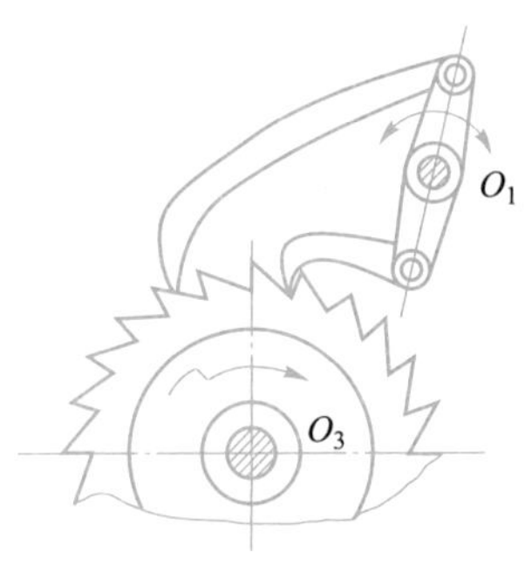

图 3－37　双动式棘轮机构

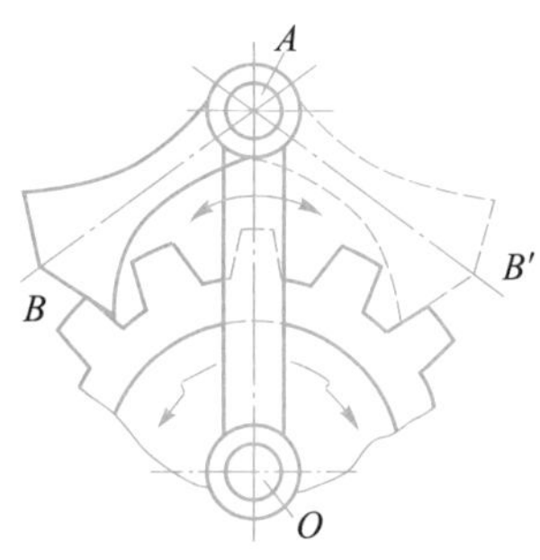

图 3－38　可变向棘轮机构

齿式棘轮机构结构简单，棘轮的转角容易实现有级调节。但这种机构在回程时，棘爪在棘轮齿背上滑过有噪声；在运动开始和终止时，会因速度骤变而产生冲击，传动平稳性较差，棘轮齿易磨损，故常用于低速、轻载等场合实现间歇运动。摩擦式棘轮机构传递运动较平稳，无噪声，棘轮的转角可做无级调节，但运动准确性差，故不宜用于运动精度要求高的场合。棘轮机构常用于送进、制动（见图 3－39（a））和超越（见图 3－39（b））等工作中。

3.4.2　槽轮机构

1. 槽轮机构的组成和工作原理

如图 3－40 所示，槽轮机构是由带有圆柱销 A 的主动拨盘和具有径向槽的从动槽轮及机架组成的。当主动拨盘顺时针做等速连续回转时，其上圆柱销 A 未进入槽轮的径向槽时，槽轮的内凹锁止弧 $\beta\beta$ 被拨盘外凸锁止弧 $\alpha\alpha$ 锁住，则槽轮静止不动；当圆柱销 A 开始进入槽轮的径向槽时，即图 3－40 所示位置，$\alpha\alpha$ 弧和 $\beta\beta$ 弧脱开，圆柱销 A 驱动槽轮沿逆时针方向

转动；当圆柱销 A 开始脱出槽轮径向槽时，槽轮的另一内凹锁止弧 $\beta'\beta'$ 又被锁住，致使槽轮又静止不动，直到圆柱销再次进入槽轮的另一径向槽，又重复上述运动循环，从而实现从动槽轮的单向间歇转动。

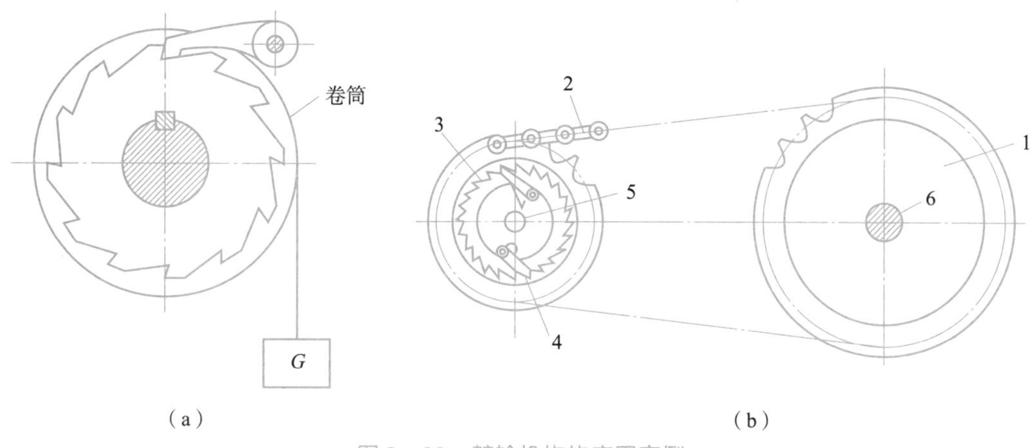

图 3－39　棘轮机构的应用实例

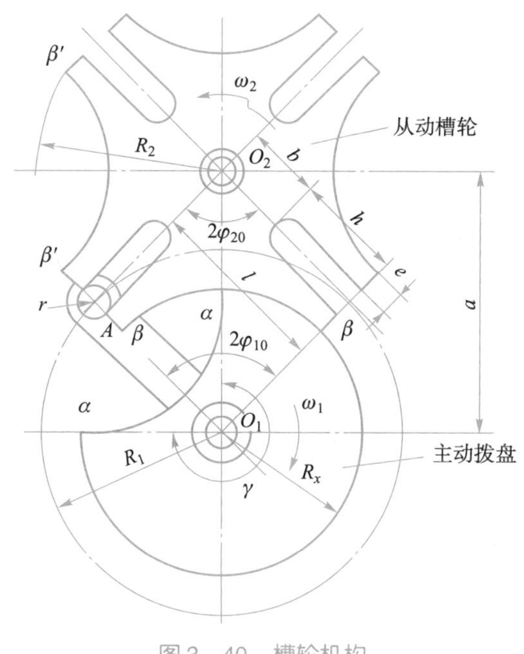

图 3－40　槽轮机构

2. 槽轮机构的类型和应用

槽轮机构有平面槽轮机构（主动拨盘轴线与槽轮轴线平行）和空间槽轮机构（主动拨盘轴线与槽轮轴线相交）两大类。平面槽轮机构可分为外啮合槽轮机构和内啮合槽轮机构。图 3－40 所示为外啮合槽轮机构，其主动拨盘和从动槽轮的转向相反。内啮合槽轮机构的主动拨盘和从动槽轮的转向相同。

图 3－41 所示为空间槽轮机构，从动槽轮呈半球形，槽和锁止弧均分布在球面上，主动件的轴线、销 A 的轴线都与槽轮的回转轴线汇交于槽轮球心 O，故又称为球面槽轮机构。当

主动件连续回转时，槽轮做间歇转动。

槽轮机构结构简单、工作可靠，但在运动过程中的加速度变化较大，冲击较严重，同时在每一个运动循环中，槽轮转角与其径向槽数和拨盘上的圆柱销数有关，每次转角一定，无法任意调节。所以，槽轮机构不适用于高速传动，一般用于转速不是很高、转角不需要调节的自动机械和仪器仪表中。图 3－42 所示为槽轮机构在电影放映机中用作送片的应用实例。

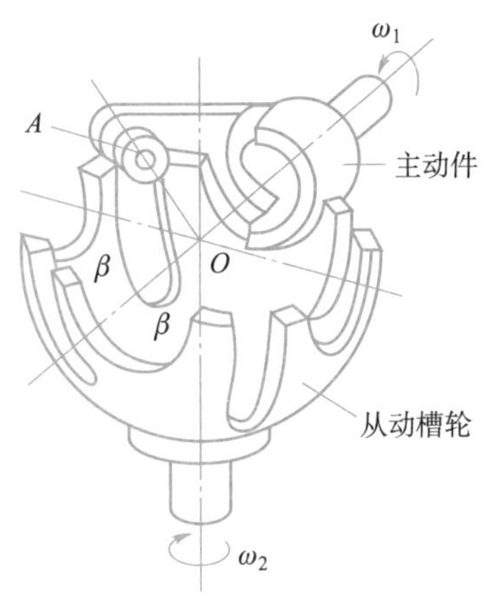

图 3－41　空间槽轮机构

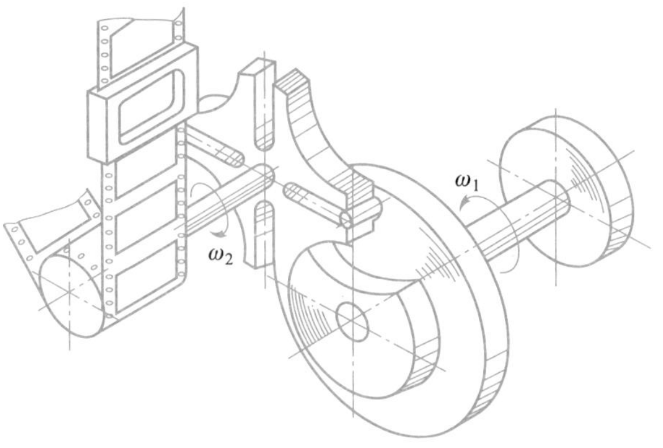

图 3－42　放映机上的槽轮机构

3. 槽轮机构的运动特性

槽轮机构工作时的间歇运动情况与机构中槽轮的槽数和拨盘的圆柱销数量配置有关。在图 3－40 所示的外啮合槽轮机构中，圆柱销开始进入径向槽或脱出径向槽的瞬间，径向槽的中心线应切于圆柱销中心运动的圆周。设 z 为槽轮上均匀分布的径向槽数目，那么当槽轮转过 $2\varphi_{20}=2\pi/z$ 角度时，拨盘所转过的角度为 $2\varphi_{10}=\pi-2\varphi_{20}=\pi-2\pi/z$。

在槽轮机构中，拨盘回转一周称为一个运动周期，时间为 t。在一个运动周期中，槽轮的运动时间 t_2 与拨盘的运动时间 t 之比，称为运动系数，以 τ 表示：当拨盘等速转动时，这个时间比可以用转角比来表示。对于只有一个圆柱销的槽轮机构，t_2 与 t 各对应的转角分别为 $2\varphi_{10}$ 和 2π，因此其运动系数 τ 为

$$\tau=\frac{t_2}{t}=\frac{\pi-\frac{2\pi}{z}}{2\pi}=\frac{z-2}{2z}=0.5-\frac{1}{z} \tag{3-3}$$

由式（3－3）可以看出，$0<\tau<0.5$，$z\geqslant 3$。也就是说，在这种槽轮机构中，槽轮运动时间总小于静止时间。

若要使 $\tau>0.5$，可在拨盘上均匀安装多个圆柱销，设均匀分布的圆柱销数目为 K，则一个运动循环中槽轮的运动时间比只有一个圆柱销时增加 K 倍，即

$$\tau=K\left(0.5-\frac{1}{z}\right)=K\times\frac{z-2}{2z} \tag{3-4}$$

运动系数 τ 应当小于 1（因 $\tau=1$ 时表示槽轮与拨盘一样做连续转动，不能实现间歇运动），故由上式得

$$K<\frac{2z}{z-2} \tag{3-5}$$

习　题

一、填空题

1. ______________________________称为间歇运动机构。
2. 常用的间歇运动机构有__________和__________。
3. 棘轮机构主要由______、______、______及机架组成。
4. 外啮合的槽轮机构，其拨盘和槽轮的转向__________；内啮合的槽轮机构，其拨盘和槽轮的转向__________。

二、简答题

1. 列举至少三项间歇运动机构在工业生产中的应用。
2. 摩擦式棘轮机构有何特点？
3. 槽轮机构的应用特点有哪些？
4. 什么是槽轮机构的运动特性系数？

三、计算题

一外啮合槽轮机构，已知槽轮槽数 $z=6$，槽轮的停歇时间为 1s，槽轮的运动时间为2 s，求槽轮机构的运动特性系数及所需的圆销数目。

3.5　螺旋机构

螺旋传动是利用螺旋副来传递运动和（或）动力的一种机械传动，可以方便地把主动件的回转运动转变为从动件的直线运动。螺旋传动在机床进给机构、起重设备、锻压机械、测量仪、工具、夹具及其他工业设备中有着广泛的应用。

3.5.1　螺纹概述

1. 螺纹的形成

如图 3－43 所示，将一直角三角形缠绕到直径为 d_2 的圆柱上，其斜边在圆上便形成一条螺旋线。

螺纹的类型有多种，如图 3－44 所示，根据螺纹截面形状的不同分为矩形、三角形、梯形和锯齿形等螺纹。

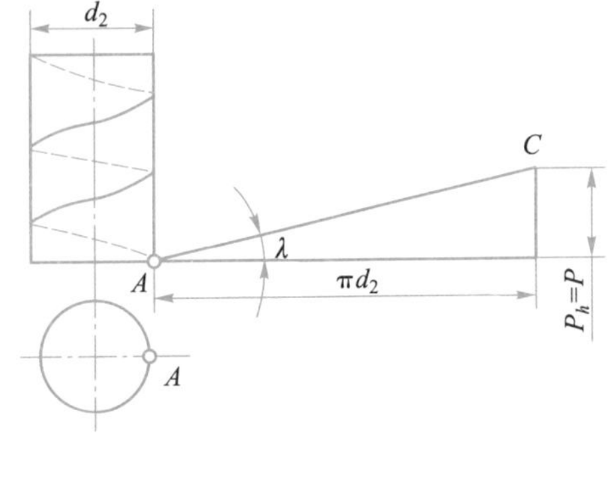

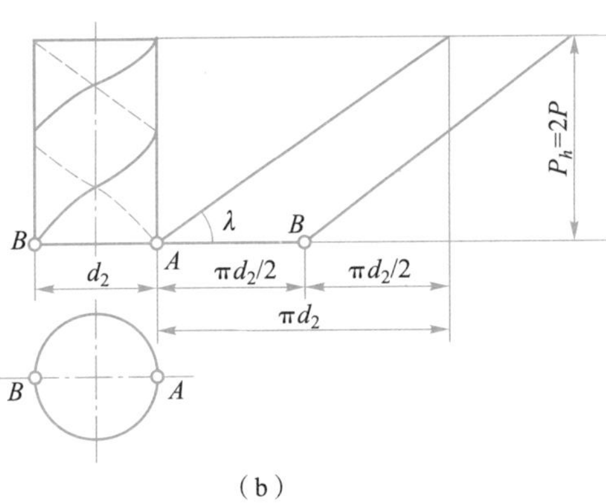

图 3－43　螺纹的形成

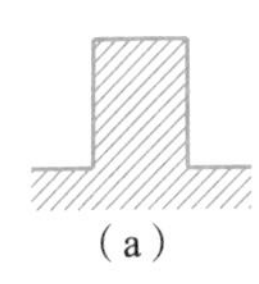
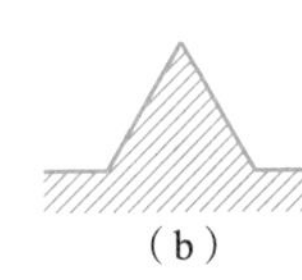
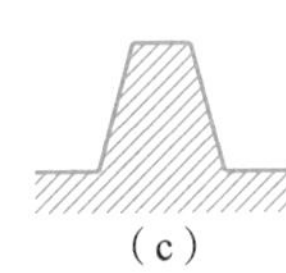
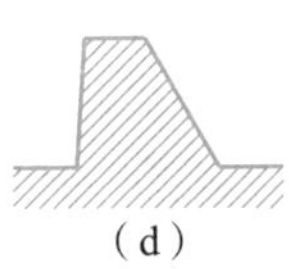

（a）　（b）　（c）　（d）

图 3－44　螺纹的类型

（a）矩形螺纹；（b）三角形螺纹；（c）梯形螺纹；（d）锯齿形螺纹

根据螺旋线旋绕方向的不同，螺纹可分为右旋和左旋两种。当螺纹的轴线是铅垂位置时，正面的螺纹向右上方倾斜上升为右旋螺纹，如图 3－45（a）和图 3－45（c）所示；反之为左旋螺纹，如图 3－45（b）所示。一般机械中大多采用右旋螺纹。

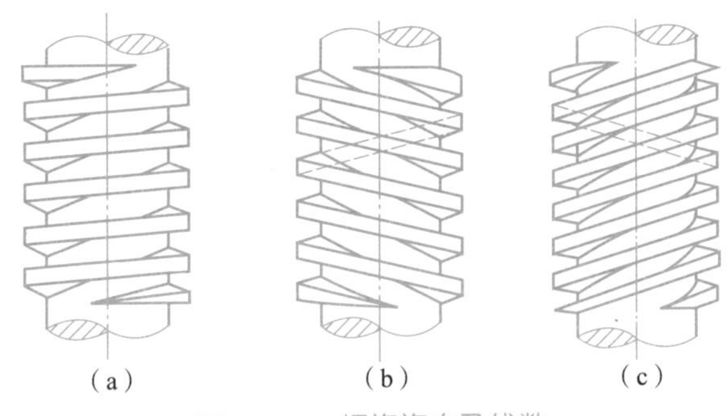

图 3－45　螺旋旋向及线数

（a）、（c）右旋螺纹；（b）左旋螺纹

根据螺旋线数目的不同，螺纹又可分为单线和多线等几种。图 3－45（a）为单线螺纹，图 3－46（b）为双线螺纹，图 3－45（c）为三线螺纹螺纹，线数用 n 表示。

在圆柱外表面上形成的螺纹，称为外螺纹；在圆孔的内表面上形成的螺纹，称为内螺纹。

按螺纹所起的作用不同，螺纹可分为连接螺纹和传动螺纹。

2. 螺纹的主要参数

螺纹的主要参数如图 3－46 所示，包括：

（1）大径（d，D）：螺纹的最大直径，标准中定为公称直径。外螺纹记为 d，内螺纹记为 D。

（2）小径（d_1，D_1）：螺纹的最小直径，常作为强度校核的直径。外螺纹记为 d_1，内螺

纹记为 D_1。

(3) 中径(d_2, D_2):螺纹轴向剖面内,牙型上沟槽宽与牙间宽相等处的假想圆柱面直径。外螺纹记为 d_2,内螺纹记为 D_2。

(4) 牙型角 α:在轴剖面内螺纹牙型两侧边的夹角。

(5) 牙型斜角 β:牙型侧边与螺纹轴线的垂线间的夹角,$\beta = \alpha/2$。

(6) 螺距 P:在中径线上,相邻两螺纹牙型对应点间的轴向距离。

(7) 导程 P_h:在同一条螺旋线上,相邻两螺纹牙在中径线上对应点间的轴向距离。

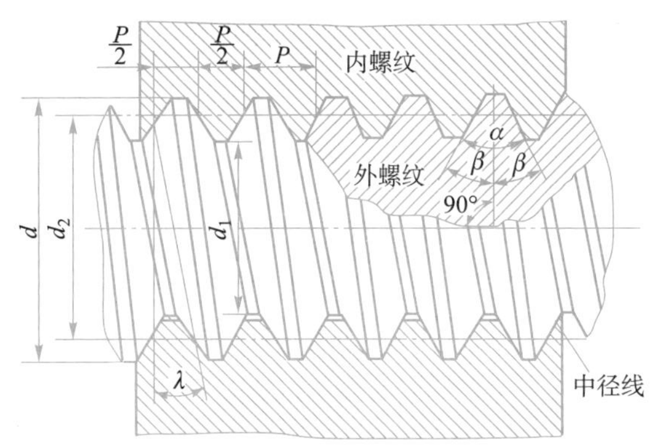

图 3-46 螺纹的主要参数

由图 3-43 可知,导程 P_n 与螺距 P 及线数 n 的关系是:

$$P_h = nP \tag{3-6}$$

(8) 升角 λ:在中径圆柱上,螺旋线切线与端面的夹角。如图 3-43 (a) 所示,其计算公式为

$$\tan\lambda = \frac{P_h}{\pi d_2} = \frac{nP}{\pi d_2} \tag{3-7}$$

3. 常用螺纹的类型及应用特点

螺纹已标准化,表 3-1 所示为常用螺纹的类型、牙型图及其特点和应用。

表 3-1 常用螺纹

类型			牙型图	特点及应用
用于连接	三角形螺纹	普通螺纹	内螺纹 60° 外螺纹	牙型角 $\alpha=60°$,牙根较厚,牙根强度较高。同一公称直径按螺距大小分为粗牙和细牙。一般情况下多用粗牙,而细牙常用于薄壁零件或受动载的连接,还可用于微调机构的调整
		英制螺纹	内螺纹 55° 外螺纹	牙型角 $\alpha=55°$,尺寸单位是英寸①。螺距以每英寸长度内的牙数表示,也有粗牙和细牙之分。多在修配英、美等国家的机件时使用
		管螺纹	内螺纹 55° 外螺纹 管子	牙型角 $\alpha=55°$,公称直径近似为管子内径,以英寸为单位,是一种螺纹深度较浅的特殊英制细牙螺纹,多用于压力在 1.57 MPa 以下的管子的连接

① 1 英寸 (in) =2.54 厘米 (cm)。

续表

类型		牙型图	特点及应用
用于传动	矩形螺纹	内螺纹 外螺纹	牙型为正方形，牙厚为螺距的一半，牙根强度较低，尚未标准化；传动效率高，但精确制造困难。可用于传动
	梯形螺纹	内螺纹 30° 外螺纹	牙型角 $\alpha=30°$，效率比矩形螺纹低，但工艺性好，牙根强度高，广泛用于传动
	锯齿形螺纹	内螺纹 外螺纹 30° 3°	工作面的牙型斜角为3°，非工作面的牙型斜角为30°，综合了矩形螺纹效率高和梯形螺纹牙根强度高的特点，但只能用于单向受力的传动

4. 螺纹的代号标注

（1）普通螺纹的代号标注如表3－2所示。

普通螺纹标注的具体项目及格式如下：

特征代号 公称直径 旋向 — 螺纹公差带代号 — 旋合长度

表3－2 普通螺纹的代号标注

螺纹类别		特征代号	螺纹标注示例	内、外螺纹配合标注示例
普通螺纹	粗牙	M	M12LH—7g—L M：粗牙普通螺纹 12：公称直径 LH：左旋 7g：外螺纹中径和顶径公差带代号 L：长旋合长度	M12LH—6H/7g 6H：内螺纹中径和顶径公差带代号 7g：外螺纹中径和顶径公差带代号
	细牙		M12×1—7H8H M：细牙普通螺纹 12：公称直径 1：螺距 7H：内螺纹中径公差带代号 8H：内螺纹顶径公差带代号	M12×1LH—6H/7g8g 6H：内螺纹中径和顶径公差带代号 7g：外螺纹中径公差带代号 8g：外螺纹顶径公差带代号

续表

说明：

（1）普通螺纹同一公称直径可以有多种螺距，其中螺距最大的为粗牙螺纹，其余的为细牙螺纹。细牙螺纹的每一个公称直径对应着数个螺距，因此必须标出螺距值，而粗牙普通螺纹不标螺距值。

（2）右旋螺纹不标注旋向代号，左旋螺纹则用 LH 标注。

（3）旋合长度有长旋合长度 L、中等旋合长度 N 和短旋合长度 S 三种，中等旋合长度 N 不标注。旋合长度是指两个相互旋合的螺纹沿轴线方向相互结合的长度，所对应的具体数值可根据公称直径和螺距在有关标准中查到。

（4）公差带代号中，前者为中径公差带代号，后者为顶径公差带代号，两者一致时，则只标注一个公差带代号。内螺纹用大写字母，外螺纹用小写字母。

（5）内、外螺纹配合的公差带代号中，前者为内螺纹公差带代号，后者为外螺纹公差带代号，中间用“/”分开。

（2）梯形螺纹的代号标注如表 3－3 所示。

梯形螺纹的标注格式如下：

特征代号　公称直径 × $\dfrac{\text{螺距（单线）}}{\text{导程（}P\text{ 螺距）（多线）}}$　旋向 — 中径公差带代号 — 旋合长度

表 3－3　梯形螺纹的代号标注

螺纹类别	特征代号	螺纹标注示例	内、外螺纹配合标注示例
梯形螺纹	Tr	Tr24 × 10（P5）LH—7H Tr：：梯形螺纹 24：公称直径 10：导程 P5：螺距，双线 LH：左旋 7H：中径公差带代号	Tr24 × 5LH—7H/7e 7H：内螺纹公差带代号 7e：外螺纹公差带代号

说明：

（1）单线螺纹只标注螺距，多线螺纹同时标注螺距和导程。

（2）右旋螺纹不标注旋向代号，左旋螺纹则用 LH 表示。

（3）旋合长度有长旋合长度 L、中等旋合长度 N 两种，中等旋合长度 N 不标注。旋合长度的具体数值可根据公称直径和螺距在有关说明中查到。

（4）公差带代号中，螺纹只标注中径公差带代号。内螺纹用大写字母，外螺纹用小写字母。

（5）内、外螺纹配合的公差带代号中，前者为内螺纹公差带代号，后者为外螺纹公差带代号，中间用“/”分开。

（3）管螺纹的标注如表 3－4 所示。

管螺纹的标注格式如下：

特征代号　尺寸代号 — 公差等级代号

表3-4　管螺纹的代号标注

<table>
<tr><th colspan="2">螺纹类别</th><th>特征代号</th><th>螺纹标注示例</th><th>内、外螺纹配合标注示例</th></tr>
<tr><td rowspan="4">管螺纹</td><td>非螺纹密封</td><td>G</td><td>G1A—LH
G：非螺纹密封管螺纹
1：尺寸代号
A：外螺纹公差等级代号
LH：左旋</td><td>G1/G1A—LH</td></tr>
<tr><td rowspan="3">螺纹密封</td><td>Rc</td><td>Rc2—LH
Rc：圆锥内螺纹
2：尺寸代号
LH：左旋</td><td rowspan="3">Rp2/R2—LH
Rc2/R2</td></tr>
<tr><td>Rp</td><td>Rp2
Rp：圆柱内螺纹
2：尺寸代号</td></tr>
<tr><td>R</td><td>R2—LH
R：圆锥外螺纹
2：尺寸代号
LH：左旋</td></tr>
<tr><td colspan="5">说明：
（1）管螺纹的尺寸代号表示的是近似管子的内径，单位是英寸。
（2）右旋螺纹不标注旋向代号，左旋螺纹则用 LH 表示。
（3）非螺纹密封管螺纹的外螺纹的公差等级有 A、B 两级，A 级精度较高；内螺纹的公差等级只有一个，故无公差等级代号。
（4）内、外螺纹配合在一起时，内、外螺纹的标注用“/”分开，前者为内螺纹的标注，后者为外螺纹的标注。</td></tr>
</table>

3.5.2　螺旋机构

1. 螺旋机构的特点、组成和工作原理

用螺旋副连接的机构称为螺旋机构，用来传递运动和动力。螺旋机构具有结构简单、工作连续、传动精度高和易于实现自锁等优点，在工程中应用广泛，但由于螺旋副之间是滑动摩擦，工作时磨损大、效率低，故不能用于传递大功率动力。

螺旋机构由螺杆、螺母和机架组成，如图3-47所示。通常螺杆转一周，螺母轴向移动的距离为一个导程。

若螺旋副的导程为 P_h，旋转的圈数为 N，则轴向移动的距离为：

$$L = NP_h \tag{3-8}$$

也可以将螺杆或螺母不动，转动和移动集中在一个构件上。

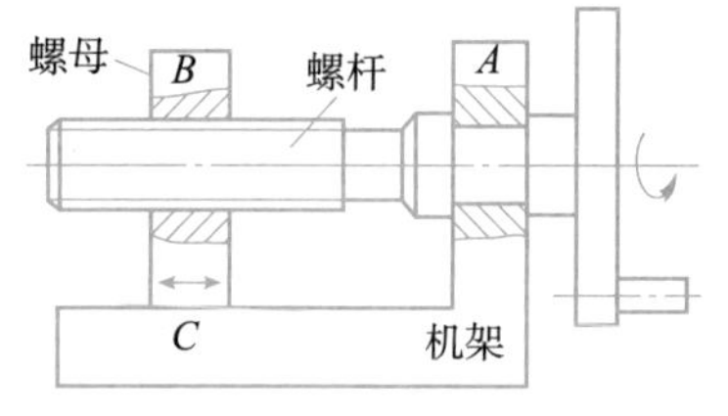

图3-47　螺旋机构

螺母移动方向判别：

(1) 螺杆（螺母）回转，螺母（螺杆）移动。

左旋螺纹用左手，右旋螺纹用右手。手握空拳，四指指向与主动件螺杆（螺母）回转方向相同，大拇指竖直，则大拇指指向的相反方向即为从动件螺母（螺杆）的移动方向。

(2) 螺母（螺杆）不动，螺杆（螺母）回转并移动。

左旋螺纹用左手，右旋螺纹用右手。手握空拳，四指指向与主动件螺杆（螺母）回转方向相同，大拇指竖直，则大拇指指向即为主动件螺杆（螺母）的移动方向。

2. 螺旋机构的类型和应用

常用螺旋机构有滑动螺旋机构和滚动螺旋机构。

1）滑动螺旋机构

滑动螺旋机构按其具有的螺旋副数目分为单螺旋机构和双螺旋机构。

(1) 单螺旋机构。

单螺旋机构是螺杆和螺母组成单个螺旋副的机构。单螺旋副机构常用来传递动力，可以制成螺杆同时旋转和轴向移动、螺母固定不动的增力机构，如图3－48所示的螺旋千斤顶和压力机；又可以制成螺杆旋转、螺母轴向移动的传力机构，如图3－49所示的车床丝杠进给机构。

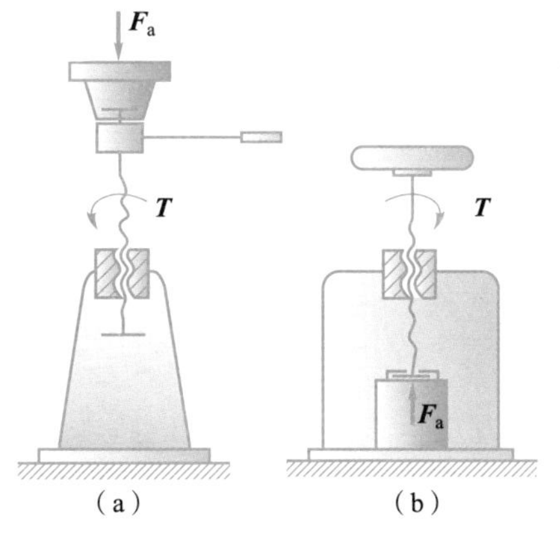

图3－48 螺旋千斤顶和压力机

(a) 螺旋千斤顶；(b) 螺旋压力机

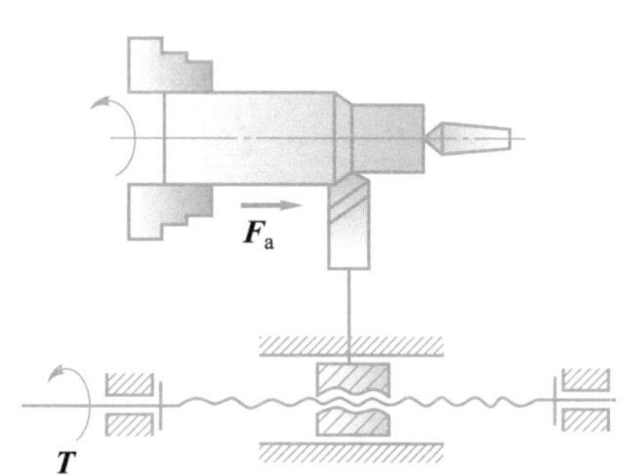

图3－49 车床丝杠进给机构

【例3.1】 如图3－50所示，在单螺旋机构中，已知左旋双线螺杆的螺距为8 mm，若螺杆按图示方向回转两周，则螺母移动了多少距离？方向如何？

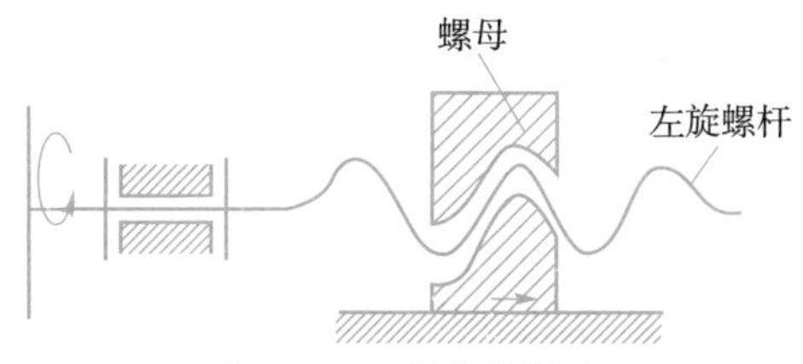

图3－50 单螺旋机构

解： 普通螺旋传动螺母移动距离为

$$L = NP_h = NPZ = 2 \times 8 \times 2 = 32 \text{ (mm)}$$

(2) 双螺旋机构。

在该机构中有两个螺旋副，常用来传递运动。

当两螺旋副的旋向相同时，两螺母的运动位移变化很慢，称为差动螺旋机构，如图3－51所示。螺母2的位移量为

$$L = N(P_{h1} - P_{h2}) \tag{3-9}$$

式中：L——活动螺母移动距离，mm；

N——回转周数，r；

P_{h1}——固定螺母导程，mm；

P_{h2}——活动螺母导程，mm。

当两螺旋副的旋向相反时，两螺母的运动位移变化很快，称为复式螺旋机构，如图3－52所示的螺旋拉紧器实例。E、F 螺母的相对位移量为

$$L = N(P_{h1} + P_{h2}) \tag{3-10}$$

式中：L——活动螺母移动距离，mm；

N——回转周数，r；

P_{h1}——固定螺母导程，mm；

P_{h2}——活动螺母导程，mm。

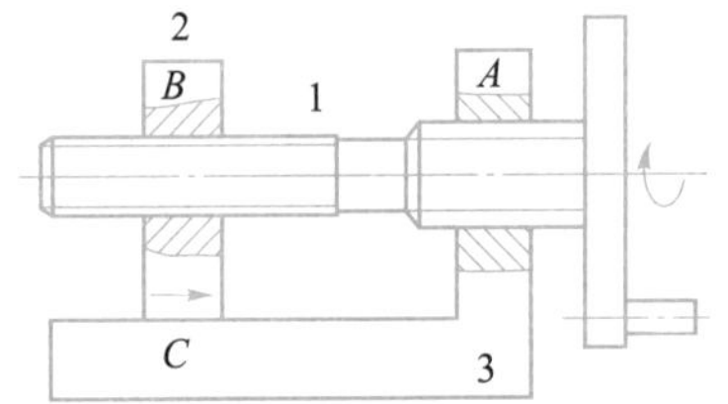

图3－51　双螺旋机构

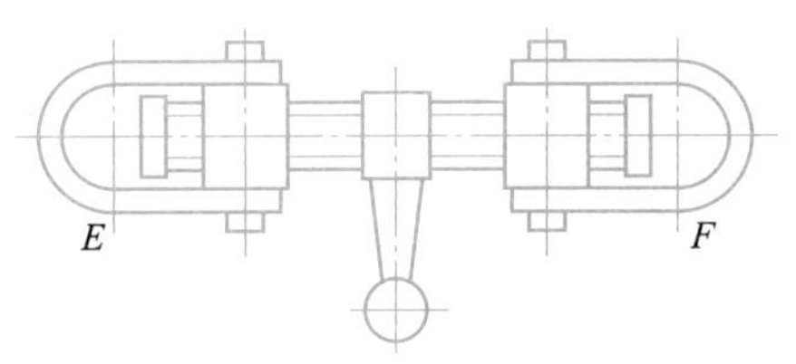

图3－52　螺旋拉紧器

2）滚动螺旋机构

为了提高螺旋机构的传动效率，在普通螺杆与螺母之间加入钢球，同时将内、外螺纹改成内、外螺旋滚道，就成为滚动螺旋机构。如图3－53所示，由于丝杠螺母副间加入了滚动体，当进行传动工作时，滚动体沿螺纹滚道滚动并形成循环，两者相对运动的摩擦就变成了滚动摩擦，克服了滑动摩擦造成的缺点。按滚珠循环方式的不同有内循环和外循环两种方式。

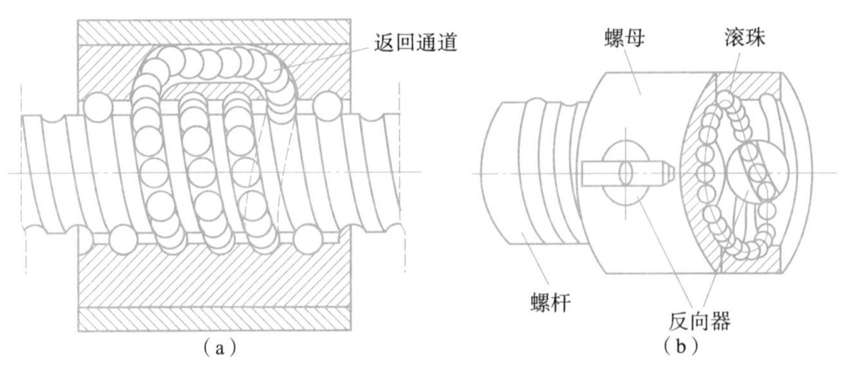

图3－53　滚动螺旋机构

滚动螺旋传动的特点：传动效率高，精度高，启动阻力矩小，传动灵活平稳，磨损小，工作寿命长。但是不能自锁。由于滚动螺旋传动特有的优势，滚动螺旋机构在数控机床、直

线电机、汽车转向和飞机起落架等机构中有着广泛的应用。

习　题

一、填空题

1. 螺纹按照牙型不同，常用的螺纹可分为________、________、________和锯齿形螺纹。

2. 螺纹按照其用途不同，一般可分为________和________两大类。

3. 在国家标准中，规定普通螺纹的牙型角为________，公称直径指的是螺纹的________。

4. 细牙普通螺纹的代号用________及________×________表示。

5. 螺旋传动是利用________来传递运动和动力的一种机械传动，它可以方便地把主动件的________转变为从动件的________。

6. 按螺旋线绕行方向的不同，螺纹分为________和________，其中________最常用。

二、判断题

（　　）1. 两个相互配合的螺纹，其旋向相同。

（　　）2. 金属切削机床上丝杠的螺纹通常都采用三角螺纹。

（　　）3. 梯形螺纹主要用于连接。

（　　）4. 一般情况下，螺母是左旋，螺杆是右旋。

（　　）5. 普通螺纹的公称直径是指中径。

（　　）6. 管螺纹和普通螺纹的牙型角均为60°。

三、解释下列螺纹代号的含义

1. Rc1/R1

2. Tr20×10（P5）—7H

3. M12×1LH—6H

4. G2B—LH

第4章 机械传动

机器通常由三部分组成，即动力部分、传动部分和执行部分。传动部分的作用是将机器动力部分的运动和动力传给机器的执行部分。传动可以有多种形式，如机械传动、液压传动、气压传动和电气传动等。它们都因自身的特点得到广泛应用，其中机械传动的主要类型有带传动、链传动、齿轮传动等。

学习目标

知识目标

- 了解带传动的类型、特点、应用及安装维护注意事项。
- 了解链传动的类型、特点和应用。
- 了解齿轮传动的类型、特点和应用。
- 掌握齿轮传动、定轴轮系的简单计算方法。

能力目标

- 具备带传动张紧、安装、调试、维护的能力。
- 能对齿轮的几何尺寸、定轴轮系的传动比大小进行简单计算。

4.1 带 传 动

4.1.1 概述

1. 带传动的组成和工作原理

带传动由主动带轮、从动带轮和张紧在两带轮上的挠性带组成，如图 4－1 所示。带传动是依靠带与带轮接触面间产生的摩擦力（或啮合力）来传递运动和动力。

2. 带传动的传动比

主动带轮的瞬时角速度与从动带轮的瞬时角速度之比为传动比。带传动的传动比也是主动带轮转速 n_1 与从动带轮转速 n_2 之比，通常用 i_{12} 表示。

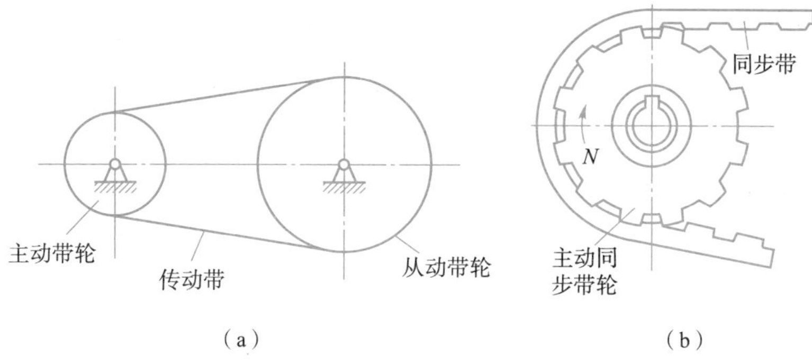

图 4-1　带传动的工作原理

$$i_{12}=\frac{\omega_1}{\omega_2}=\frac{n_1}{n_2} \tag{4-1}$$

式中：ω_1——主动带轮的角速度，rad/s；

ω_2——从动带轮的角速度，rad/s；

n_1——主动带轮的转速，r/min；

n_2——主动带轮的角速度，r/min。

3. 带传动的类型

带传动按工作原理不同有摩擦型带传动和啮合型带传动。如果没有特殊说明，带传动指的是摩擦型带传动。按照带剖面的形状，带可分为平带、V 带、圆形带、多楔带和同步带等多种类型，如图 4-2 所示。带传动有以下几种形式。

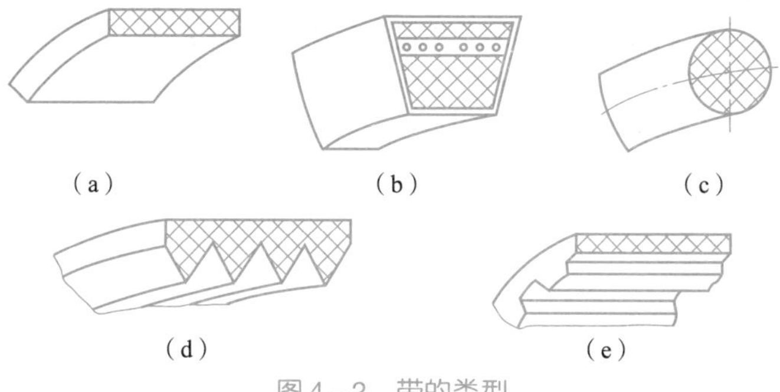

图 4-2　带的类型

(a) 平带；(b) V 带；(c) 圆形带；(d) 多楔带；(e) 同步带

1) 平带传动

平带由多层胶帆布构成，其横截面为扁平矩形，底面是工作面，有接头，如图 4-3 (a) 所示。平带传动结构简单，带轮制造容易，在传动中心距较大的情况下，应用较多。

2) V 带传动

V 带的横截面为等腰梯形，带轮上也制出相应的轮槽，传动时，V 带的两个侧面是工作面。与平带传动相比，在相同的张紧力下，V 带传动能产生更大的摩擦力，故 V 带传动能传递较大的功率，结构更紧凑。如图 4-3 (b) 所示，若 V 带对带轮的压紧力均为 F_Q，平带工作面和 V 带工作面的正压力分别为

$$F_N = F_Q \text{ 和 } F'_N = \frac{F_Q}{2\sin\frac{\varphi}{2}}$$

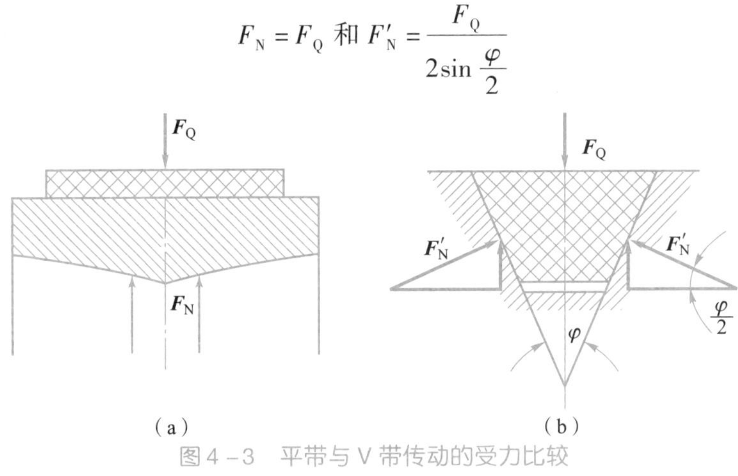

图4-3　平带与V带传动的受力比较

(a) 平带传动；(b) V带传动

3) 圆形带传动

其传动带的横截面为圆形，仅用于如缝纫机、仪器等低速、小功率的传动。

4) 多楔带传动

多楔带相当于多条V带组合而成，工作面是楔形的侧面［见图4-2 (d)］，兼有平带挠性好和V带摩擦力大的优点，并且克服了V带传动各根带受力不均的缺点，故适用于传递功率较大且要求结构紧凑的场合。

5) 同步带传动

同步带是带齿的环形带［见图4-2 (e)］，与之相配合的带轮工作表面也有相应的轮齿。工作时带齿与轮齿互相啮合，它除了具有摩擦带传动能吸振、缓冲的优点外，还具有传递功率大、传动比准确等优点，故多用于要求传动平稳、传动精度较高的场合。

4.1.2　带传动的工作能力分析和传动特点

1. 带传动中的受力分析

带传动安装时，传动带以一定的张紧力 F_0 紧套在带轮上。由于 F_0 的作用，带与带轮相互压紧，并在接触面间产生一定的正应力。带传动未工作时，传动带上下两边的拉力相等，都等于 F_0，如图4-4 (a) 所示。

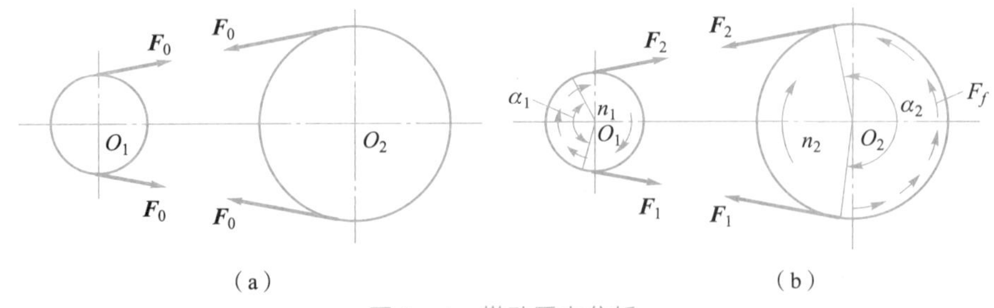

图4-4　带动受力分析

当主动带轮1顺时针转动时，带与带轮接触面间产生摩擦力，驱动从动带轮也顺时针转动，此时带两边的拉力不再相等。绕在主动带轮一边的带被拉紧，称为紧边，其拉力由 F_0

增大到 F_1；绕在从动带轮一边的带被放松，称为松边，带拉力由 F_0 减小到 F_2。

在图4-4（b）中，当取主动带轮一端的带为分离体时，则总摩擦力 F_f 和两边拉力对轴心的力矩代数和为零，即

$$F_f = F_1 - F_2 \tag{4-2}$$

在带传动中，紧边拉力与松边拉力差就是带传递的圆周力，称为有效拉力 F_t，它在数值上等于任意一个带轮接触弧上的摩擦力总和 F_f，即

$$F_t = F_f = F_1 - F_2 \tag{4-3}$$

带传动所传递的功率 P 为

$$P = \frac{F_t v}{1\ 000} \tag{4-4}$$

式中：F_t——有效拉力，N；

v——带的速度，m/s。

由式（4-4）可知，当带速一定时，传递的功率越大，则有效拉力越大，所需带与带轮间的摩擦力就越大。而当其他条件不变且初拉力一定时，这个摩擦力有一个极限值。当传递的有效拉力超过带与带轮间的摩擦力时，带就会在带轮轮面上发生明显的全面滑动，这种现象称为打滑。打滑会使从动带轮转速下降，传动不能正常进行，而且会加速带的磨损。为了避免这种打滑现象出现，要求带传递的有效圆周力不大于极限摩擦力，即 $F_t \leqslant F_{fmax}$。

2. 影响带传递有效圆周力的因素

1）初拉力 F_0

增大初拉力 F_0 可使传动带与带轮间的正压力增大，摩擦力就越大，传递的有效拉力也随之增大。但 F_0 过大，增大了传动带内部的压力，将使带的磨损加剧，从而影响传动带的寿命；另外 F_0 过大，会使传送带很快失去弹性，反而会使初拉力 F_0 降低。因此，应保持合理的初拉力 F_0。

2）小带轮的包角

包角是指传动带与带轮接触弧所对的圆心角，用 α 表示，如图4-4（b）所示。包角越小，带与带轮的接触弧就越短，接触面间产生的总摩擦力越小，传递的有效拉力也就越小。如果包角过小，就容易产生打滑现象，因此带轮的包角不能太小。由于小带轮的包角总比大带轮的包角小，故设计时只对小带轮的包角进行限制。平带传动小带轮的包角 $\alpha_1 \geqslant 150°$，V带传动小带轮的包角 $\alpha_1 \geqslant 120°$。

3. 弹性滑动的概念

由于带是个弹性体，带在工作时由于受拉力作用而产生变形。如图4-5所示，由于带在工作时，紧边与松边拉力不同，因此带的伸长量不同。当带的紧边在 a 点绕上主动轮时，带速 v 与轮1的圆周速度 v_1 相等；但在轮1由 a 点转动到 b 点的过程中，带所受的拉力由 F_1 降到 F_2，带的伸长量也随之逐渐减小，因而带沿带轮一面绕进，另一面又相对主动轮向后缩，故带速 v 低于主动带轮1的圆周速度 v_1。

同理，带绕进从动轮2由点 c 转动到点 d 的过程中，作用在带上的拉力由 F_2 增大到 F_1，带的伸长量也逐渐增加，这时带一面随从带轮绕进，另一面又相对从动轮向前伸长，故带速

v 高于从动轮 2 的圆周速度 v_2。

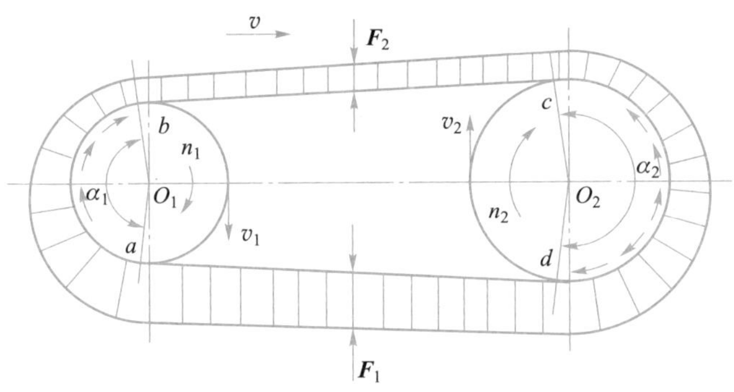

图 4－5　带的弹性滑动

由于带的弹性变形而引起带与带轮间滑动的现象，称为弹性滑动。弹性滑动是带传动固有的特性，是不可避免的。由于弹性滑动，从动带轮的圆周速度总是小于主动带轮的圆周速度。从动带轮圆周速度降低的程度可用滑动率 ε 来表示。

$$\varepsilon = \frac{v_1 - v_2}{v_1} \times 100\% = \frac{\pi d_1 n_1 - \pi d_2 n_2}{\pi d_1 n_1} \times 100\% \tag{4-5}$$

通常弹性滑动引起的从动带轮的速度降低值不大于 3%，若忽略弹性滑动影响，则带速为

$$v = \frac{\pi d_1 n_1}{60 \times 1\ 000} = \frac{\pi d_2 n_2}{60 \times 1\ 000}\ (\mathrm{m/s}) \tag{4-6}$$

由式（4－1）可得出带传动的理论传动比 i_{12}

$$i_{12} = \frac{n_1}{n_2} = \frac{d_2}{d_1} \tag{4-7}$$

式中：n_1，n_2——主动带轮和从动带轮的转速，r/min；

d_1，d_2——主动带轮和从动带轮的直径，mm。

4. 带传动的特点

1）带传动的优点

（1）适用于中心距较大的传动；

（2）带具有弹性，可缓冲和吸振；

（3）传动平稳，噪声小；

（4）过载时带与带轮间会出现打滑，可防止其他零件损坏，起安全保护作用；

（5）结构简单，制造容易，维护方便，成本低。

2）带传动的缺点

（1）传动的外廓尺寸较大；

（2）由于带的弹性滑动，因此瞬时传动比不准确，不能用于要求传动比精确的场合；

（3）传动效率较低；

（4）带的寿命较短。

带传动多用于原动机与工作机之间的传动，一般传递的功率 $P \leqslant 100$ kW；带速 $v = 5 \sim 25$ m/s；传动效率 $\eta = 92\% \sim 97\%$。

4.1.3　V 带和 V 带轮的基本结构

1. V 带的结构和标准

1）V 带的结构

V 带有普通 V 带、窄 V 带、宽 V 带和大楔角 V 带等多种类型，其中普通 V 带应用最广。它们的截面形状基本一样，但尺寸有所不同。标准普通 V 带都制成无接头的环形。其横截面呈等腰梯形，楔角 $\phi = 40°$，它由顶胶、抗拉体、底胶和包布四部分组成。

顶胶和底胶分别在带弯曲时做拉伸和压缩变形，抗拉体是承受拉力的主体，用橡胶帆布制成的包布包在带的外面。按照抗拉体的结构，V 带有绳芯结构［见图 4－6（a）］和帘布芯结构［见图 4－6（b）］两种。绳芯 V 带比较柔软，弯曲疲劳性能也比较好，但抗拉强度低，通常仅适用于载荷不大、小直径带轮和转速较高的场合。

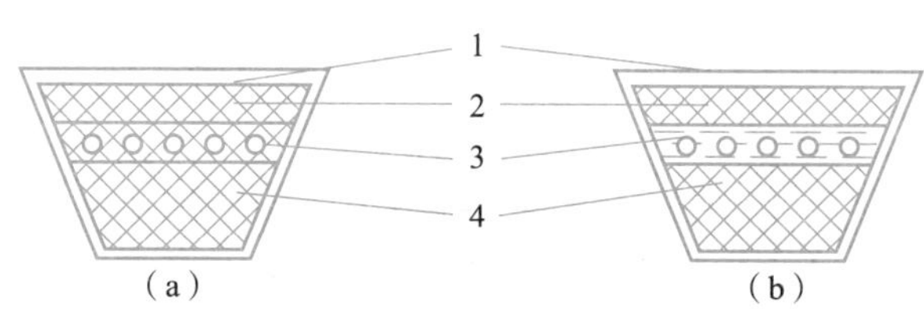

图 4－6　普通 V 带的结构

（a）绳芯结构；（b）帘布芯结构

1—包布；2—顶胶；3—抗拉体；4—底胶

2）V 带的标准

V 带是标准件，截面尺寸和长度已标准化，V 带设计的主要任务是选择带的型号和确定带的根数。按国家标准规定，V 带的型号有：Y、Z、A、B、C、D、E 七种。其截面尺寸和传递的功率按型号排列的顺序是依次增大的。普通 V 带的截面尺寸见表 4－1。

表 4－1　普通 V 带的截面尺寸

型号	节宽 b_p/mm	顶宽 b/mm	高度 h/mm	截面面积 A/mm^2	楔角 α
Y	5.3	6	4	18	40°
Z	8.5	10	6	47	
A	11.0	13	8	81	
B	14.0	17	10.5	138	
C	19	22	13.5	230	
D	27	32	19	476	
E	32	38	23.5	692	

普通 V 带是无接头的环形带，当其绕过带轮而弯曲时带外周受拉、内周受压，在外周与内周之间必定有个既不受拉也不受压的层，这一层称为中性层。中性层对应截面的宽度叫节宽，用 b_p 表示（见表 4－1）。带在轮槽中与节宽相对应的槽宽称为轮槽的基准宽度，用 b_d 表示；与 V 带节宽 b_p 相对应的带轮直径称为带轮的基准直径，以 d_d 表示，如图 4－7 所示。

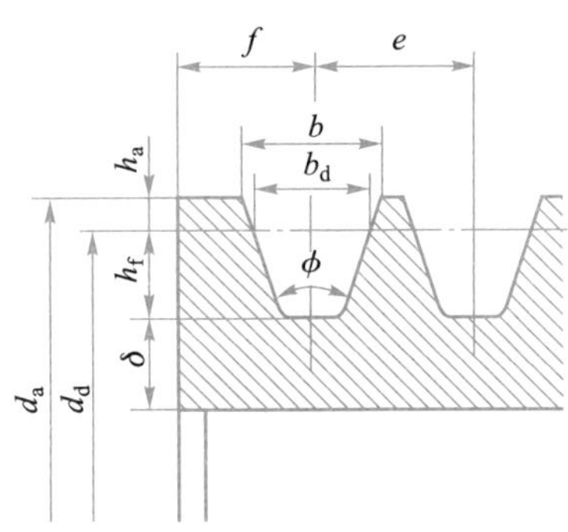

图 4－7　带轮的结构尺寸

小带轮的基准直径越小，带弯曲变形越厉害，弯曲应力就越大，因此对每种型号的 V 带轮规定了最小基准直径和基准直径，见表 4－2。

表 4－2　普通 V 带轮的最小基准直径 d_{dmin} 及基准直径系列　　mm

型号	Y	Z	A	B	C	D	E
d_{dmin}	20	50	75	125	200	355	500
基准直径系列	28，31.5，35.5，40，45，50，56，63，71，75，80，(85)，90，(95) 100，112，118，125，132，140，150，160，(170)，180，200，212 224，(236)，250，(265)，280，315，355，375，400，(425)，450，(475)，500，(530)，560，630						

注：括号内的直径尽量不用。

3）V 带的标记

在规定的张紧力下，位于带轮基准直径上的周长称为带的基准长度，用 L_d 表示，这是 V 带的公称长度。普通 V 带的基准长度系列见表 4－3。

V 带的标记方法为：型号　基准长度　标准号。

例如：B 1250 GB/T 1171－2017。

表 4－3　普通 V 带的基准长度系列

L_d/mm	型号						
	Y	Z	A	B	C	D	E
200	+						
224	+						
250	+						
280	+						
315	+						
355	+						
400	+	+					
450	+	+					

续表

L_d/mm	型号						
	Y	Z	A	B	C	D	E
500	+	+					
560		+					
630		+	+				
710		+	+				
800		+	+				
900		+	+	+			
1 000		+	+	+			
1 120		+	+	+			
1 250		+	+	+			
1 400		+	+	+			
1 600		+	+	+	+		
1 800			+	+	+		
2 000			+	+	+		
2 240			+	+	+		
2 500			+	+	+		
2 800			+	+	+	+	
3 150			+	+	+	+	
3 550			+	+	+	+	
4 000				+	+	+	
4 500				+	+	+	+
5 000				+	+	+	+
5 600					+	+	+
6 300					+	+	+
7 100					+	+	+
8 000					+	+	+
10 000					+	+	+
11 200						+	+
12 500						+	+
14 000						+	+
16 000							+

2. V带带轮

1）V带带轮的材料

带轮最常用的材料是灰铸铁，当带速 $v \leqslant 30$ m/s 时，用 HT150 或 HT200；当 $v \leqslant 25$ m/s

~40 m/s 时宜采用球墨铸铁或铸钢，也可采用钢板冲压焊接；小功率传动可用铸铝或工程塑料等材料。

2）普通 V 带带轮的结构及轮缘尺寸

V 带带轮的结构如图 4－8 所示，它通常由轮缘、轮毂和轮辐组成。轮缘上开有梯形轮槽，它是带轮与带直接接触的部分。轮槽数及其结构尺寸应与选用的普通 V 带的根数和型号相对应。轮毂是带轮与轴相配的包围轴的部分。轮缘与轮毂之间的相连部分称为轮辐。当带轮基准直径 $d_d \leqslant (2.5 \sim 3.0)\ d$ 时（d 为轴的直径），带轮的轮缘与轮毂直接相连，不再有轮辐部分，称为实心式带轮，如图 4－8（a）所示；当 $d_d \leqslant 300$ mm 时，可采用腹板式，如图 4－8（b）所示；当 $d_d > 300$ mm 时，可采用轮辐式，如图 4－8（c）所示。

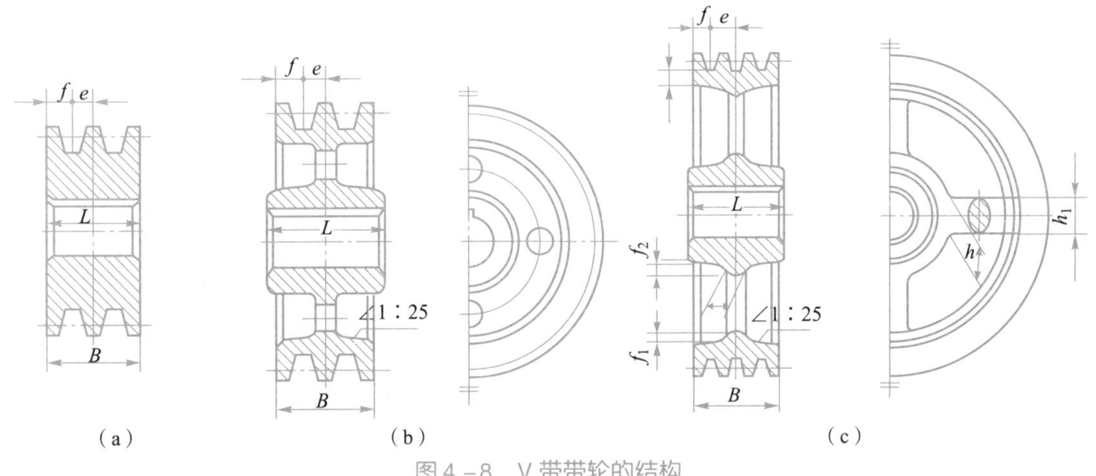

图 4－8　V 带带轮的结构

应该指出，各种型号的 V 带楔角 ϕ 均为 40°，而 V 带轮轮槽角 ψ 按不同带型和基准直径分别有 32°、34°、36°和 38°四种。这是因为 V 带绕上带轮时，截面形状发生变化，外边（宽边）受拉而变窄，内边（窄边）受压而变宽，因而使 V 带的楔角变小。为使带能有效地紧贴在轮槽的两侧面上，因而必须使 V 带轮轮槽角 ψ 小于 40°。

4.1.4　带传动的张紧与维护

1. 张紧

因为带是弹性体，使用一定时间后会因出现塑性变形而松弛，使初拉力 F_0 减小，传动能力下降。因此，必须将带重新张紧，以保证带传动正常工作。

带传动常用的张紧方法有：调节中心距和安装张紧轮。

1）调节中心距

（1）采用定期张紧装置。

图 4－9（a）所示为采用滑轨和调节螺钉的张紧方法，图 4－9（b）所示为采用摆动架和调节螺栓改变中心距的张紧方法。

前者适用于水平或倾斜不大的布置，后者适用于垂直或接近垂直的布置。

（2）采用自动张紧装置。

图 4－9（c）所示为带轮的电动机安装在浮动的摆架上，利用电动机和摆架的自身质

量，使带轮随浮动架绕固定轴摆动而改变中心距的自动张紧方法，这种方法多用在小功率的传动中。

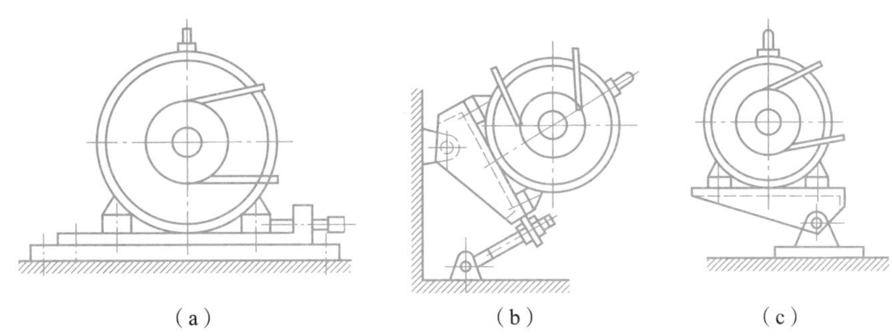

图4－9 调整中心距方法的张紧装置

2）安装张紧轮

当中心距不可调时，可用张紧轮来实现张紧。图4－10（a）所示为V带传动的定期张紧装置，将张紧轮装在松边内侧靠近大带轮处，既避免了带的双向弯曲又不使小带轮包角减小过多；图4－10（b）所示为平带传动的自动张紧装置，将张紧轮装在松边外侧靠近小带轮处，可以增大小带轮包角，提高传动能力，但会使带受到反向弯曲，降低带的寿命。

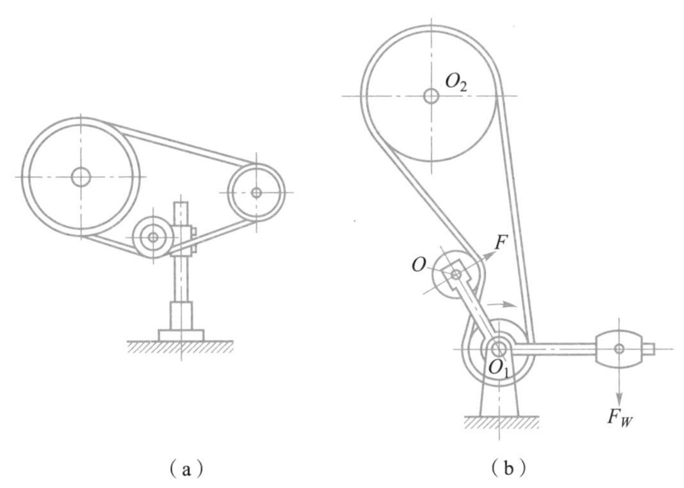

图4－10 使用张紧轮的张紧装置

2. 带传动的使用与维护

（1）选用普通V带时，要注意带的型号和基准长度不要搞错，型号要和带轮轮槽尺寸相符合，以保证V带在轮槽中的正确位置，如图4－11所示。V带的外边缘应和带轮的外缘相平（新安装时可略高于轮缘），这样V带的工作面与轮槽的工作面才能充分地接触。如果V带嵌入太深，将使带底面与轮槽底面接触，失去V带楔面接触传动能力大的优点，如位置过高，则接触面减小，传动能力降低。

（2）安装带轮时，应保证两带轮轴线平行，相对应轮槽的中心线重合。否则会引起传动时V带的扭曲和两侧面过早磨损，如图4－12所示。

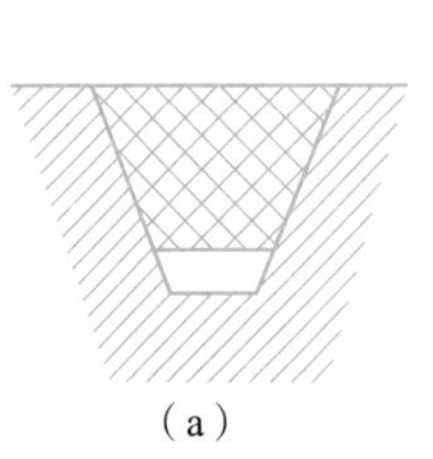
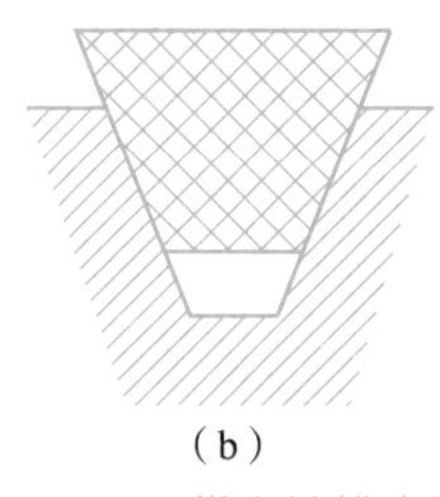
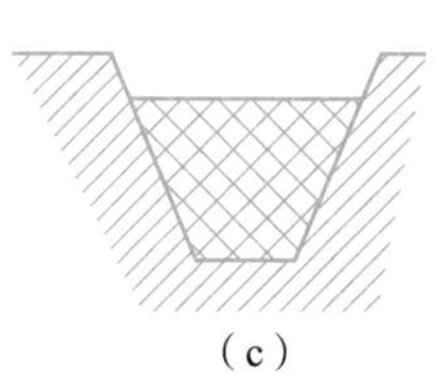

（a）　（b）　（c）

图 4－11　V 带在轮槽中的位置

（a）正确；（b）、（c）错误

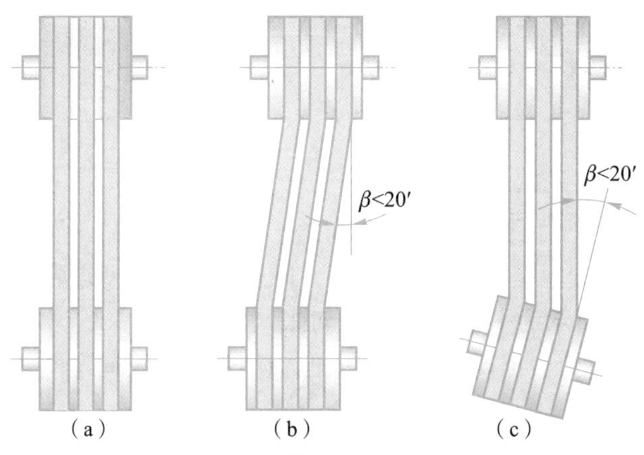

（a）　（b）　（c）

图 4－12　两带轮的正确安装位置

（a）正确；（b）、（c）错误

（3）安装 V 带时张紧度应适当，一般带安装后用大拇指能将带按下 15 mm 左右为宜，也可凭经验安装，如图 4－13 所示。

（4）为了保证安全生产，带传动应设防护罩。

（5）严防 V 带与油、酸、碱等介质接触，以免变质；严防带在阳光下曝晒，以免缩短其寿命。

（6）带根数较多的传动，若坏了少数几根需进行更换时，应全部更换。

图 4－13　V 带安装的松紧程度

习　题

一、填空题

1. 带传动属于摩擦传动，有________、________、________和________等。

2. 在 V 带传动中，带的标记由________、________和________三部分组成。

3. 带传动不工作时，带两边的拉力________；工作时，有效拉力为 $F_t = F_1 - F_2$，也等于____。

4. 绕在主动轮一边的带称为________，绕在从动轮一边的带称为____________。

5. 带传动常用的张紧方法有________和________。

二、判断题

(　　) 1. 带的弹性滑动可以用增大摩擦来消除。

(　　) 2. 采用张紧轮张紧时，张紧轮只能装在松边外侧，并靠近小带轮。

(　　) 3. 所有带传动都是靠摩擦来传递运动和动力的。

(　　) 4. 带传动打滑首先在大带轮上发生。

(　　) 5. 带的弹性滑动是带传动中固有的现象。

(　　) 6. 在带传动中，为了增加摩擦系数，可以将带轮加工得粗糙一些。

三、问答题

1. 带传动允许的最大有效圆周力与哪些因素有关?

2. 带传动中弹性滑动与打滑有何区别? 它们对于带传动各有什么影响?

3. 如何判别带传动的紧边与松边? 带传动有效圆周力 F 与紧边拉力 F_1、松边拉力 F_2 有什么关系?

4. V 带传动中，为什么小带轮包角不宜取得太小?

4.2　链　传　动

4.2.1　链传动的组成和工作原理

链传动由装在平行轴上的主动链轮、从动链轮和跨绕在两链轮上的环形链条所组成，如图 4-14 所示。链传动是以链条作中间挠性件，靠链条与链轮轮齿的啮合来传递运动和动力的。

4.2.2　链传动的特点

与带传动相比，链传动主要有以下特点：

(1) 结构简单，耐用、维护容易，用于中心距较大的场合。

(2) 链传动属于啮合传动，无弹性滑动和打滑现象，能保持准确的平均传动比；需要的张紧力小，作用在轴上的压力小。

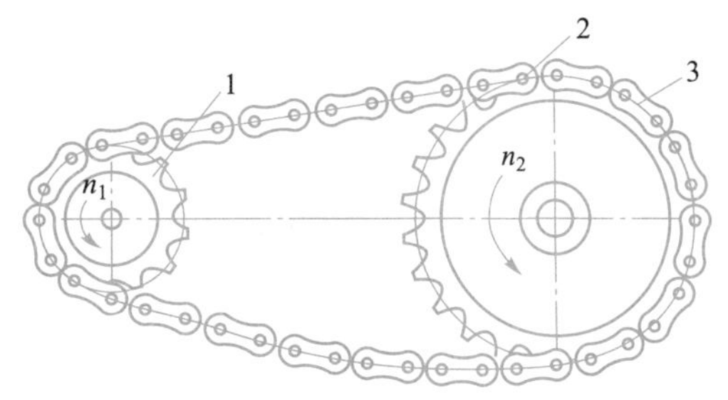

图 4-14　链传动

1—主动链轮；2—传动链；3—从动链轮

(3) 对工作条件要求较低，能在高温、多尘、油污等恶劣环境中工作。

(4) 与齿轮传动相比，链传动的制造和安装精度要求较低，成本低廉；能实现远距离传动。

(5) 但瞬时速度不均匀，瞬时传动比不恒定；传动的平稳性较差，有冲击和噪声，不宜用于高速的场合。

一般链传动的适用范围：传动比 $i \leqslant 8$；中心距 $a \leqslant 5 \sim 6$ m；传递功率 $P \leqslant 100$ kW；圆周速度 $v \leqslant 15$ m/s；传动效率 $\eta = 0.92 \sim 0.96$。

4.2.3 链传动的类型

链传动的类型很多，按照链条的结构不同，传递动力用的链条主要有滚子链和齿形链两种。其中滚子链应用最为广泛，齿形链因结构复杂，价格较高，因此其应用不如滚子链广泛。

1. 滚子链传动

1）滚子链的结构组成

滚子链的结构如图 4－15 所示，它是由内链板、外链板、销轴、套筒和滚子组成。套筒和滚子、销轴与套筒均为间隙配合从而形成动连接；套筒与内链板、销轴与外链板间分别用过盈配合固连在一起，分别称为内、外链节。内、外链节构成铰链。

工作时，内、外链节做相对转动；同时，套筒上的滚子沿链轮轮齿滚动，可减少链条与轮齿的磨损。

为减轻链条的质量并使链板各横剖面的抗拉强度大致相等。内、外链板均制成“∞”字形。

滚子链相邻两滚子中心的距离称为链节距，用 p 表示，它是链条的主要参数。节距 p 越大，链条各零件的尺寸越大，所能承受的载荷越大，冲击和振动也随之增加。

2）滚子链的类型和标记

滚子链可分为：单排链、双排链（见图 4－16）和三排链。排数越多，承载能力越大。由于制造和装配精度的影响，会使各排链受力不均匀，故一般不超过 3 排。

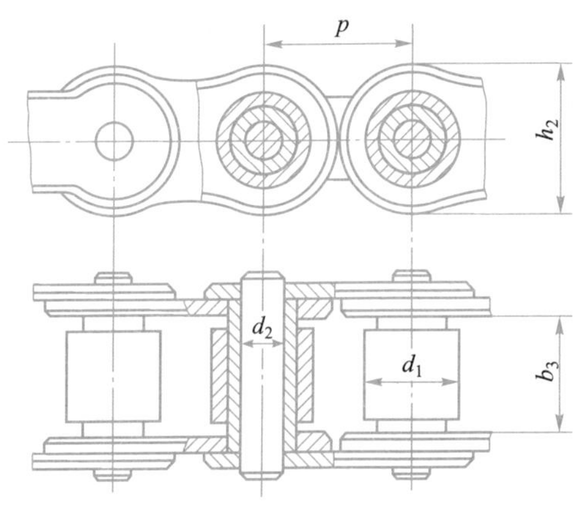

图 4－15　滚子链的结构

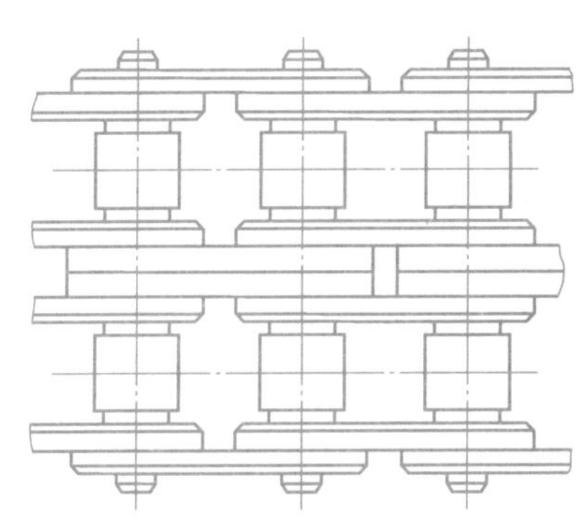

图 4－16　双排链

滚子链已标准化，分为 A、B 两个系列，常用的是 A 系列。设计时，要根据载荷大小及工作条件等选用适当的链条型号；确定链传动的几何尺寸及链轮的结构尺寸。A 系列滚子链的基本参数和尺寸见表 4－4。

套筒滚子链的标记为：

链号—排数 × 整链节数　标准号

表4－4 A系列滚子链的基本参数和尺寸

链号	节距	排距	滚子外径	单排极限拉伸载荷	单排每米质量
	p/mm	P_t/mm	d_r/mm	F_Q/N	q/（kg·m^{-1}）
08A	12.7	14.38	7.95	13 800	0.6
10A	15.875	18.11	10.16	21 800	1.00
12A	19.05	22.78	11.91	31 100	1.50
16A	25.40	29.29	15.88	55 600	2.60
20A	31.75	35.76	19.05	86 700	3.80
24A	38.10	45.44	22.23	124 600	5.60
28A	44.45	48.87	25.40	16 900	7.50
32A	50.80	58.55	28.58	222 400	10.10
40A	63.50	71.55	39.68	347 000	16.10
48A	76.20	87.83	47.63	500 400	22.60

例如：24A—2×70 GB/T 1243—2006表示：A系列、24号链、双排、70节、节距为38.1 mm的标准滚子链。

标记中，B级链不标等级，单排链不标排数。

3）滚子链的连接

滚子链链条间的连接形式有：开口销固定［见图4－17（a)］、弹簧夹固定［见图4－17（b)］和过渡链节［见图4－17（c)］三种。

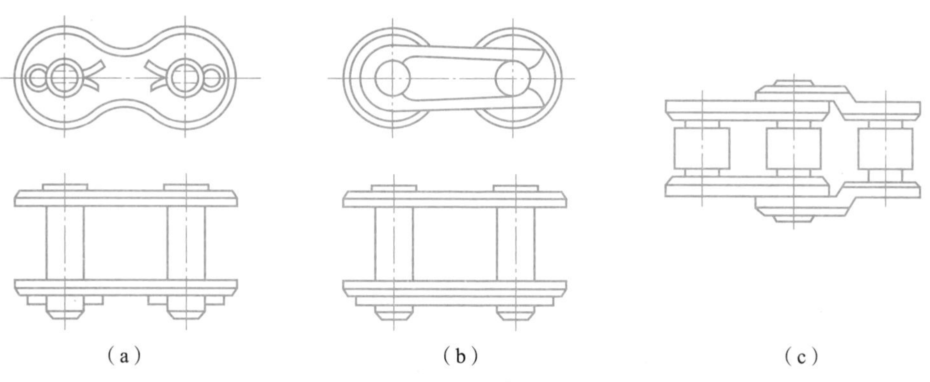

（a） （b） （c）

图4－17 滚子链的接头形式

（a）开口销固定；（b）弹簧夹固定；（c）过渡链节

滚子链的长度以链节数表示。链节数 L_p 最好取偶数，以便链条连成环形时正好是内、外链板相接，接头处可用开口销或弹簧夹锁紧。若链节数为奇数时，则需采用过渡链节，过渡链节的链板需单独制造。另外当链条受拉时，过渡链节还要承受附加的弯曲载荷，使强度降低，通常应尽量避免。

2. 齿形链传动

齿形链传动是利用带特定齿形的链板与链轮轮齿相啮合来实现传动的。齿形传动链由一组齿形链板并列铰接而成（见图4－18），相邻链节的链板左右错开排列，并用销轴将链板连接起来。与滚子链传动相比，齿形链传动具有传动平稳、噪声小、承受冲击性能好、工作

可靠等优点；但结构复杂、拆装困难、价格较高、质量较大且对安装维护的要求较高。齿形链多用于高速（链速 v 可达 40 m/s）或运动精度要求较高的传动。

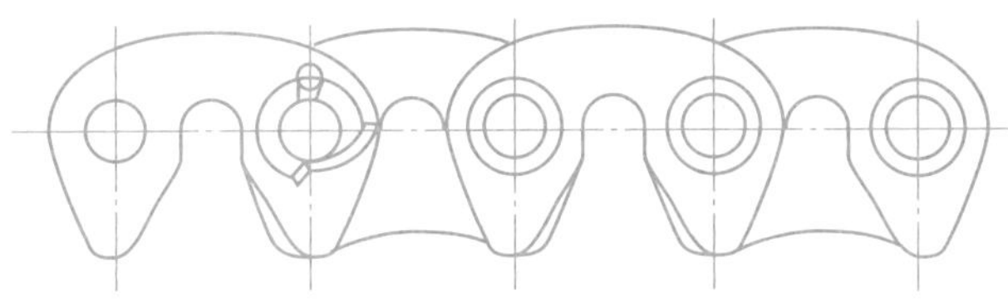

图 4－18　齿形链的结构

4.2.4　链传动的失效形式

链传动的失效形式主要有以下几种。

1. 铰链磨损

链在工作过程中，销轴与套筒的工作表面会因相对转动而引起铰链磨损。磨损增大了销轴与套筒的配合间隙，使链节距和链长度变大，容易引起跳齿和脱链现象。

2. 铰链的胶合

当润滑不良或速度过高时，销轴与套筒的工作表面摩擦发热较大，而使两表面发生黏附磨损，严重时则产生胶合。

3. 链条的疲劳破坏

由于链条受变应力的作用，经过一定的循环次数后，链条将发生疲劳断裂。另外，在链条与链轮的啮合过程中，滚子和套筒会受到冲击，当转速较高时，容易发生疲劳破坏。

4. 过载拉断

在低速（$v<6$ m/s）重载或瞬时严重过载时，链条可能被拉断。

除上述这些失效形式外，链轮轮齿的磨损和塑性变形等也会影响链传动的正常工作。一般来说，链轮的使用寿命比链条要长得多。所以，链传动的承载能力主要取决于链条。

4.2.5　链轮的结构

链轮的基本参数有与链条配用的节距 p、滚子的外径 d_1、排距 P_t 以及链轮的齿数 z。链轮轮齿的齿形应保证链节能平稳地进入和退出啮合，受力良好，不易脱链，便于加工。

滚子链链轮的齿形已标准化（GB 1244—1985），链轮端面齿形采用“三圆弧一直线”齿形，如图 4－19所示。

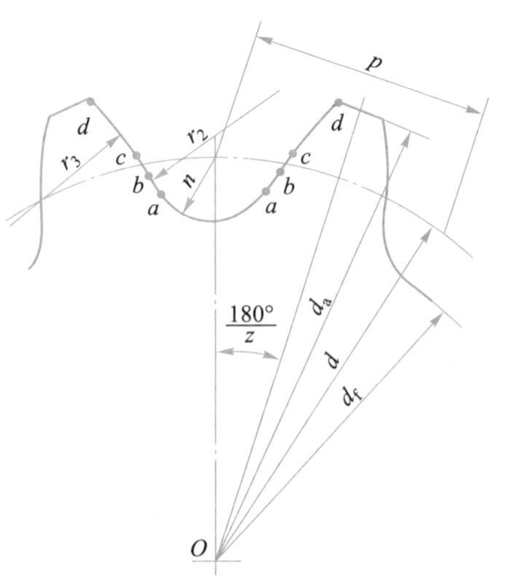

图 4－19　链轮的结构

链轮的轮齿应有足够的接触强度和耐磨性，故

齿面多经热处理。因小链轮的啮合次数比大链轮多，所受冲击力也大，故所用材料一般优于大链轮。常用的链轮材料有碳素钢（如 Q235、Q275、45、ZG310－570 等），灰铸铁（如 HT200）等。重要的链轮可采用合金钢。

链轮的结构与链轮的直径有关，有整体式、孔板式、组合式等结构形式，如图 4－20 所示。当链轮尺寸较小时可制成整体式，如图 4－20（a）所示；中等直径的链轮可制成孔板式，如图 4－20（b）所示；直径较大的链轮采用焊接结构，如图 4－20（c）所示，或装配式，如图 4－20（d）所示，齿圈磨损后可以更换。

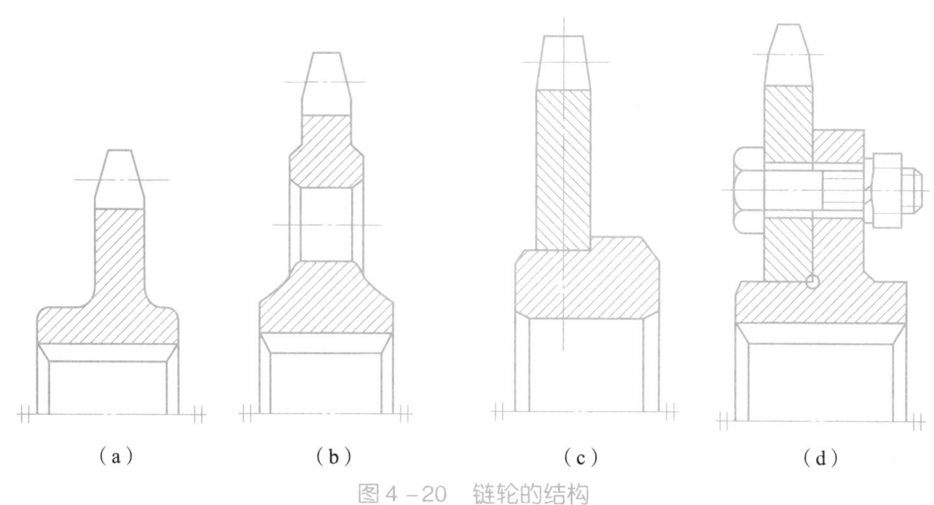

图 4－20 链轮的结构

（a）整体式；（b）孔板式；（c）焊接式；（d）装配式

习 题

一、填空题

1. 对于高速重载的滚子链传动，应选用节距________的________排链；对于低速重载的滚子链传动，应选用节距________的链传动。

2. 与带传动相比较，链传动的承载能力________，传动效率________，作用在轴上的径向压力________。

3. 在一般情况下，链传动的________传动比为常数，________传动比不为常数。

4. 在设计图上注明某链条的标记为“08A—1×86 GB/T 1243—2006”，其中“08A”代表____________，“1”代表____________，“86”代表____________。

5. 链传动的失效形式有________、________、________和________。

二、判断题

（　　）1. 链传动的链节数通常不应选择偶数。

（　　）2. 链传动的平均传动比为一常数。

(　　) 3. 由于啮合齿数较少的原因，链传动的脱链通常发生在小链轮上。
(　　) 4. 在链传动中，当两链轮轴线在同一水平面时，通常紧边在上面。
(　　) 5. 链传动的多边形效应是造成瞬时传动比不恒定的原因。

4.3 齿轮传动

齿轮传动是机械传动中最重要的，也是应用最为广泛的一种传动形式。齿轮传动是依靠主动轮的轮齿依次推动从动轮的轮齿来进行工作的。本节主要介绍的是渐开线标准直齿圆柱齿轮的名称、基本参数和几何尺寸计算；斜齿圆柱齿轮传动及圆锥齿轮传动简介、齿轮失效形式、蜗杆传动及轮系相关知识。

4.3.1 齿轮传动的特点和类型

1. 齿轮传动的特点

齿轮传动的主要优点：传动效率高、传递的功率和速度范围广、结构紧凑、工作可靠、寿命较长、传动平稳且能保证恒定的瞬时传动比。

齿轮传动的主要缺点：加工和安装精度要求较高、制造成本高、不适宜于中心距较大的传动。

2. 齿轮传动的类型

根据两轴间的相对位置和轮齿方向，齿轮传动可分为以下 3 种类型。

1）圆柱齿轮传动

常用于两平行轴之间的齿轮传动。

按照轮齿的齿向与轮轴的相对位置，可分为直齿圆柱齿轮传动［见图 4－21（a）和图 4－21（b）］、斜齿圆柱齿轮传动［见图 4－21（d）］和人字齿圆柱齿轮传动［见图 4－21（e）］；按照轮齿在圆柱体的外表面、内表面或平面上的排列，又可分为外啮合齿轮传动［见图 4－21（a）］、内啮合齿轮传动［见图 4－21（b）］和齿轮齿条传动［见图 4－21（c）］。

2）圆锥齿轮传动

常用于两相交轴之间的齿轮传动。

按照轮齿的齿向与轮轴的相对位置，可分为直齿圆锥齿轮传动［见图 4－21（f）］、斜齿圆锥齿轮传动和曲齿圆锥齿轮传动。

3）交错轴斜齿轮传动

常用于两交错轴间的齿轮传动，如图 4－21（g）所示。

4.3.2 渐开线直齿圆柱齿轮

在机械中，常用的齿廓有渐开线齿廓、摆线齿廓和圆弧齿廓，其中以渐开线齿廓应用最广。本章节只讨论渐开线齿轮传动。

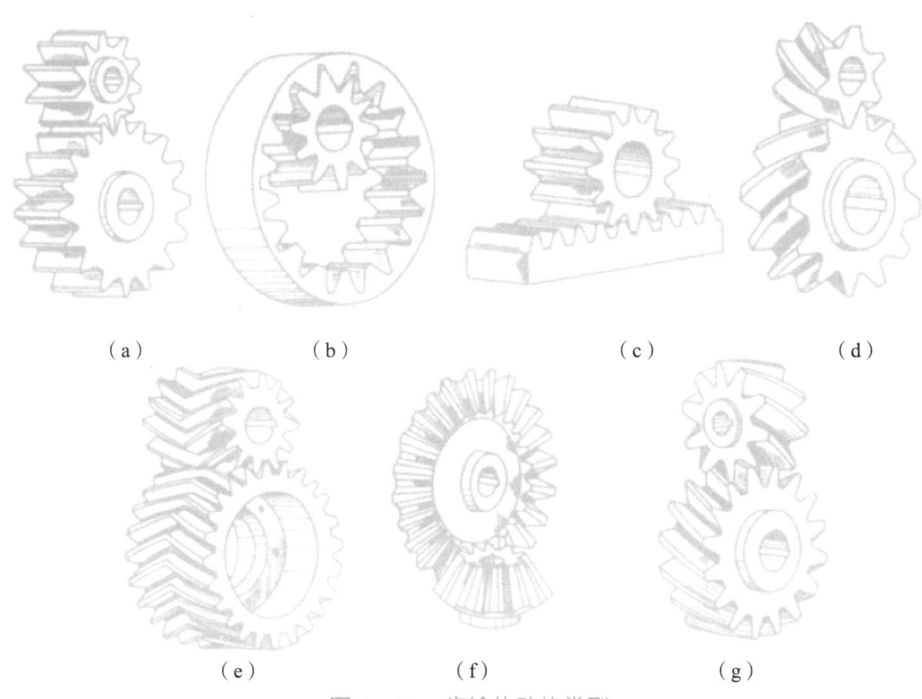

(a)　(b)　(c)　(d)

(e)　(f)　(g)

图 4－21　齿轮传动的类型

1. 渐开线的形成及其特性

如图 4－22 所示，一直线 L 与半径为 r_b 的圆相切，当直线沿该圆做纯滚动时，直线上任一点 K 的轨迹即为该圆的渐开线。这个圆称为渐开线的基圆，而做纯滚动的直线 L 称为渐开线的发生线。

由渐开线的形成可知，渐开线有以下性质：

(1) 发生线在基圆上滚过的一段长度等于基圆上相应被滚过的一段弧长，即 NK = 弧 NA。

(2) 因 N 点是发生线沿基圆滚动时的速度瞬心，故发生线 KN 是渐开线 K 点的法线。又因发生线始终与基圆相切，所以渐开线上任一点的法线必与基圆相切。

(3) 发生线与基圆的切点 N 即为渐开线上 K 点的曲率中心，线段 KN 为 K 点的曲率半径。随着 K 点离基圆越远，相应的曲率半径越大；而 K 点离基圆越近，相应的曲率半径越小。

(4) 渐开线的形状取决于基圆的大小。如图 4－23 所示，基圆半径越小，渐开线越弯曲；基圆半径越大，渐开线越趋平直。当基圆半径趋于无穷大时，渐开线便成为直线。所以渐开线齿条（直径为无穷大的齿轮）具有直线齿廓。

(5) 渐开线上某点（K 点）的法线与该点速度方向线所夹的锐角 α_K 称为该点的压力角。由图 4－22 可知

$$\cos\alpha_K = \frac{ON}{OK} = \frac{r_b}{r_K} \tag{4-8}$$

式（4－8）表明，渐开线上不同点的压力角不等，向径 r_K 越大，其压力角越大。越接近基圆部分，压力角越小，基圆上的压力角为零。

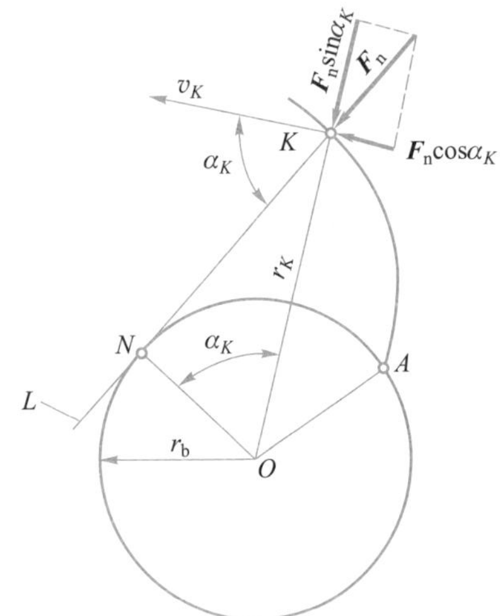

图 4－22 渐开线的形成

图 4－23 基圆大小与渐开线形状的关系

（6）渐开线是从基圆开始向外逐渐展开的，故基圆以内无渐开线。

2. 渐开线标准直齿圆柱齿轮各部分的名称

图 4－24 所示为直齿圆柱齿轮的一部分，各部分的名称如下。

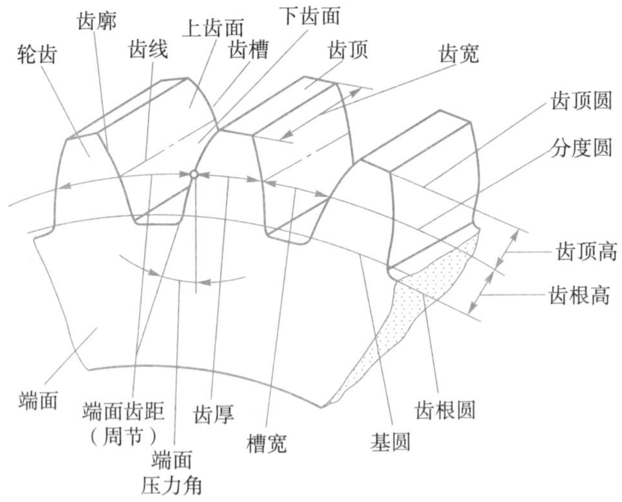

图 4－24 直齿圆柱齿轮各部分名称与几何尺寸计算

1）齿顶圆

齿顶端所确定的圆称为齿顶圆，其直径用 d_a 表示。

2）齿根圆

齿槽底部所确定的圆称为齿根圆，其直径用 d_f 表示。

3）基圆

形成渐开线齿廓曲线的圆，其半径用 d_b 表示。

4）齿槽宽

在任意直径 d_K 的圆周上，齿槽两侧齿廓之间的弧长称为该圆上的齿槽宽，用 e_K 表示。

5）齿厚

在任意直径 d_K 的圆周上，轮齿两侧齿廓之间的弧长称为该圆上的齿厚，用 s_K 表示。

6）齿距

在任意直径 d_K 的圆周上，相邻两齿同侧齿廓之间的弧长称为该圆上的齿距，用 p_K 表示。显然

$$p_K = s_K + e_K \tag{4-9}$$

7）分度圆

为便于设计、制造和互换，在齿顶圆和齿根圆之间取一个圆作为计算的基准圆，称为分度圆。分度圆上的齿距、齿厚、齿槽宽和压力角简称为齿轮的齿距、齿厚、齿槽宽和压力角，分别用 p、s、e、α 表示，直径用 d 表示。

8）齿宽

沿齿轮轴线量得齿轮的宽度称为齿宽，用 b 表示。

9）齿顶高

在轮齿上介于齿顶圆和分度圆之间的部分称为齿顶，其径向高度称为齿顶高，用 h_a 表示。

10）齿根高

介于齿根圆和分度圆之间的部分称为齿根，其径向高度称为齿根高，用 h_f 表示。

11）全齿高

齿顶圆与齿根圆之间轮齿的径向高度称为全齿高，用 h 表示，故

$$h = h_a + h_f \tag{4-10}$$

12）齿顶间隙

当一对齿轮啮合时（见图 4－25），一个齿轮的齿顶圆与配对齿轮的齿根圆之间的径向距离称为齿顶间隙（简称顶隙），用 c 表示，$c = h_f - h_a$。

顶隙用途：它可以避免一个齿轮的齿顶与另一齿轮的齿根相碰并能储存润滑油，有利于齿轮传动装配和润滑。

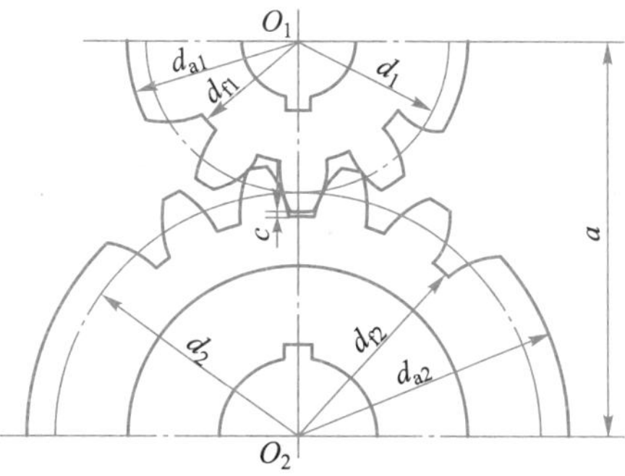

图 4－25 一对齿轮啮合

3. 渐开线直齿圆柱齿轮的主要参数

渐开线直齿圆柱齿轮的主要参数有齿数、模数、压力角、齿顶高系数和顶隙系数。

1）齿数 z

齿数指沿圆周方向均匀分布的轮齿个数，除齿数以外均已标准化。

2）模数 m

因为分度圆直径 d 与齿距 p、齿数 z 的关系如下：

$$d = \frac{p}{\pi}z$$

式中包含无理数 π，使计算分度圆直径很不方便，因此规定齿距 p 与 π 的比值为标准值，称为模数（标准模数系列见表 4－5），用 m 表示，即

$$m=\frac{p}{\pi}\ (\text{mm}) \tag{4-11}$$

所以

$$d=mz \tag{4-12}$$

表 4-5　标准模数系列（GB/T 1357—2008）

第一系列	1，1.25，1.5，2，2.5，3，4，5，6，8，10，12，16，20，25，32，40，50
第二系列	2.25，2.75，(3.25)，3.5，(3.75)，4.5，5.5，(6.5)，7，9，(11) 14，18，22，28，(30)，36，45
注：优先选用第一系列，括号内的数值尽量不用，单位为 mm	

由式（4-11）可知，模数越大，齿距越大；当齿数相同时，模数越大，齿轮的直径就越大，因而承载能力就越大，如图 4-26 所示。

3）压力角 α

由式（4-8）可知，渐开线上各点的压力角是不相等的。国家标准规定分度圆上的压力角为标准值，$\alpha=20°$。

因此，分度圆的定义是：齿轮上具有标准模数和标准压力角的圆称为分度圆。

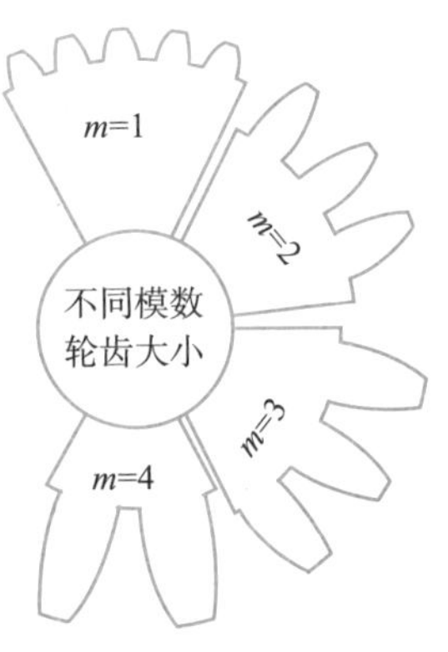

图 4-26　不同模数轮齿大小的比较

4）齿顶高系数 h_a^*、顶系系数 c^*

齿轮各部分的计算均以模数作为计算基本参数，因此齿顶高、齿根高和齿高可表示为

$$h_a=h_a^* m \tag{4-13}$$

$$h_f=(h_a^*+c^*)\ m \tag{4-14}$$

$$h=h_a+h_f=(2h_a^*+c^*)\ m \tag{4-15}$$

式中：h_a——齿顶高系数，国家标准规定：正常齿 $h_a^*=1$，短齿 $h_a^*=0.8$，一般情况下多采用正常齿制；

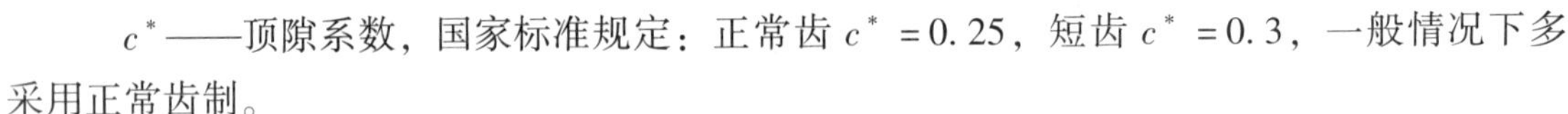

c^*——顶隙系数，国家标准规定：正常齿 $c^*=0.25$，短齿 $c^*=0.3$，一般情况下多采用正常齿制。

4. 标准直齿圆柱齿轮的几何尺寸计算

具有标准模数、标准压力角、标准齿顶高系数和标准顶隙系数，且分度圆齿厚等于分度圆齿槽宽的齿轮称为标准齿轮。

正常齿标准直齿圆柱外齿轮的主要参数和几何尺寸计算见表 4-6。

表 4-6　正常齿标准直齿圆柱外齿轮的主要参数和几何尺寸

名称	符号	计算公式及其说明
齿顶高	h_a	$h_a=h_a^* m$，其中 $h_a^*=1$
顶隙	c	$c=c^* m$，其中 $c^*=0.25$
齿根高	h_f	$h_f=h_a+c=1.25\ m$
齿高	h	$h=h_a+h_f=2.25\ m$

续表

名称	符号	计算公式及其说明
分度圆直径	d	$d = mz$
齿顶圆直径	d_a	$d_a = d + 2h_a = m\ (z + 2)$
齿根圆直径	d_f	$d_f = d - 2h_f = m\ (z - 2.5)$
基圆直径	d_b	$d = d\cos\alpha = mz\cos\alpha$
齿距	p	$p = \pi m$
齿厚	s	$s = \pi m/2$
齿槽宽	e	$e = \pi m/2$
中心距	a	$a = m\ (z_1 + z_2)\ /2$

4.3.3　渐开线齿轮传动及齿廓啮合特性

1. 节点、节圆、啮合线和啮合角

如图4－27所示，一对相啮合渐开线齿轮的齿廓 E_1 和 E_2 在任一点 K 接触，齿轮1驱动齿轮2，两齿轮的角速度分别为 ω_1 和 ω_2。过 K 点作两齿廓的公法线，由渐开线的性质可知，这条公法线必与两齿轮基圆相切，即为两齿轮基圆的内公切线，切点是 N_1 和 N_2。当齿轮安装完之后，两齿轮的位置不再改变，两基圆沿同一方向的内公切线只有一条，所以其内公切线 N_1N_2 与两齿轮连心线 O_1O_2 必交于定点 C，这个定点称为节点。以齿轮轮心为圆心，过节点所作的圆称为节圆，两齿轮节圆直径分别用 d_1' 和 d_2' 表示。

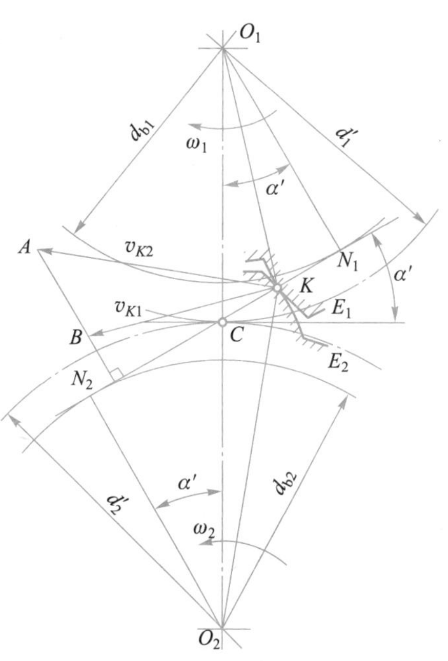

图4－27　外啮合渐开线齿轮

由于齿廓 E_1 和 E_2 无论在何处接触，其接触点 K 均应在两基圆的内公切线 N_1N_2 上，故称直线 N_1N_2 为啮合线。啮合线与两齿轮节圆的内公切线所夹的锐角 α' 称为啮合角。显然啮合角在数值上等于齿廓在节点处的压力角。

齿轮只有在相互啮合时，才有节圆和啮合角，单个齿轮没有节圆和啮合角。

2. 渐开线齿廓啮合特性

1）瞬时传动比恒定性

可以证明，在图4－27中，两齿轮的传动比为

$$i = \frac{\omega_1}{\omega_2} = \frac{d_2'}{d_1'}$$

由于两齿轮连心线 O_1O_2 为定长，节点 C 又为定点，因此传动比值定为常数。这表明，一对渐开线齿轮传动具有瞬时传动比恒定的特性，因而符合齿轮传动的基本要求。

2）中心距可分性

在图4-27中，因为$\triangle O_1N_1C \backsim \triangle O_2N_2C$，所以

$$i=\frac{\omega_1}{\omega_2}=\frac{O_2C}{O_1C}=\frac{d_2'}{d_1'}=\frac{d_{b2}}{d_{b1}}$$

上式表明，一对渐开线齿轮的传动比等于两齿轮基圆直径的反比，而与中心距无关。由于制造、安装的误差以及在运转过程中轴的变形、轴承的磨损等原因，均可使齿轮传动的实际中心距与设计值有微小的差异。但一对渐开线齿轮制成后，其基圆直径不再改变。因此，当实际中心距较设计值产生误差时，其传动比仍保持不变。这就是渐开线齿轮传动的中心距可分性，这个特性也是渐开线齿轮传动得到广泛应用的重要原因。

3. 渐开线齿轮正确啮合的条件

图4-28所示为一对渐开线齿轮啮合传动，N_1N_2是啮合线，前一对轮齿在K点接触，后一对轮齿在B_2点接触。要使齿轮正确啮合，两齿轮的法向齿距B_1K与B_2K必须相等。由渐开线的性质可知，两齿轮的法齿距分别等于各自的基圆齿距，即$p_{b1}=p_{b2}$，而

$$p_{b1}=\frac{\pi d_{b1}}{z_1}=\frac{\pi d_1\cos\alpha_1}{z_1}=\pi m_1\cos\alpha_1$$

$$p_{b2}=\pi m_2\cos\alpha_2$$

因此，渐开线齿轮正确啮合的条件可以写成

$$m_1\cos\alpha_1=m_2\cos\alpha_2$$

由于模数和压力角都已标准化，所以实际上渐开线齿轮正确啮合的条件为两齿轮的压力角和模数必须分别相等，并等于标准值，即

$$\left.\begin{aligned}\alpha_1=\alpha_2=\alpha\\ m_1=m_2=m\end{aligned}\right\}\qquad(4-16)$$

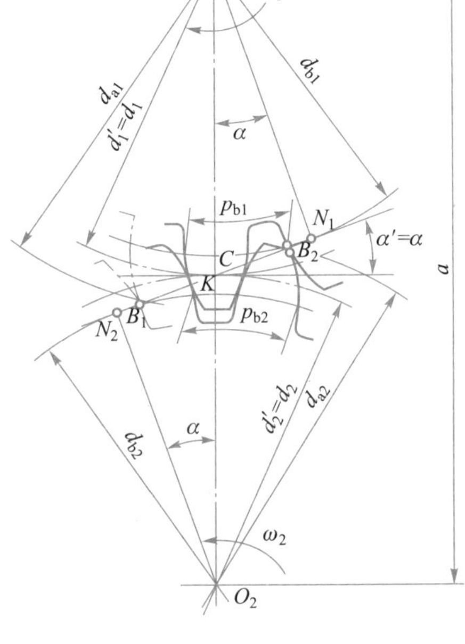

图4-28 渐开线齿轮的啮合传动

根据渐开线齿轮正确啮合的条件，其传动比还可以进一步表示为

$$i=\frac{\omega_1}{\omega_2}=\frac{d_{b2}}{d_{b1}}=\frac{d_2\cos\alpha}{d_1\cos\alpha}=\frac{d_2}{d_1}=\frac{mz_2}{mz_1}=\frac{z_2}{z_1}$$

一对正确啮合的标准齿轮，由于一个齿轮的分度圆齿厚与另一齿轮的分度圆齿槽宽相等，所以在安装时，只有使两齿轮的分度圆相切，即分度圆和节圆后重合，才能使齿侧的理论间隙为零。这时的中心距α称为正确安装的标准中心距，且

$$a=\frac{1}{2}(d_1'+d_2')=\frac{1}{2}(d_1+d_2)=\frac{m}{2}(z_1+z_2)$$

4. 连续传动的条件

B_1B_2是齿廓啮合的实际啮合线段，而N_1N_2则是理论上可能的最大啮合线段，称为理论啮合线段。

如果当一对轮齿在啮合的终止点B_1之前的K点啮合时，后一对轮齿就已经到达啮合的

起始点 B_2，则传动就能连续进行。这时实际啮合线段 B_1B_2 的长度大于齿轮的法向齿距 B_{2K}。若 B_1B_2 的长度小于齿轮的法向齿距 B_{2K}，则前一对轮齿在 B_1 点脱离啮合时，后一对轮齿尚未到达啮合的起始位置 B_2 点，此时传动就要中断，并将产生冲击。

因此，一对齿轮连续传动的条件应该是：实际啮合线段 B_1B_2 的长度大于或等于齿轮的法向齿距 B_{2K}，而 $B_{2K}=P_b$，所以齿轮连续传动的条件为 $B_1B_2 \geqslant P_b$，即

$$\varepsilon = \frac{B_1B_2}{p_b} \geqslant 1 \tag{4-17}$$

式中：ε——重合度。

重合度表示实际啮合线区间上相啮合的轮齿对数。重合度 ε 越大，传动越平稳。一般机械制造中，常取 $\varepsilon \geqslant 1.1 \sim 1.4$。

【例 4.1】 一对标准直齿圆柱齿轮传动，齿数 $z_1=20$，传动比 $i=3.5$，模数 $m=5$ mm，求两齿轮的分度圆直径、齿顶圆直径、齿根圆直径、齿距、齿厚及中心距。

解

计算与说明		主要结果
大齿轮齿数	$z_2=iz_1=3.5\times20$	$z_2=70$
分度圆直径	$d_1=mz_1=5\times20$ mm $d_2=mz_2=5\times70$ mm	$d_1=100$ mm $d_2=350$ mm
齿顶圆直径	$d_{a1}=m(z_1+2)=5\times(20+2)$ mm $d_{a2}=m(z_2-2)=5\times(70+2)$ mm	$d_{a1}=110$ mm $d_{a2}=360$ mm
齿根圆直径	$d_{f1}=m(z_1-2.5)=5\times(20-2.5)$ mm $d_{f2}=m(z_2-2.5)=5\times(70-2.5)$ mm	$d_{f1}=87.5$ mm $d_{f2}=337.5$ mm
齿距	$p=\pi m=\pi\times5$ mm	$p=15.708$ mm
齿厚	$s=\frac{p}{2}=\frac{15.708}{2}$mm	$s=7.854$ mm
中心距	$a=\frac{m}{2}(z_1+z_2)=\frac{5}{2}\times(20+70)$ mm	$a=225$ mm

4.3.4 渐开线齿轮轮齿的切削加工

轮齿的成形方法有多种，如铸造、热轧、冲压、模锻和切削等。其中最常用的是切削法。切削法按照原理不同可分为仿形法和范成法两种。

1. 仿形法

仿形法是最简单的切齿方法。轮齿是在普通铣床上用盘状齿轮铣刀［见图 4－29（a）］或指状齿轮铣刀［见图 4－29（b）］铣出的。铣刀的轴平面形状与齿轮的齿槽形状相同。铣齿时，把齿轮毛坯安装在铣床工作台上，铣刀绕自身的轴线旋转，同时齿轮毛坯随铣床工作台沿齿轮轴线方向做直线移动。铣出一个齿槽后，将齿轮毛坯转过 $360/z$ 再铣第二个齿槽，直至加工出全部轮齿。

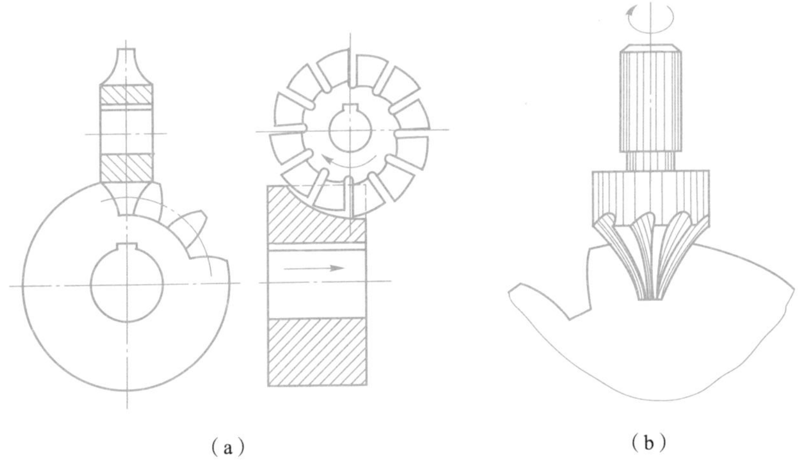

（a）　　　　　　　　　　（b）

图 4－29　仿形法加工齿轮

仿形法的优点是加工方法简单，不需要专门的齿轮加工设备。其缺点是加工出的齿形不够准确，轮齿的分度不易均匀，生产率也低。因此仿形法只适用于修配、单件生产以及加工精度要求不高的齿轮。

2. 范成法

范成法是利用一对齿轮（或齿轮与齿条）互相啮合时其两轮的齿廓互为包络线的原理来切齿的，如图 4－30 所示。加工时将其中一个齿轮（或齿条）做成刀具，就可以切出渐开线齿廓。

范成法种类很多，有插齿、滚齿、剃齿和磨齿等，其中最常用的是插齿和滚齿。

1）插齿

图 4－31 所示为用齿轮插刀加工齿轮时的情形。齿轮插刀的形状和齿轮相似，其模数和压力角与被加工齿轮相同。加工时，插齿刀沿轮坯轴线方向做上下往复的切削运动；同时，机床的传动系统严格地保证插齿刀与轮坯之间的范成运动。

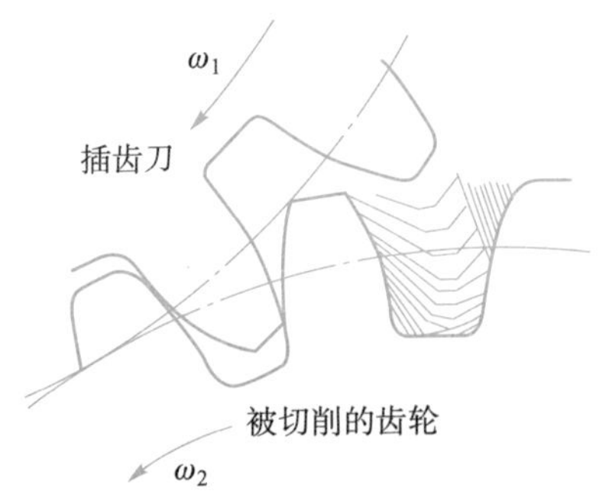

图 4－30　范成法加工齿轮

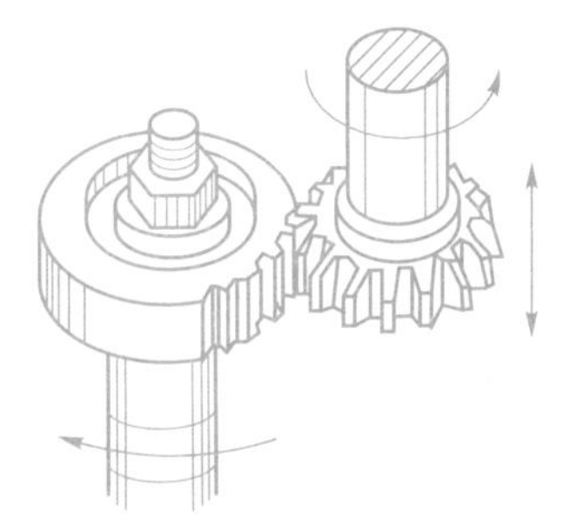

图 4－31　齿轮插刀切齿

当齿轮插刀的齿数增加到无穷多时，其基圆半径变为无穷大，插刀的齿廓变成直线齿廓，齿轮插刀就变成齿条插刀，图 4－32 所示为齿条插刀加工轮齿的情形。

2）滚齿

齿轮插刀和齿条插刀都只能间断地切削，生产率低。目前广泛采用齿轮滚刀在滚齿机上

进行轮齿的加工。

图 4－33 所示为滚刀加工轮齿的情形。滚刀 1 的外形类似梯形螺旋杆，沿螺杆轴线方向开沟槽制有刀刃，其轴向剖面齿形与齿条相同。当滚刀转动时，相当于这个假想的齿条连续地向一个方向移动，轮坯又相当于与齿条相啮合的齿轮，从而滚刀能按照范成原理在轮坯加工渐开线齿廓。滚刀除旋转外，还沿轮坯的轴向逐渐移动，以便切出整个齿宽。

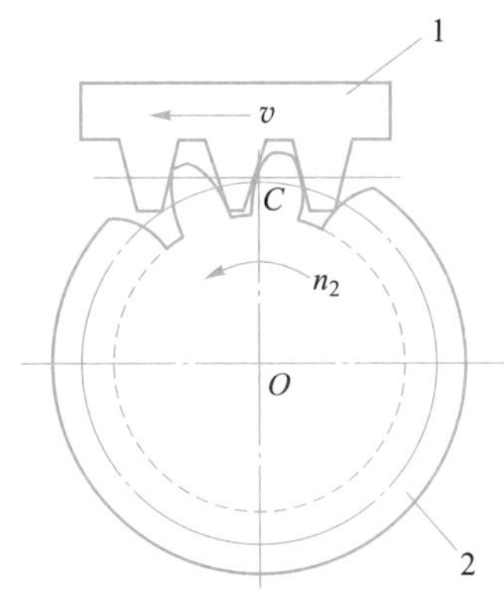

图 4－32　齿条插刀加工齿轮

1—齿条插刀；2—齿轮

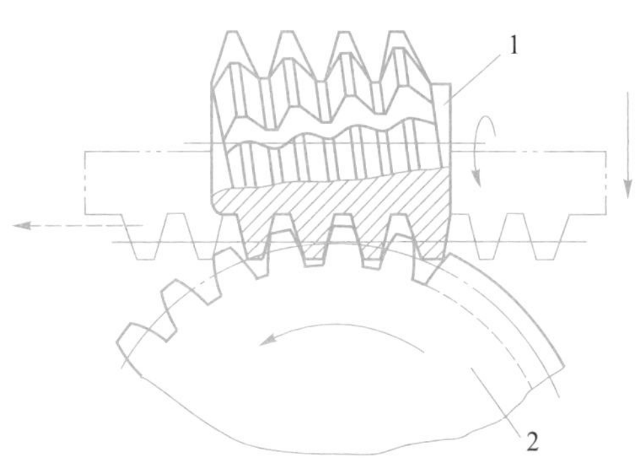

图 4－33　滚刀加工齿轮

1—滚刀；2—齿轮

4.3.5　齿轮的失效形式及材料选用

1. 齿轮的失效形式

齿轮的主要失效形式有以下 5 种。

1）轮齿折断

齿轮工作时，若轮齿危险剖面的应力超过材料所允许的极限值，轮齿将发生折断。

轮齿的折断有两种情况，一种是因短时意外的严重过载或受到冲击载荷时突然折断，称为过载折断；另一种是由于循环变化的弯曲应力的反复作用而引起的疲劳折断。轮齿折断一般发生在轮齿根部，如图 4－34 所示。

2）齿面点蚀

在润滑良好的闭式齿轮传动中，当齿轮工作了一定时间后，在轮齿工作表面上会产生一些细小的凹坑，称为点蚀，如图 4－35 所示。点蚀的产生主要是由于轮齿啮合时，齿面的接触应力按脉动循环变化，在这种脉动循环变化接触应力的多次重复作用下，由于疲劳，在轮齿表面层会产生疲劳裂纹，裂纹的扩展使金属微粒剥落下来而形成疲劳点蚀。通常疲劳点蚀首先发生在节线附近的齿根表面处。点蚀使齿面有效承载面积减小，点蚀的扩展将会严重损坏齿廓表面，引起冲击和噪声，造成传动的不平稳。齿面抗点蚀能力主要与齿面硬度有关，齿面硬度越高，抗点蚀能力越强。点蚀是闭式软齿面（$HBS \leqslant 350$）齿轮传动的主要失效形式。

而对于开式齿轮传动，由于齿面磨损速度较快，即使轮齿表层产生疲劳裂纹，但还未扩展到金属剥落时，表面层就已被磨掉，因而一般看不到点蚀现象。

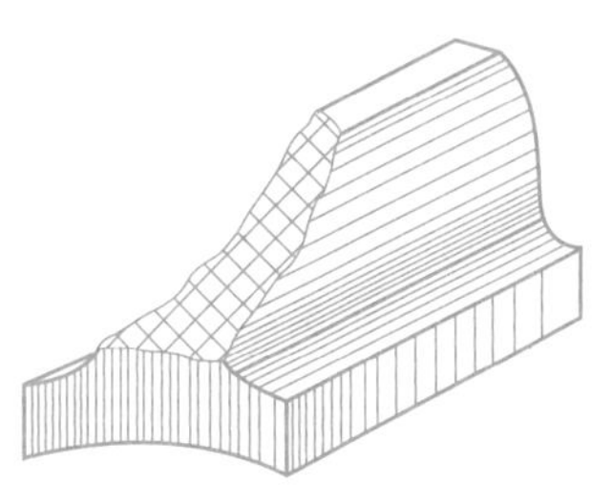

图 4-34　轮齿折断

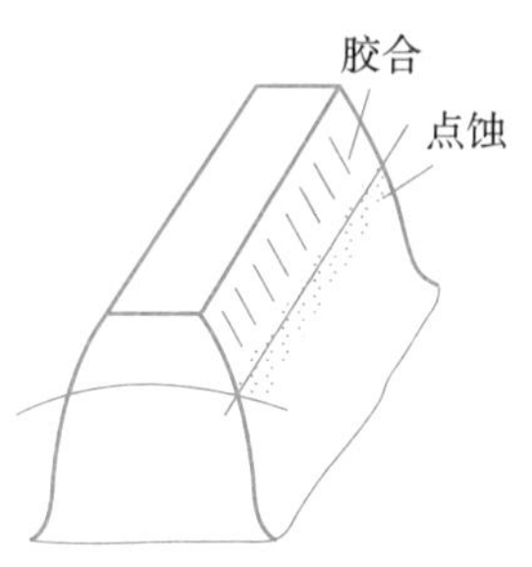

图 4-35　齿面点蚀和胶合

3）齿面胶合

在高速重载传动中，由于齿面啮合区的压力很大，润滑油膜因温度升高容易破裂，造成齿面金属直接接触，其接触区产生瞬时高温，致使两轮齿表面焊粘在一起，当两齿面相对运动时，较软的齿面金属被撕下，在轮齿工作表面形成与滑动方向一致的沟痕，这种现象称为齿面胶合，如图 4-35 所示。

4）齿面磨损

互相啮合的两齿廓表面间有相对滑动，在载荷作用下会引起齿面的磨损。尤其在开式传动中，由于灰尘、砂粒等硬颗粒容易进入齿面间而发生磨损。齿面严重磨损后，轮齿将失去正确的齿形，会导致严重噪声和振动，影响轮齿正常工作，最终使传动失效。

采用闭式传动，减小齿面粗糙度值和保持良好的润滑可以减少齿面磨损。

5）齿面塑性变形

在重载的条件下，较软的齿面上表层金属可能沿滑动方向滑移，出现局部金属流动现象，使齿面产生塑性变形，齿廓失去正确的齿形。在启动和过载频繁的传动中较易产生这种失效形式。

2. 齿轮的材料及其选择

由轮齿的失效形式可知，齿面应具有较高的抗点蚀、耐磨损、抗胶合以及抗塑性变形的能力，齿根要有较高的抗折断能力。因此，齿轮材料应具有齿面硬度高、齿芯韧性好的基本性能。此外还应具有良好的加工性能，以便获得较高的表面质量和精度，而且热处理变形小。常用的齿轮材料是锻钢，其次是铸钢和铸铁，某些情况下，也采用非金属材料，如尼龙、聚甲醛等。常用的齿轮材料见表 4-7。

1）锻钢

钢制齿轮的毛坯一般用锻造方法获得，锻钢金属内部组织细密。按齿面硬度不同齿轮可分为软齿面齿轮和硬齿面齿轮两类。

（1）软齿面齿轮。

软齿面齿轮的齿面硬度≤350 HBS。这类齿轮常用 35、45、40Cr、35SiMn 等中碳钢或中碳合金钢，经调质或正火后再进行切削精加工。由于小齿轮转速高于大齿轮，即小齿轮轮齿的啮合次数较大齿轮多，并且在标准齿轮传动中，小齿轮齿根厚度较小，所以小齿轮的齿面硬度最好比大齿轮齿面硬度高出 30 HBS～50 HBS。这类齿轮制造工艺简单，多用于对强度、硬度和精度没有过高要求的一般机械中。

（2）硬齿面齿轮。

硬齿面齿轮的齿面硬度大于350 HBS。这类齿轮常用20Cr、20CrMnTi等低碳合金钢经表面渗碳淬火，或45、40Cr等中碳钢、中碳合金钢经表面淬火，齿面硬度通常为40 HRC～65 HRC，而齿心韧性较好。因为齿面硬度高，所以要在切齿加工后再进行最终热处理。为了消除热处理引起的轮齿变形，还需对轮齿进行磨削或研磨。这类齿轮制造工艺复杂，多用于高速、重载、要求尺寸和质量较小的机械中，如航空发动机、机床、汽车及拖拉机等。

2）铸钢

当齿轮结构很复杂，或直径大于400 mm以上，齿轮毛坯不易锻造时，可采用铸钢，如ZG270－500、ZG310－570、ZG340－640等。因为铸造收缩率大，内应力大，所以需进行正火或回火处理，以消除其内应力。

3）铸铁

铸铁中的石墨有自润滑作用。但其抗弯强度和抗冲击能力较低，所以铸铁主要用于开式、低速轻载、无冲击及尺寸较大的齿轮转动中。常用的铸铁有HT200、HT300和QT500－7等。

表4－7　常用的齿轮材料

材料	机械性能/MPa		热处理方法	硬度	
	σ_b	σ_s		HBS	HRC
45	580	290	正火	160～217	
	640	350	调质	217～255	
			表面淬火		40～50
40Cr	700	500	调质	240～286	
			表面淬火		48～55
35SiMn	750	450	调质	217～269	
42SiMn	785	510	调质	229～286	
20Cr	637	392	渗碳、淬火、回火		56～62
20CrMnTi	1 100	850	渗碳、淬火、回火		56～62
40MnB	735	490	调质	241～286	
ZG45	569	314	正火	163～197	
ZG35SiMn	569	343	正火、回火	163～217	
	637	412	调质	197～248	
HT200	200			170～230	
HT300	300			187～255	
QT500－5	500			147～241	
QT600－2	600			229～302	

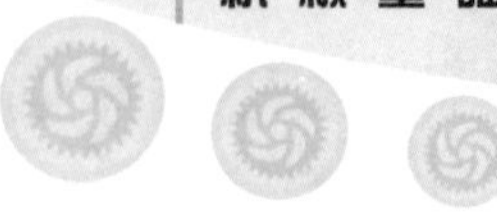

4.3.6 斜齿圆柱齿轮传动

1. 斜齿圆柱齿轮的形成及啮合特点

如图4－36（a）所示，直齿圆柱齿轮的齿廓曲面是发生面 S 在基圆柱上做纯滚动时，发生面上与基圆柱母线 NN 平行的直线 KK 在空间形成的渐开面。一对直齿圆柱齿轮啮合时，齿面接触线与齿轮的轴线平行，啮合开始和终止都是沿整个齿宽突然发生的，所以容易引起冲击、振动和噪声，高速传动时，这种情况尤为突出。

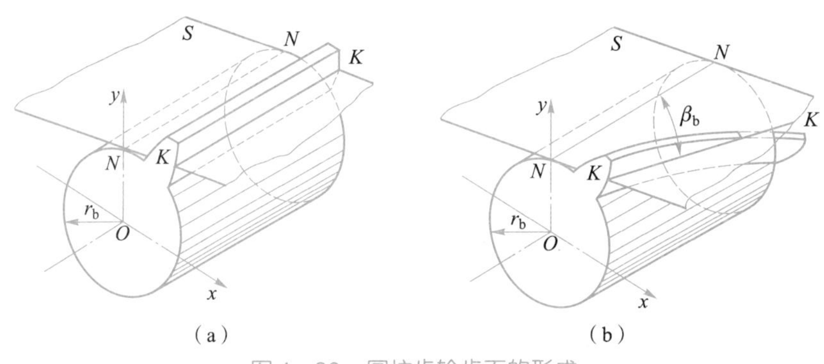

图4－36　圆柱齿轮齿面的形成

如图4－36（b）所示，斜齿圆柱齿轮的齿廓曲面是发生面 S 在基圆柱上做纯滚动时，发生面上与基圆柱母线 NN 成 β_b 角的直线 KK 在空间形成的渐开螺旋面。β_b 称为基圆柱上的螺旋角。一对斜齿圆柱齿轮啮合时，齿面接触线与齿轮轴线相倾斜，接触线的长度由短逐渐变长，当达到某一啮合位置时，又逐渐缩短，直到脱离啮合。因此斜齿圆柱齿轮传动是逐渐进入和逐渐退出啮合的，轮齿上所受的力是逐渐变化的，故斜齿圆柱齿轮传动具有传动平稳、噪声小、承载能力大等优点，故适用于高速和大功率场合。

2. 斜齿圆柱齿轮传动的几何参数和几何尺寸计算

1）螺旋角

将斜齿圆柱齿轮的分度圆柱展开，该圆柱上的螺旋线便成为斜直线，如图4－37所示。

斜直线与齿轮轴线间的夹角就是分度圆柱上的螺旋角，简称螺旋角，用 β 表示，通常取 $\beta = 8° \sim 20°$。斜齿圆柱齿轮有左旋和右旋之分，其判别方法是将齿轮轴线垂直放在面前，沿轴线方向观看，轮齿左侧高就是左旋，右侧高就是右旋。

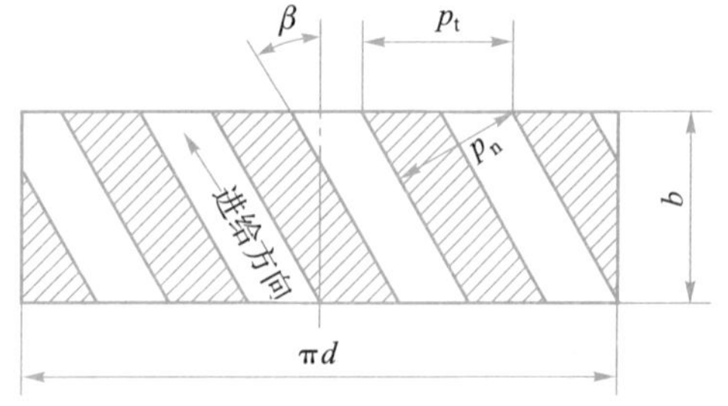

图4－37　斜齿轮分度圆柱展开面

2）模数和压力角

斜齿轮的参数有端面和法面之分，垂直于齿轮轴线的平面称为端平面，垂直于分度圆柱上螺旋线的平面称为法平面。用铣刀或滚刀加工斜齿圆柱齿轮时，刀具的进刀方向是齿轮分度圆柱上螺旋线的方向，因此斜齿圆柱齿轮的法面模数 m_n 和法面压力角 α_n 分别与刀具的模数和

齿形角相同，均为标准值，法面压力角 α_n 的标准值为 20°。但斜齿圆柱齿轮的直径和传动中心距等几何尺寸计算是在端平面内进行的，因此要注意法面参数与端面参数之间的换算关系。

由图 4－37 可得法面齿距 p_n 与端面齿距 p_t 的关系为

$$p_n = p_t \cos\beta \tag{4-18}$$

因为 $p_n = \pi m_n$，$p_t = \pi m_t$，所以法面模数 m_n 与端面模数 m_t 的关系为

$$m_n = m_t \cos\beta \tag{4-19}$$

可以证明，法面压力角 α_n 与端面压力角 α_t 的关系为

$$\tan\alpha_n = \tan\alpha_t \cos\beta \tag{4-20}$$

3. 正确啮合条件

一对斜齿圆柱齿轮啮合时，除两轮的模数和压力角必须分别相等外，两轮的螺旋角还必须大小相等而旋向相反，即

$$\left.\begin{aligned} m_{n1} &= m_{n2} = m_n \\ \alpha_{n1} &= \alpha_{n2} = \alpha_n \\ \beta_1 &= -\beta_2 \end{aligned}\right\} \tag{4-21}$$

4. 斜齿轮传动特点

与直齿轮传动条件比较，斜齿轮传动轮齿的承载能力大、传动平稳、噪声小；但斜齿轮传动产生轴向力，需要安装能够承受轴向力的轴承。

5. 斜齿圆柱齿轮几何尺寸计算

标准斜齿圆柱外啮合齿轮传动的几何尺寸见表 4－8。

表 4－8　标准斜齿圆柱外啮合齿轮传动的几何尺寸

名称	代号	计算公式
齿顶高	h_a	$h_a = h_{an}^* m_n$，其中 $h_{an}^* = 1$
顶隙	c	$c = c_n^* m_n$，其中 $c_n^* = 0.25$
齿根高	h_f	$h_f = h_a + c = 1.25m_n$
齿高	h	$h = h_a + h_f = 2.25m_n$
分度圆直径	d	$d = m_1 z = \dfrac{m_n z}{\cos\beta}$
齿顶圆直径	d_a	$d_a = d + 2h_a = d + 2m_n$
齿根圆直径	d_f	$d_f = d - 2h_f = d - 2.5m_n$
中心距	a	$a = \dfrac{d_1 + d_2}{2} = \dfrac{m_n(z_1 + z_2)}{2\cos\beta}$

由中心距计算公式可知，在法面模数 m_n 及齿数 z_1、z_2 一定的条件下，通过改变斜齿圆柱齿轮的螺旋角 β 可以配凑中心距。

4.3.7 直齿锥齿轮传动

锥齿轮传动用于传递相交轴间的运动和动力，通常两轴线相交成角 90°，如图 4－38 所示。圆锥齿轮的轮齿分布在圆锥体上，轮齿由大端向小端逐渐收缩。与圆柱齿轮相似，锥齿轮有分度圆锥、齿顶圆锥、齿根圆锥和基圆锥。按照分度圆锥的齿向，圆锥齿轮可分为直齿、斜齿和曲齿锥齿轮，其中直齿圆锥齿轮的设计、制造和安装都比较简单，应用比较广泛。

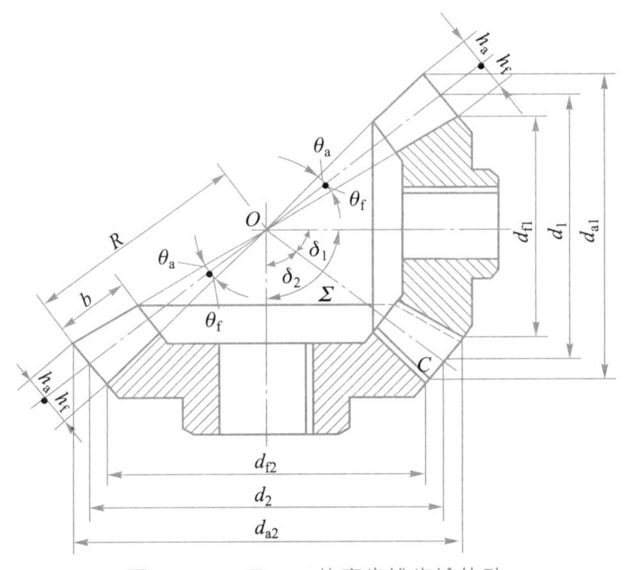

图 4－38 Σ=90°的直齿锥齿轮传动

1. 直齿锥齿轮的基本参数

因为测量较大尺寸时相对误差较小，故以锥齿轮的大端参数为标准，在大端的分度圆上，模数为国家标准规定的模数系列取值，压力角 $\alpha=20°$，齿顶高系数 $h_a^*=1$，顶系系数 $c^*=0.2$。

2. 直齿圆锥齿轮的正确啮合条件

（1）大端模数相等，即 $m_1=m_2=m$。

（2）压力角相等，即 $\alpha_1=\alpha_2=\alpha=20°$

（3）轴交角等于两个分度圆锥角 δ_1 和 δ_2 之和，即 $\sum=\delta_1+\delta_2=90°$。

4.3.8 齿轮的结构

齿轮的结构因其直径不同而异。当齿轮的齿根圆与轴直径相差很小时，可以将齿轮和轴做成一体，称为齿轮轴，如图 4－39 所示。

当顶圆直径 $d_a \leqslant 200$ mm，一般制成实心结构如图 4－40 所示。

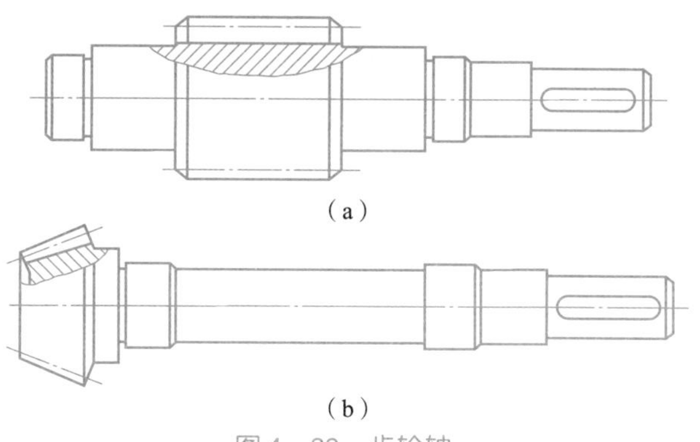

图 4-39　齿轮轴

(a) 圆柱齿轮轴；(b) 锥齿轮轴

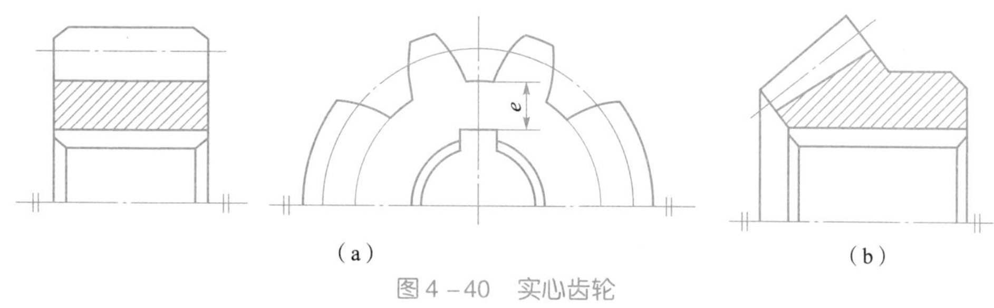

图 4-40　实心齿轮

当齿顶圆直径 $d_a=200\sim500$ mm 时，为减轻质量，可采用腹板式结构，如图 4-41 所示。腹板上开孔的数目按结构尺寸大小及需要而定。

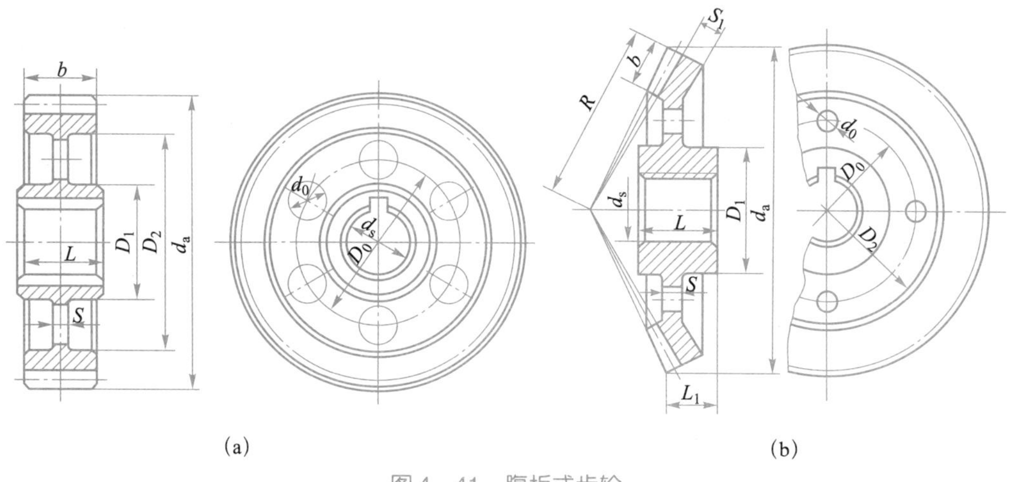

图 4-41　腹板式齿轮

(a) 圆柱齿轮；(b) 锥齿轮

4.3.9　齿轮传动的润滑

半开式及开式齿轮传动或速度较低的闭式齿轮传动，可采用人工定期添加润滑油或润滑脂进行润滑。

闭式齿轮传动通常采用油润滑，其润滑方式根据齿轮的圆周速度 v 而定。当 $v\leqslant12$ m/s 时，

通常采用油池润滑，大齿轮浸入油池一定的深度，齿轮转动时把润滑油带到啮合区，如图 4-42（a）所示。齿轮浸油深度可根据齿轮的圆周速度大小而定，对圆柱齿轮通常不宜超过一个齿高，但一般亦不应小于 10 mm；对圆锥齿轮应浸入全齿宽，至少应浸入齿宽的一半。多级齿轮传动中，可采用带油轮把润滑油带到没浸入油池的轮齿齿面上，如图 4-42（b）所示。当齿轮的圆周速度 $v>12$ m/s 时，应采用喷油润滑，用油泵以一定的压力供油，借喷嘴将润滑油喷到齿面上，如图 4-42（c）所示。

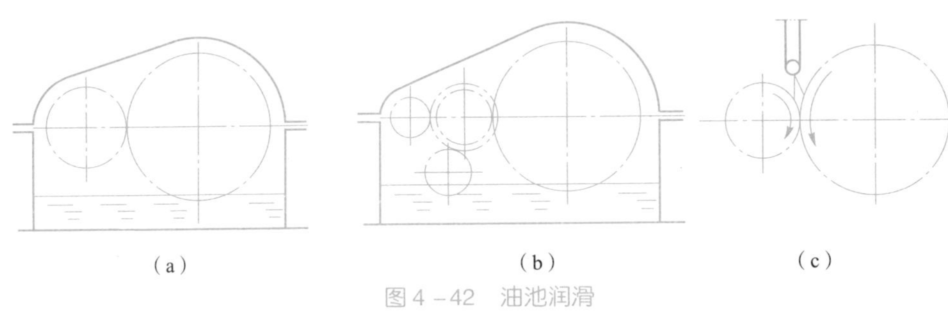

图 4-42　油池润滑

习　题

一、填空题

1. 标准直齿圆柱齿轮传动的啮合条件是________________和____________________。

2. 标准斜齿圆柱齿轮传动的啮合条件是________、________和________。

3. 一般开式齿轮传动的主要失效形式是________和________；闭式齿轮传动的主要失效形式是________和________；闭式软齿面齿轮传动的主要失效形式是________；闭式硬齿面齿轮传动的主要失效形式是________。

4. 在齿轮传动中，齿面疲劳点蚀是由于________的反复作用而产生的，点蚀通常首先出现在________。

5. 齿轮传动的润滑方式主要根据齿轮的________选择。闭式齿轮传动采用油池润滑时的油量根据________确定。

6. 闭式齿轮传动，根据齿轮圆周速度大小不同，通常采用________和________两种方法。

7. 齿轮的结构有________、________和________三种形式。

二、判断题

（　　）1. 模数是无单位的量。

（　　）2. 斜齿圆柱齿轮的端面模数是标准值。

（　　）3. 一对标准斜齿轮啮合时，螺旋角大小必须相等且旋向相同。

（　　）4. 直齿轮传动比斜齿轮传动平稳，冲击小。

（　　）5. 斜齿轮传动会产生轴向力。

(　　) 6. 锥齿轮的大端、小端参数都是标准值。

三、问答题

1. 齿轮传动的类型有哪些?
2. 什么是压力角、分度圆和模数?
3. 齿轮传动的特点是什么?
4. 齿轮传动有哪些啮合特性?
5. 齿轮轮齿的主要失效形式是什么?应采取哪些防范措施?

四、计算题

1. 已知:一直齿轮,$m=3$ mm,$z=20$,试求:h_a、h_f、h、d、d_a、d_f、p。

2. 一对标准直齿轮,中心距 $a=168$ mm,齿数 $z_1=24$,$z_2=60$,试求:i_{12}、m、d_1、d_2、h_a。

3. 已知:一对标准直齿轮,$i_{12}=1.5$,$a=100$ mm,$m=2$ mm,试求这对齿轮的几何尺寸。

4. 已知:备品库内有一标准直齿圆柱齿轮,已知齿数为38,测得顶圆直径为99.85 mm。现准备将它用在中心距为115 mm的传动中,试确定与之配对的齿轮齿数、模数、分度圆直径、齿顶圆直径和齿根圆直径。

4.4 蜗杆传动

4.4.1 概述

蜗杆传动主要由蜗轮和蜗杆组成,用于传递空间两交错轴之间的回转运动和动力,通常两轴交错角为90°,如图4-43所示。蜗杆传动广泛用于各种机械设备和仪表中,通常作为减速装置。

1. 蜗杆、蜗轮

蜗杆传动中的蜗杆有多种形式,目前工程上常用的为阿基米德蜗杆,其外形类似于梯形螺杆,有单头、双头和多头之分,也有左旋和右旋之分,常用右旋蜗杆;蜗轮可以看成是一个具有凹形轮缘的斜齿轮,其齿面与蜗杆齿面相共轭。

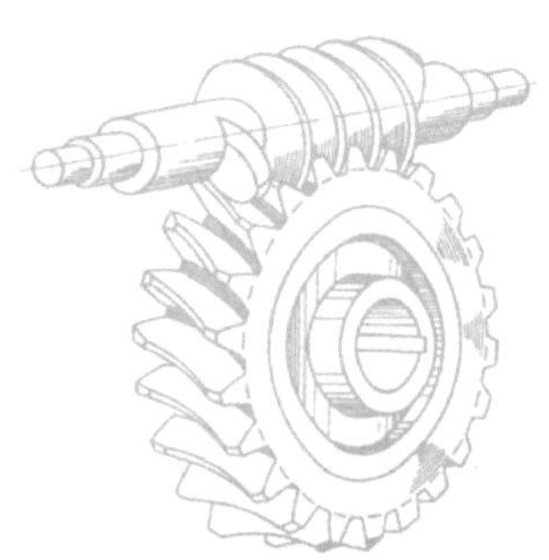

图4-43　蜗杆传动

在蜗杆传动中,一般以蜗杆为主动件。阿基米德蜗杆的端面齿廓为阿基米德螺旋线,轴向齿廓呈齿条形,通过蜗杆轴线并与蜗轮轴线垂直的平面,称为中间平面,如图4-44所示。在中间平面内阿基米德蜗杆具有渐开线齿条的齿廓,与蜗杆啮合的蜗轮齿廓是渐开线,在中间平面内蜗轮与蜗杆的啮合传动相当于渐开线齿轮与齿条的啮合传动。因此蜗杆传动有和齿轮传动相同的重要参数。

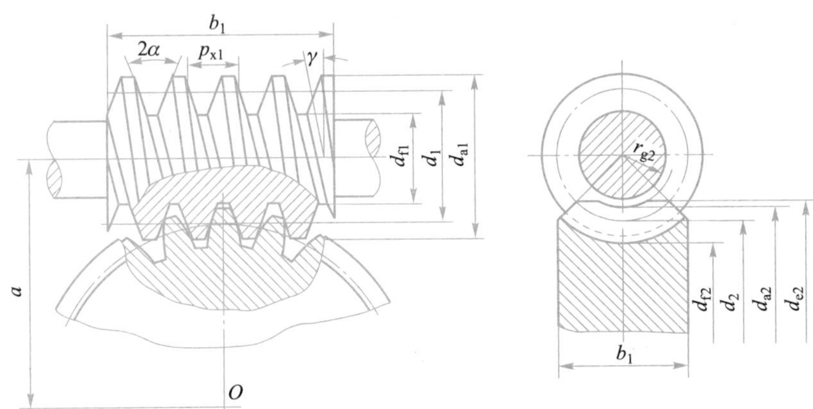

图 4-44　蜗杆传动的中间平面

2. 蜗杆传动回转方向的判定

当已知蜗杆的转向和旋向时，用顺手法则，即蜗杆右旋用右手，左旋用左手。半握拳握住蜗杆的轴线，四指指向与蜗杆回转方向一致，大拇指指向的反方向为蜗轮的回转方向，如图 4-45 所示。

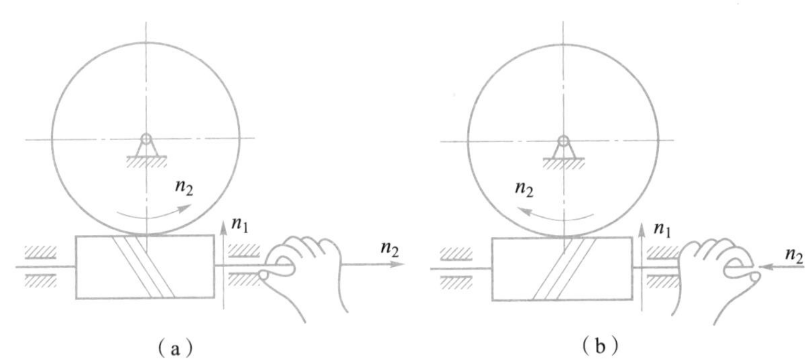

图 4-45　确定蜗轮的回转方向

(a) 右旋；(b) 左旋

4.4.2　蜗杆传动的基本参数、啮合条件和传动比

蜗杆传动在中间平面内的啮合相当于齿条与渐开线齿轮的啮合，因此蜗杆传动均取中间平面上的参数（如模数、压力角）和尺寸为基准。

1. 模数和压力角

蜗杆和蜗轮啮合时，在中间平面内，蜗杆的轴向模数、压力角分别与蜗轮的端面模数、压力角相等；并且蜗杆分度圆上的导程角 γ 与蜗轮分度圆上的螺旋角 β 大小相等、旋向相同，即蜗杆传动的正确啮合条件为

$$\left.\begin{aligned} m_{a1} &= m_{t2} = m \\ a_{a1} &= a_{t2} = a = 20^\circ \\ \gamma &= \beta \end{aligned}\right\} \tag{4-22}$$

2. 蜗杆头数 z_1、蜗轮齿数 z_2 和传动比 i

设蜗杆的头数为 z_1，蜗轮齿数为 z_2，当蜗杆转动一周时，蜗轮被蜗杆推动转过 z_1 个齿，即转过 z_1/z_2 圈。当蜗杆转速为 n_1 时，蜗轮转速为 $n_2=n_1z_1/z_2$。

所以蜗杆传动的传动比为

$$i_{12}=\frac{n_1}{n_2}=\frac{z_2}{z_1} \tag{4-23}$$

式中，n_1、n_2 分别为蜗杆和蜗轮的转速，r/min。

说明：选择蜗杆头数 z_1 时，主要考虑传动比、效率及加工等因素。通常蜗杆头数 $z_1=1$、2、4、6。若要得到大的传动比且要求自锁时，可取 $z_1=1$；当传递功率较大时，为提高传动效率，可采用多头蜗杆，通常取 $z_1=2$、4 或 6。蜗杆的头数与传动比、效率的关系分别见表 4-9 和表 4-10。

表 4-9 蜗杆头数的选取

传动比 i	5~8	7~16	15~32	30~80
蜗杆头数 z_1	6	4	2	1

表 4-10 普通圆柱蜗杆传动的效率

蜗杆头数 z_1	1	2	4 或 6	要求反行程自锁时
传动效率 η	0.70~0.75	0.75~0.82	0.82~0.92	<0.5

4.4.3 蜗杆和蜗轮的材料与结构

1. 蜗杆材料与结构

蜗杆通常与轴做成一体，称蜗杆轴。蜗杆轴分为车制和铣制两种形式。图 4-46（a）所示为铣制蜗杆，在轴上直接铣出螺旋部分，刚性较好。图 4-46（b）所示为车制蜗杆，刚性稍差。蜗杆轴一般采用碳钢或合金钢制造，并经过淬火或调制处理。

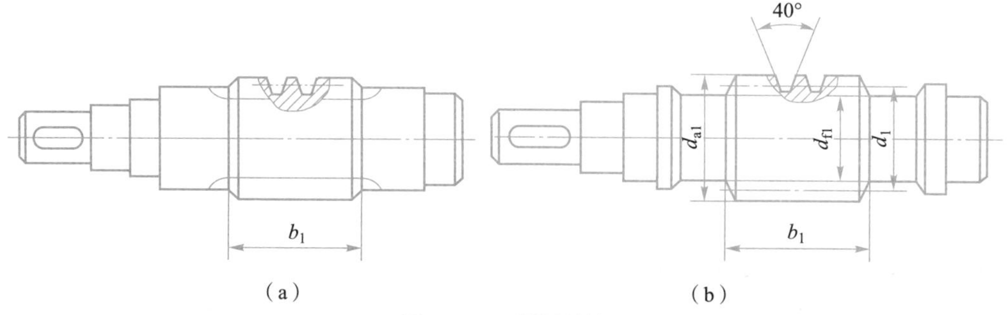

图 4-46 蜗杆结构

2. 蜗轮材料与结构

蜗轮常用锡青铜、无锡青铜或铸铁制造，使其具有良好的减摩性、耐磨性。近年来，随着塑料工业的发展，也可用尼龙或增强尼龙来制造蜗轮。

蜗轮常见的结构有整体式和组合式两种。小尺寸蜗轮可以制成整体式的，如图 4 -47（a）所示。但当蜗轮尺寸较大时，为了节约贵重有色金属，应采用组合式结构，即齿圈用青铜制成，而轮芯用铸铁或钢制成，如图 4 -48 所示。组合式结构中的齿圈与轮芯可采用过盈配合连接，如图 4 -48（a）所示；为了增加过盈配合的可靠性，可沿着接合缝圆周上拧上 4 ~ 8 个螺钉，如图 4 -48（b）所示；为便于钻孔，螺钉孔中心线应向材料较硬的一边偏移 2 ~ 3 mm。当蜗轮直径较大时，齿圈与轮芯最好采用铰制孔用螺栓连接［见图 4 -48（c）］，这种结构由于装拆方便还可用于磨损后需要更换齿圈的场合。

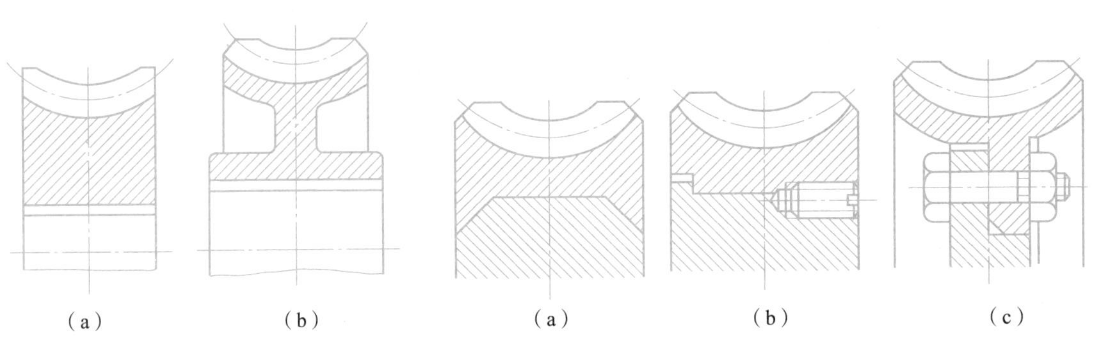

图 4 -47　整体式蜗轮

图 4 -48　组合式蜗轮

3. 传动效率低

蜗杆传动中，蜗杆和蜗轮之间存在着剧烈的滑动摩擦，所以发热量大，传动效率低。一般蜗杆传动的效率 $\eta=0.7\sim0.8$，具有自锁的蜗杆传动，其效率 $\eta<0.5$。传动效率限制了传递功率，因此蜗杆传动不适用于大功率连续传动。

4. 成本高

为了提高蜗杆传动的效率，减少传动中的摩擦，除应具有良好的润滑和冷却条件外，蜗轮常采用青铜等减摩材料制造，因而成本较高。

4.4.4　蜗杆传动特点与维护

1. 蜗杆传动的特点

与齿轮传动相比，蜗杆传动的主要特点为：

（1）传动比大，结构紧凑。

蜗杆传动与齿轮传动一样能够保证准确的传动比，而且可以获得很大的传动比。蜗杆传动中，蜗杆头数 $z_1=1\sim6$，在蜗轮的齿数 z_2 较少的情况下，单级传动就能得到较大的传动比。用于动力传动时，传动比为 $i=10\sim30$；用于分度机构时可达 $i=600\sim1\,000$，这样大的传动比，如用齿轮传动则需要采用多级传动才能获得。因此，在传动比较大时，蜗杆传动具有结构紧凑的特点。

（2）传动平稳，噪声低。

由于蜗杆齿为连续的螺旋齿，与蜗杆的啮合是逐渐进入和退出，而且同时啮合的齿数较多，因此，蜗杆传动平稳、噪声低。

（3）具有自锁性。

当蜗杆的导程角小于蜗杆副材料的当量摩擦角时，蜗杆传动具有自锁性。此时，只能由蜗杆带动蜗轮，而不能由蜗轮带动蜗杆。这一特性用于起重机械中，能起到安全保护作用。如图4－49所示手动起重装置（俗称手动葫芦），就是利用蜗杆的自锁特性使重物停留在任意位置上，而不会自动下落。单头蜗杆的导程角较小，一般取$\gamma<5°$，大多具有自锁性。

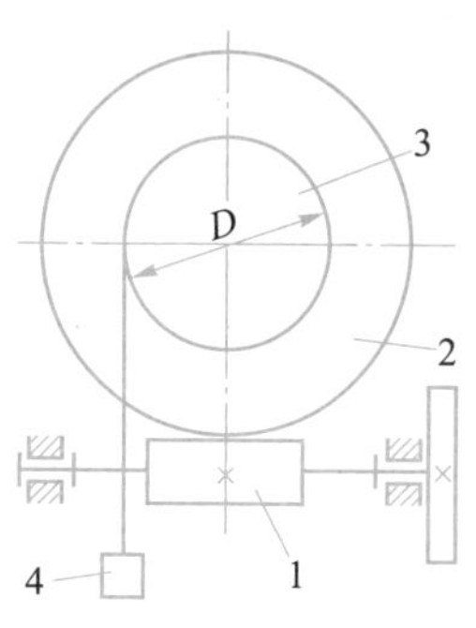

图4－49　蜗轮的自锁性

1—蜗杆；2—蜗轮；3—卷筒；4—重物

（4）传动效率低。

蜗杆传动中，蜗杆和蜗轮之间存在着剧烈的滑动摩擦，所以发热量大，传动效率低。一般蜗杆传动的效率$\eta=0.7\sim0.8$，具有自锁的蜗杆传动，其效率$\eta<0.5$。传动效率限制了传递功率，因此蜗杆传动不适用于大功率连续传动。

（5）成本高。

为了提高蜗杆传动的效率，减少传动中的摩擦，除应具有良好的润滑和冷却条件外，蜗轮常采用青铜等减摩材料制造，因而成本较高。

2. 蜗杆传动的润滑

蜗杆传动齿面间有较大的滑动速度，为提高传动效率，降低齿面工作温度，避免胶合及减少摩擦、磨损，蜗杆传动的润滑就显得特别重要。

闭式蜗杆传动的润滑方式有两种：油池润滑或喷油润滑。

开式蜗杆传动的润滑采用手工周期性润滑。

3. 蜗杆传动的降温措施

由于蜗杆传动齿面间相对滑动速度大，所以发热量大，如果不及时散热，会引起润滑不良而产生胶合。

如果油温超过限定温度（75～85 ℃），可以采取下列措施降温：

（1）在箱体外铸出或焊上散热片，以增大散热面积；

（2）在蜗杆轴端安装风扇强制通风，如图4－50（a）所示；

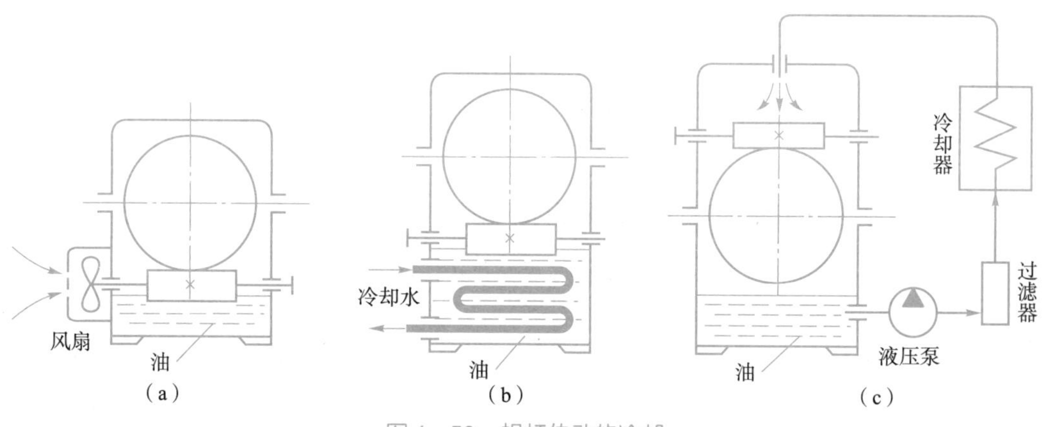

图4－50　蜗杆传动的冷却

（a）风扇冷却；（b）蛇形管冷却；（c）压力喷油循环冷却

（3）在油池中安装蛇形冷却水管，如图4－50（b）所示；或用压力喷油循环冷却，如图4－50（c）所示。

习 题

一、填空题

1. 在蜗杆传动中，蜗杆头数越少，则传动效率越________，自锁性越________。一般蜗杆头数取________。

2. 蜗杆传动中，产生自锁的条件是________。

3. 蜗杆传动时蜗杆的螺旋线方向应与蜗轮螺旋线方向________；蜗杆的________角应等于蜗轮的螺旋角。

4. 阿基米德蜗杆传动在中间平面相当于________与________相啮合。

5. 蜗轮常见的结构有________和________两种。

二、判断题

（　　）1. 与齿轮传动相比，传动比可以较大不能作为蜗杆传动的优点。

（　　）2. 在蜗杆传动中，当其他条件相同时，增加蜗杆头数 z_1，则传动效率提高。

（　　）3. 起吊重物用的手动蜗杆传动，宜采用单头、小导程角的蜗杆。

（　　）4. 蜗杆通常与轴做成一体，称为蜗杆轴。

（　　）5. 蜗杆传动中常用的是阿基米德蜗杆传动。

4.5 轮　　系

4.5.1 轮系及其分类

在机械传动中，只用一对齿轮传动往往难以满足工作要求。为了获得较大的传动比，或者为了变速、换向，一般需要采用多对齿轮进行传动，这种由多对齿轮组成的传动系统称为轮系。

按照轮系运动时各齿轮的轴线位置是否固定，轮系分为定轴轮系和行星轮系两种基本类型。

1. 定轴轮系

当轮系运转时，所有齿轮的几何轴线均固定，这种轮系称为定轴轮系，如图4－51所示。

2. 行星轮系

轮系在运转时，至少有一个齿轮的几何轴线是绕另一个齿轮的几何轴线转动的，这种轮

系称为行星轮系，如图4-52所示。轴线不动的齿轮称为太阳轮（齿轮1），轴线运动的齿轮称为行星轮（齿轮2），支撑行星轮的构件H称为行星架。

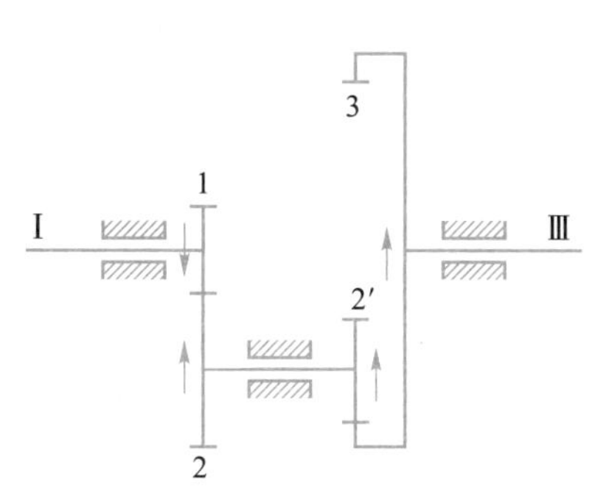

图4-51　定轴轮系

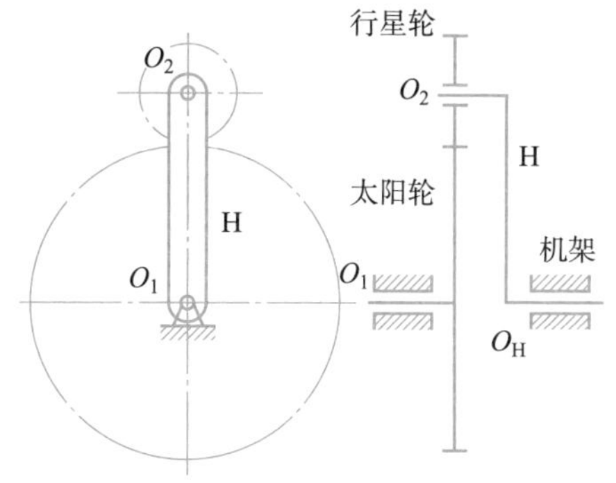

图4-52　行星轮系

4.5.2　定轴轮系的传动比

1. 轮系的传动比

轮系的传动比是指轮系中首末两轮的角速度或转速之比，常用字母 i_{1K} 表示，即

$$i_{1K}=\frac{\omega_1}{\omega_K}=\frac{n_1}{n_K} \tag{4-24}$$

式中：i_{1K}——轮1与轮 K 的传动比。

确定一个轮系的传动比包含以下两个方面：

（1）计算传动比的大小；

（2）确定输出轮的转动方向。

2. 定轴轮系传动比的计算

1）单级传动的传动比

（1）传动比大小的计算。

设主动轮1的转速和齿数为 n_1、z_1，从动轮2的转速和齿数为 n_2、z_2，其传动比大小为

$$i_{12}=\frac{n_1}{n_2}=\frac{z_2}{z_1} \tag{4-25}$$

对蜗杆而言，式中 z_1 指蜗杆的头数，z_2 指蜗轮的齿数。

（2）从动轮转向的确定。

从动轮的转向可用画箭头的方法确定。箭头方向表示齿轮看得见一侧的运动方向，一对外啮合圆柱齿轮转向相反，如图4-53（a）所示；一对内啮合圆柱齿轮转向相同，如图4-53（b）所示；一对锥齿轮传动，可用两箭头同时指向或背离啮合处来表示两轮的实际转向，如图4-54所示；一对蜗杆传动转向，可根据蜗轮蜗杆的转向关系的有关规则确定，如图4-55所示。

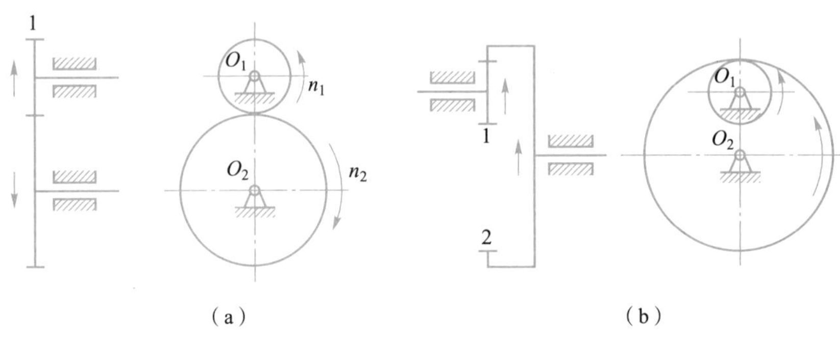

图 4-53　圆柱齿轮传动

(a) 外啮合；(b) 内啮合

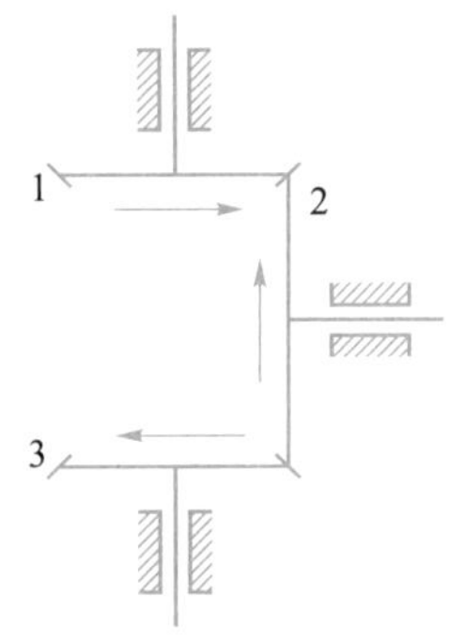

图 4-54　圆锥齿轮传动

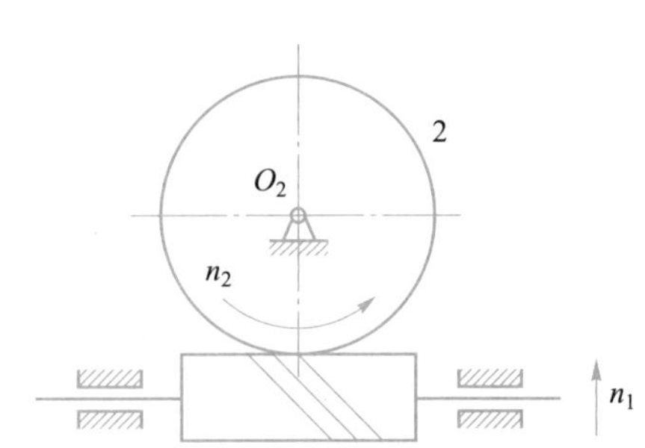

图 4-55　蜗杆传动

2）定轴轮系的传动比

（1）传动比大小的计算。

在图 4-56 所示的定轴轮系中，齿轮 1 为始端主动轮，齿轮 5 为末端从动轮，根据定义，轮系传动比为

$$i=\frac{n_1}{n_5} \tag{4-26}$$

设各齿轮齿数分别为 z_1、z_2、z_2'、z_3、z_4、z_4'、z_5，可以看出共有 4 对相互啮合的齿轮对，1—2，2′—3，3—4，4′—5，各对齿轮传动的传动比大小分别为

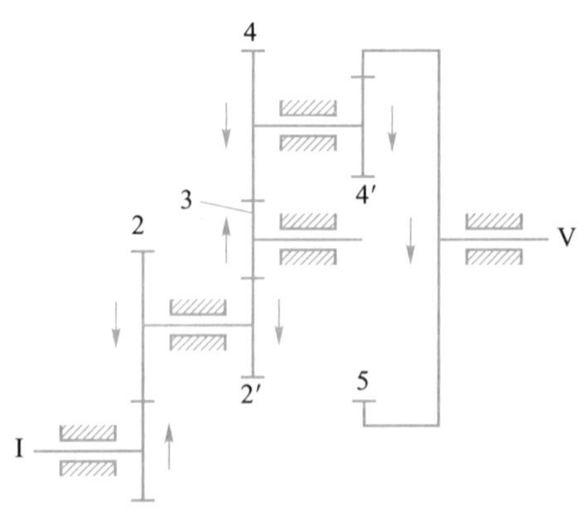

图 4-56　定轴轮系传动比分析

$$i_{12}=\frac{\omega_1}{\omega_2}=\frac{n_1}{n_2}=\frac{z_2}{z_1}$$

$$i_{2'3}=\frac{\omega_{2'}}{\omega_3}=\frac{n_{2'}}{n_3}=\frac{z_3}{z_{2'}}$$

$$i_{34}=\frac{\omega_3}{\omega_4}=\frac{n_3}{n_4}=\frac{z_4}{z_3}$$

$$i_{4'5}=\frac{\omega_{4'}}{\omega_5}=\frac{n_{4'}}{n_5}=\frac{z_5}{z_{4'}}$$

将上述各级传动比相乘，则

$$i_{12}i_{2'3}i_{34}i_{4'5}=\frac{\omega_1}{\omega_2}\cdot\frac{\omega_{2'}}{\omega_3}\cdot\frac{\omega_3}{\omega_4}\cdot\frac{\omega_{4'}}{\omega_5}=\frac{n_1}{n_2}\cdot\frac{n_{2'}}{n_3}\cdot\frac{n_3}{n_4}\cdot\frac{n_{4'}}{n_5}=\frac{z_2}{z_1}\cdot\frac{z_3}{z_{2'}}\cdot\frac{z_4}{z_3}\cdot\frac{z_5}{z_{4'}}=\frac{z_2z_4z_5}{z_1z_{2'}z_{4'}}$$

则轮系的传动比为

$$i=\frac{\omega_1}{\omega_2}=\frac{n_1}{n_5}=i_{12}i_{2'3}i_{34}i_{4'5}=\frac{z_2z_4z_5}{z_1z_{2'}z_{4'}}$$

上式表明，定轴轮系的传动比等于各级传动比的连乘积，数值上还等于轮系中所有从动轮齿数的连乘积除以所有主动轮齿数的连乘积；齿轮 3 在轮系中既是从动轮（2′—3 之间），又是主动轮（3—4 之间），这种齿轮称为惰轮（或介轮）。惰轮的齿数对轮系传动比的数值没有影响，但却会改变从动轴的转向。

（2）从动轮转向的确定。

主动轮与从动轮间的转向关系，对于定轴轮系都可用箭头法判定，如图 4－56 所示。

由以上分析可推出定轴轮系传动比的一般计算公式为

$$i_{1K}=\frac{n_1}{n_K}=\frac{\text{所有啮合齿轮的从动轮齿数连乘}}{\text{所有啮合齿轮的主动轮齿数连乘}} \tag{4-27}$$

式中：n_1——首轮转速；

n_K——末轮转速。

【例 4.2】已知如图 4－56 所示的轮系中，各齿轮齿数为 $z_1=22$，$z_2=25$，$z_2'=20$，$z_4=28$，$z_4'=20$，$z_5=132$，$n_1=1\ 350$ r/min，试计算 n_5，并判断其转动方向。

解：因为齿轮 1、2′、3、4′为主动轮，齿轮 2、3、4、5 为从动轮，由式（4－27）求得

$$i_{15}=\frac{z_2z_4z_5}{z_1z_{2'}z_{4'}}=\frac{25\times28\times132}{22\times20\times20}=10.5$$

所以

$$n_5=\frac{n_1}{i_{15}}=\frac{1\ 350}{10.5}=128.6\ (\text{r/min})$$

【例 4.3】如图 4－57 所示卷扬机的传动系统，已知 $z_1=18$，$z_2=38$，$z_2'=20$，$z_3=40$，$z_3'=2$（右旋），$z_4=50$，鼓轮与蜗轮同轴，鼓轮直径 $D=200$ mm。若 $n_1=1\ 450$ r/min，试求重物 G 的运动速度和运动方向。

解：该传动系统是由圆锥齿轮、圆柱齿轮和蜗杆蜗轮组成的空间定轴轮系。欲求重物 G 的运动速度，要先求鼓轮的转速即蜗轮的转速，蜗轮的转速可以通过轮系的传动比求得。

（1）传动比大小根据式（4－25）计算

$$i_{14}=\frac{n_1}{n_4}=\frac{z_2z_3z_4}{z_1z_{2'}z_{3'}}=\frac{38\times40\times50}{18\times20\times2}=105.6$$

鼓轮的转速（即蜗轮的转速 n_4）为

$$n_4=\frac{n_1}{i_{14}}=\frac{1\ 450}{105.6}=13.7\ (\text{r/min})$$

（2）重物 G 的运动速度（即鼓轮的切向速度）为

$$v=\frac{\pi Dn}{60\times1\ 000}=\frac{200\times13.7\pi}{60\times1\ 000}=0.143\ (\text{m/s})$$

（3）重物 G 的运动方向可根据鼓轮即蜗轮的转向确定，蜗轮的转向用画箭头的方法确

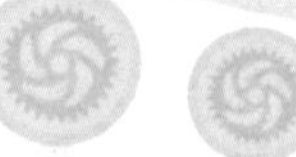

定，如图 4－57 所示，重物向上运动。

4.5.3 轮系的功用

轮系的功用很多，主要有：

1. 实现较远距离的传动

在齿轮传动中，当主从动轴间的距离较远时，如图 4－58 所示，若只用一对齿轮 1、2 来传动，齿轮尺寸很大。若改用两对齿轮 a、b、c、d 组成的轮系来传动，就可使齿轮尺寸小得多。这样，既减小机器的结构尺寸和质量，又节约材料，而且制造安装方便。

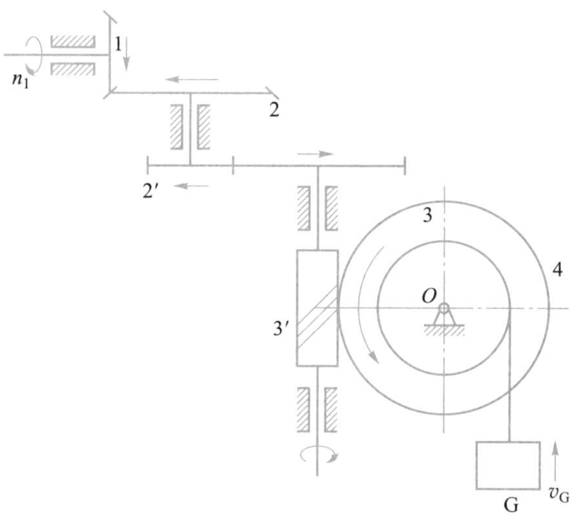

图 4－57　卷扬机传动系统

2. 实现分路传动

利用轮系可以使一根主动轴带动多根从动轴同时转动。如图 4－59 所示机械式钟表的分路传动，动力源 N 通过定轴轮系 1－2 直接带动分针 M；同时，一路通过定轴轮系 2″－3－3′－4 带动时针 H；另一路通过定轴轮系 2′－5－5′－6 带动秒针 S。

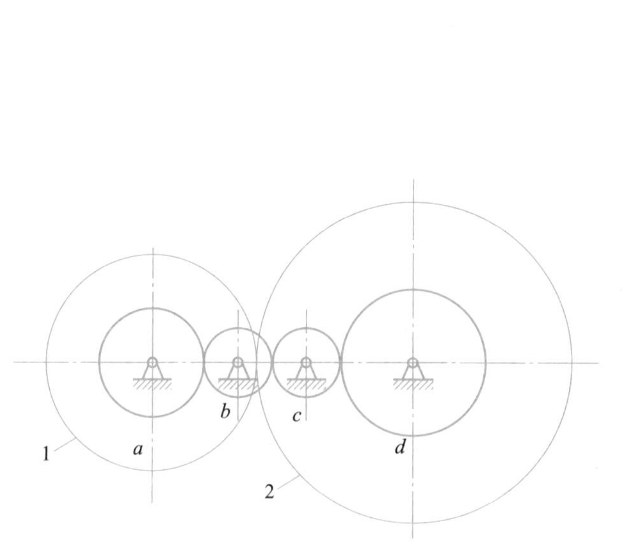

图 4－58　远距离传动

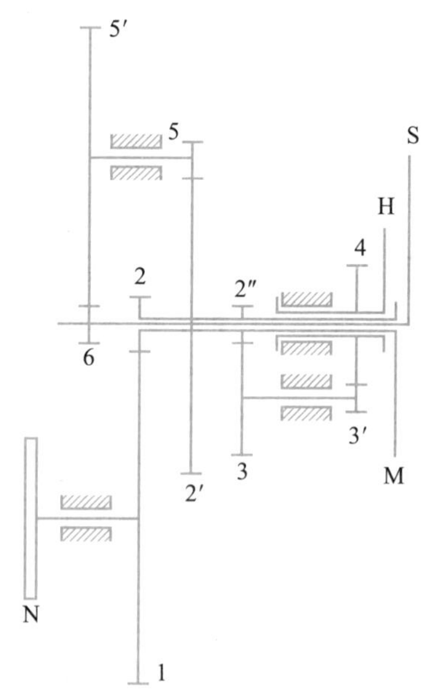

图 4－59　机械式钟表的分路传动

3. 实现变速传动

当主动轴的转速不变时，利用轮系可以使从动轴获得多种不同的转速（包括不同的转向），这种传动称为变速传动。例如汽车变速器、车床主轴箱（见图 4－60）等都属于变速传动。

4. 可获得超大传动比

一对外啮合圆柱齿轮传动，其传动比一般可为 $i=5\sim7$。当两轴之间需要较大的传动比时，采用轮系可实现设计要求，特别是行星轮系，传动比可达 $i=1\ 000$，而且结构紧凑。

图 4-61 所示为大传动比的减速器，当 $z_1=100$，$z_2=101$，$z_{2'}=100$，$z_3=99$ 时，$i_{H1}=10\ 000$。

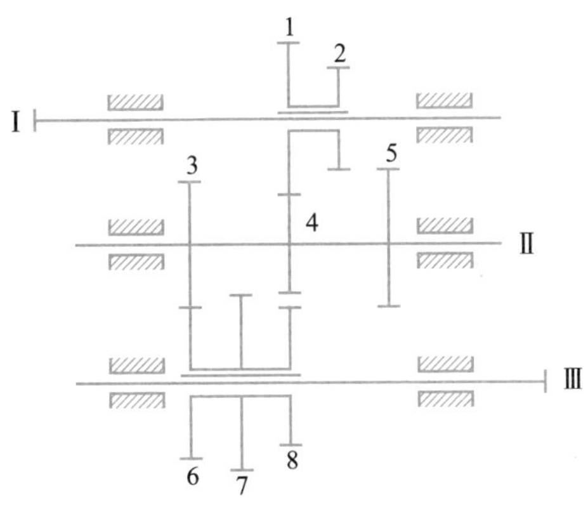

图 4-60　实现变速传动

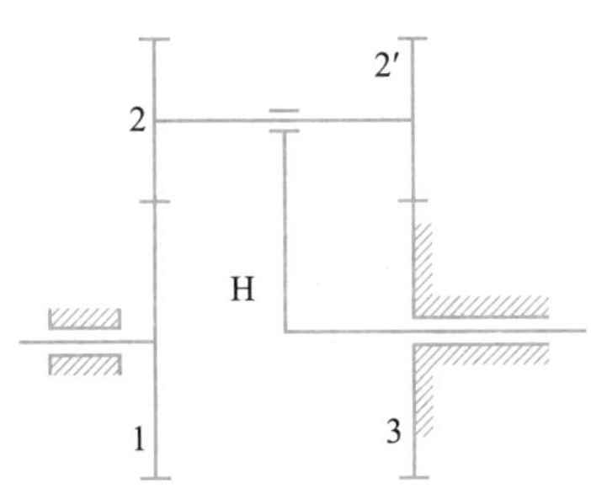

图 4-61　大传动地加减速器

5. 可实现运动的合成

如图 4-62 所示的轮系，输入 1、3、H 中任意两构件的转速可合成第三构件转速。

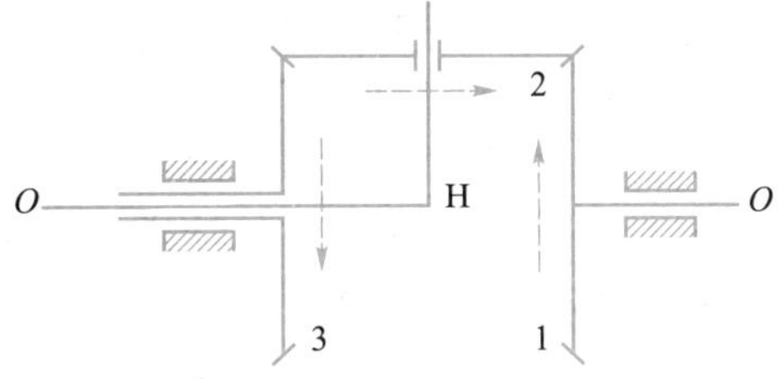

图 4-62　实现运动的合成

6. 可实现运动分解

图 4-63 所示为汽车后桥差速器，当汽车拐弯时，由于外侧车轮的转弯半径比内侧车轮的大，为了使车轮与地面间不发生滑动，以减小轮胎磨损，要求外侧车轮比内侧车轮转得快。这时，齿轮 1 输入一个转速，齿轮 a、b 可输出两个不同的转速，并且齿轮 a、b 的转向也可以改变。

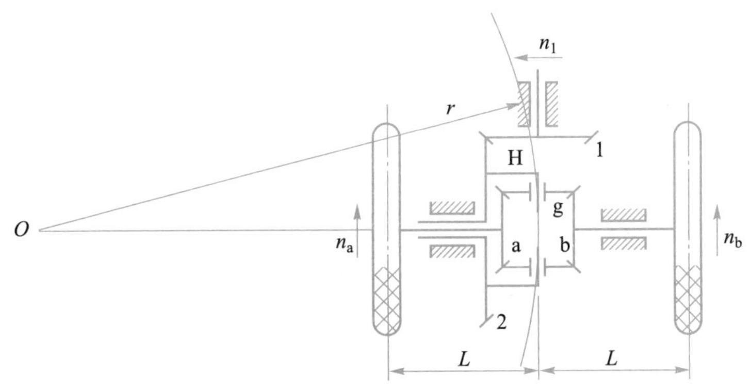

图 4-63　实现运动的分解

习　题

一、填空题

1. 由若干对齿轮组成的传动称为________。

2. 根据轮系中齿轮的几何轴线是否固定，可将轮系分为________轮系和________轮系两种。

3. 在定轴轮系中，每一个齿轮的回转轴线都是________的。

4. 惰轮对________并无影响，但却能改变从动轮的________方向。

5. 轮系中________两轮________之比，称为轮系的传动比。

6. 定轴轮系的传动比，等于组成该轮系的所有________轮齿数连乘积与所有________轮齿数连乘积之比。

7. 轮系可获得________的传动比，并可做________距离的传动。

二、判断题

(　　) 1. 至少有一个齿轮和它的几何轴线绕另一个齿轮旋转的轮系，称为定轴轮系。

(　　) 2. 旋转齿轮的几何轴线位置均不能固定的轮系，称之为行星轮系。

(　　) 3. 定轴轮系首末两轮转速之比，等于组成该轮系的所有从动齿轮齿数连乘积与所有主动齿轮齿数连乘积之比。

(　　) 4. 定轴轮系可以把旋转运动转变成直线运动。

(　　) 5. 轮系传动比的计算，不但要确定其数值，还要确定输入输出轴之间的运动关系，表示出它们的转向关系。

(　　) 6. 用定轴轮系可以实现运动的合成。

三、计算题

1. 在图4-64所示的轮系中，已知各齿轮的齿数 $z_1=20$，$z_2=40$，$z_2'=15$，$z_3=60$，齿轮1为主动轮，转向如图4-64所示，转速 $n_1=100$ r/min，试求 i_{13} 和 n_3 并指出其转动方向。

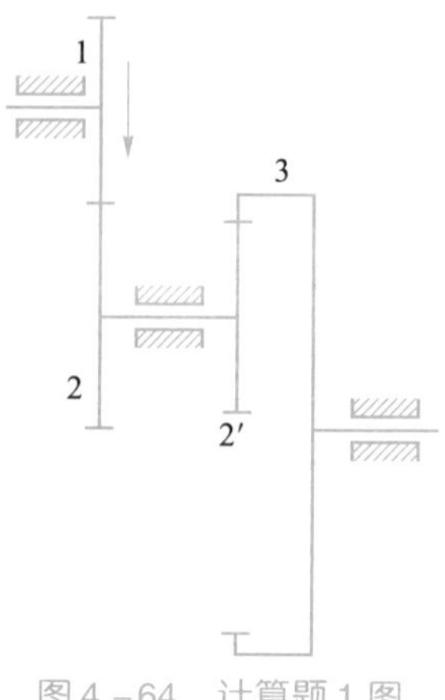

图4-64　计算题1图

2. 在图 4-65 所示的定轴轮系中，已知各齿轮的齿数分别为 $z_1=20$，$z_2=30$，$z_2'=15$，$z_4=45$，$z_4'=15$，$z_5=30$，$z_5'=20$，$z_6=80$，求传动比 i_{16}。

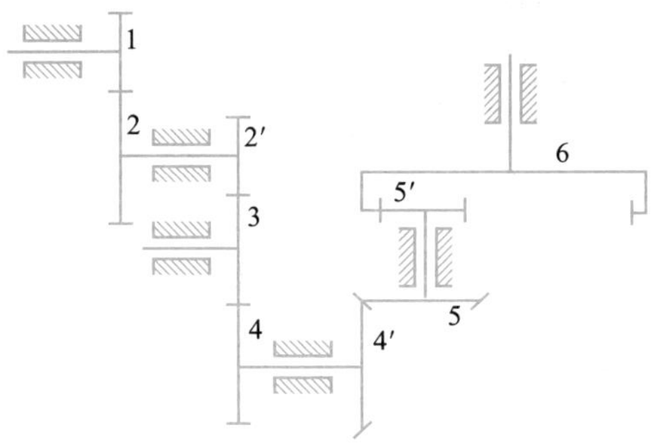

图 4-65 计算题 2 图

3. 在图 4-66 所示的传动装置中，已知各轮齿数为 $z_1=18$，$z_2=36$，$z_{2'}=20$，$z_3=40$，3′为单头右旋蜗杆，4 为蜗轮，$z_4=40$，运动从齿轮 1 输入，$n_1=1\ 000$ r/min，方向如图 4-66 所示。试求蜗轮 4 的转速 n_4，并指出其转动方向。

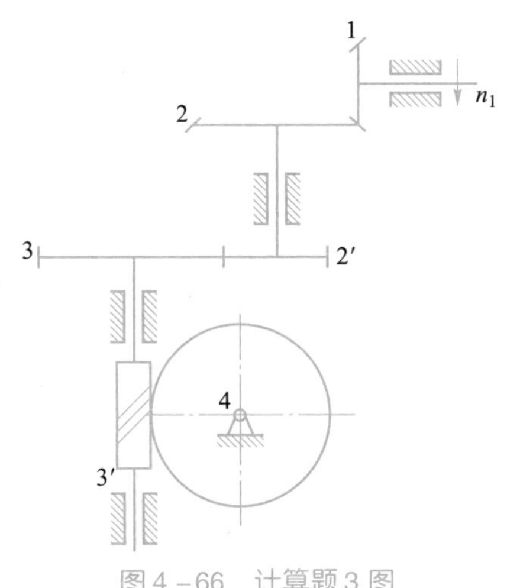

图 4-66 计算题 3 图

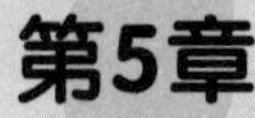 连　接

将两个或两个以上的物体结合在一起的形式称为连接。在机械中，为了便于制造、安装、运输和维修等，广泛地使用了各种连接。连接分为可拆连接和不可拆连接，可拆连接是指无须损坏连接中的任一零件就可拆开的连接，不可拆连接是至少必须毁坏连接中的某一部分才能拆开的连接。本章主要介绍机械中常见的可拆连接。

学习目标

知识目标

- 了解机械中常用的可拆连接（螺纹连接、键连接、花键连接、销连接）的工作原理，了解其结构形式。
- 了解螺纹连接的预紧和防松。
- 掌握键连接的类型、特点和应用场合。
- 了解联轴器和离合器的类型、特点及应用。

能力目标

- 具备螺纹连接的预紧和防松的能力。
- 具备查阅规范的能力。

5.1　螺纹连接的基本类型

5.1.1　螺纹连接的基本类型

螺纹连接是利用螺纹连接件将被连接件连接起来而构成的一种可拆连接，在机械中应用较广。它结构简单、工作可靠、装拆方便。螺纹连接的类型很多，设计时可根据装拆的次数、被连接件的厚度和强度以及机构的尺寸等具体条件来选用。常用的螺纹连接类型有四种：螺栓连接、双头螺柱连接、螺钉连接和紧定螺钉连接。

1. 螺栓连接

可分为普通螺栓连接和铰制孔用螺栓连接两种类型，如图 5－1 所示。

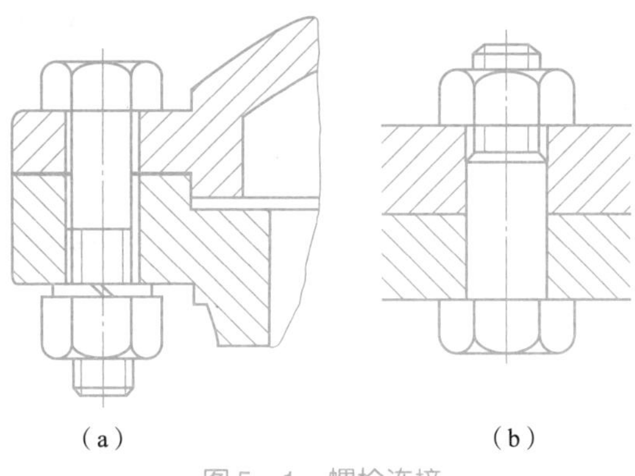

图 5－1 螺栓连接

如图 5－1（a）所示为普通螺栓连接，用螺栓穿过被连接件的光孔，在螺栓的另一端套上垫圈，拧上螺母，把被连接件连接在一起，螺栓主要承受轴向载荷。这种方法无须在被连接件上加工螺纹孔，装拆方便，因而得到广泛应用。这种连接主要用于被连接件不太厚并能从两端拆卸的场合。

如图 5－1（b）所示为铰制孔螺栓连接。孔和螺栓杆部多用基轴制过渡配合，螺栓穿过铰制孔与螺母配合使用。这类螺栓主要用于传递横向载荷或需要精确固定被连接件的相互位置的场合。

2. 双头螺柱连接

如图 5－2 所示，螺柱的两端均有螺纹，一端拧入并紧定在较厚被连接件的螺纹孔，另一端穿过较薄被连接件的通孔，拧上螺母，把机件连接在一起。双头螺柱适用于结构受限制，不能采用螺栓连接，如被连接件之一太厚不宜制成通孔，且需经常拆卸的场合。

3. 螺钉连接

如图 5－3 所示，应用与双头螺柱相似，螺钉穿过被连接件的孔之后，直接拧入另一被连接件的螺纹孔中，无须螺母，在结构上比双头螺柱简单、紧凑。螺钉常用于被连接件之一较厚且无须经常拆卸的场合。

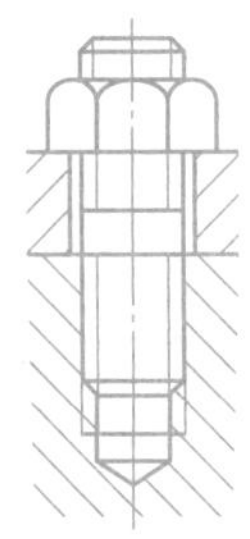
图 5－2 双头螺柱连接

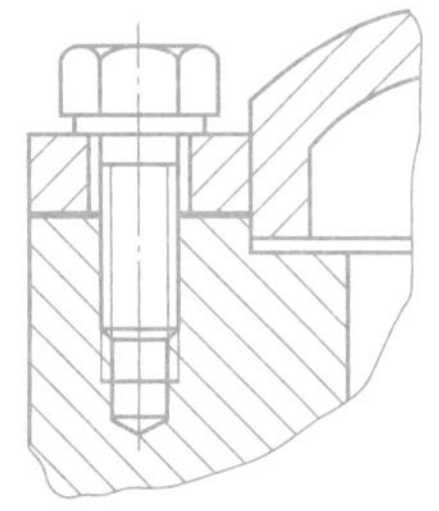
图 5－3 螺钉连接

4. 紧定螺钉连接

如图 5－4 所示，紧定螺钉直接拧入被连接件之一的螺纹孔中，其末端顶住另一被连接件的表面或凹坑中，以固定两个零件的相互位置，并可传递不大的力或转矩。

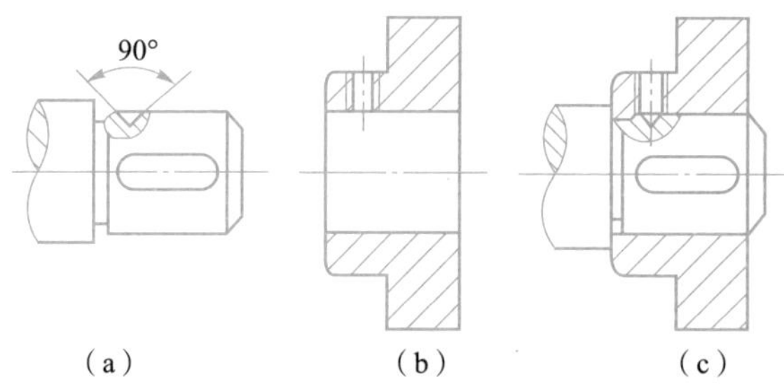

图 5-4 紧定螺钉连接

5.1.2 标准螺纹连接件

螺纹连接件的结构形式和尺寸已经标准化，设计时查有关标准选用即可。常用螺纹连接件的类型、结构特点及应用如表 5-1 所示。

表 5-1 常用螺纹连接件的类型、结构特点及应用

类型	图例	结构特点及应用
六角头螺栓	d l	应用最广。螺杆可制成全螺纹或者部分螺纹，螺距有粗牙和细牙。螺栓头部有六角头和小六角头两种。其中小六角头螺栓材料利用率高、机械性能好，但由于头部尺寸较小，不宜用于装拆频繁、被连接件强度低的场合
双头螺柱	倒角端 倒角端 A型 d_0 d 辗制末端 辗制末端 B型 d_0 d	螺柱两头都有螺纹，两头的螺纹可以相同也可以不相同，螺柱可带退刀槽或者制成腰杆，也可以制成全螺纹的螺柱，螺柱的一端常用于旋入铸铁或者有色金属的螺纹孔中，旋入后不拆卸，另一端则用于安装螺母以固定其他零件
螺钉		螺钉头部形状有圆头、扁圆头、六角头、圆柱头和沉头等。头部的起子槽有一字槽、十字槽和内六角孔等形式。十字槽螺钉头部强度高、对中性好，便于自动装配。内六角孔螺钉可承受较大的扳手扭矩，连接强度高，可替代六角头螺栓，用于要求结构紧凑的场合

续表

类型	图例	结构特点及应用
紧定螺钉		紧定螺钉常用的末端形式有锥端、平端和圆柱端。锥端适用于被紧定零件的表面硬度较低或者不经常拆卸的场合；平端接触面积大，不会损伤零件表面，常用于顶紧硬度较大的平面或者经常装拆的场合；圆柱端压入轴上的凹槽中，适用于紧定空心轴上的零件位置
自攻螺钉		螺钉头部形状有圆头、六角头、圆柱头、沉头等。头部的起子槽有一字槽、十字槽等形式。末端形状有锥端和平端两种。多用于连接金属薄板、轻合金或者塑料零件，螺钉在连接时可以直接攻出螺纹
六角螺母		根据螺母厚度不同，可分为标准型和薄型两种。 薄螺母常用于受剪力的螺栓上或者空间尺寸受限制的场合
圆螺母		圆螺母常与止退垫圈配用，装配时将垫圈内舌插入轴上的槽内，将垫圈的外舌嵌入圆螺母的槽内，即可锁紧螺母，起到防松作用。常用于滚动轴承的轴向固定

续表

类型	图例	结构特点及应用
垫圈	平垫图 斜垫图 h d_1 d_2	保护被连接件的表面不被擦伤，增大螺母与被连接件间的接触面积。斜垫圈用于倾斜的支承面

5.1.3 螺纹连接的预紧和防松

1. 螺纹连接的预紧

在实际工程中，绝大多数的螺纹连接在装配时都必须拧紧，即在承受工作载荷前就事先受到预紧力的作用，这种连接称为紧连接，个别不需要预紧的螺纹连接称为松连接。

预紧的目的是为了增强连接的可靠性、紧密性和刚性。对于一般连接，预紧程度凭经验而定；对于重要连接（如气缸体和气缸盖的连接），当预紧力不足时，在承受工作载荷后，被连接件之间可能会出现缝隙，或者产生相对位移，当预紧力过大时，则可能使连接过载，甚至断裂破坏，因此，对预紧力必须用一定的方法加以控制。控制拧紧力常用的拧紧工具有测力矩扳手、定力矩扳手等（见图 5－5），对于重要的连接，可采用测量螺栓伸长法检查。

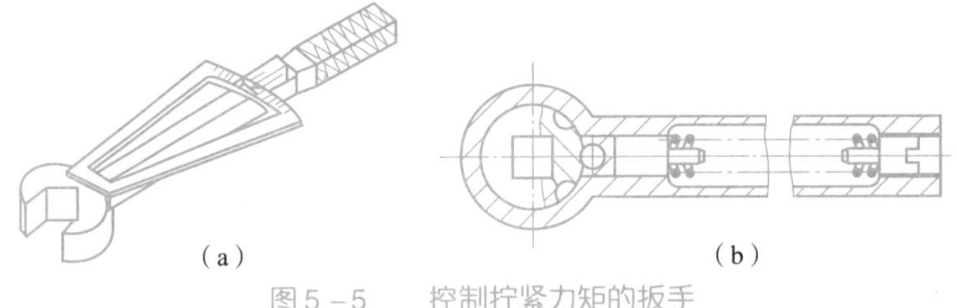

图 5－5　控制拧紧力矩的扳手

对于 M10～M68 的粗牙普通螺纹，拧紧力矩的经验公式为

$$T \approx 0.2F_0 d \qquad (5-1)$$

式中：F_0——预紧力，N；

d——螺栓的公称直径，mm；

T——拧紧力矩，N · mm。

小直径的螺栓装配时应施加小的拧紧力矩，否则螺栓容易被拧断。因此，在重要的连接中，如果不能严格控制预紧力的大小，则不易适用直径小于 M12 的螺栓。

2. 螺纹连接的防松

连接用螺纹一般采用单线螺纹，自锁性好，同时螺栓头部和螺母等支承面处的摩擦力也有防松作用，在静载和常温下，螺纹连接件一般不会发生松动。但在冲击、振动、变载或温度变化很大时，螺纹副间的摩擦力就会减小甚至消失，致使连接逐渐松脱，导致机器不能正

常工作甚至造成重大的人身事故。因此，设计时必须考虑防松措施。

防松就是防止螺纹副产生相对转动，防松的方法很多，按工作原理可分为摩擦力防松、机械方法防松和破坏螺纹副关系防松等三类。

1）摩擦力防松

摩擦力防松的原理：在螺纹副中产生不随外力变化的正压力，形成阻止螺纹副相对转动的摩擦力，这种防松方法适用于机械外部静止构件的连接以及防松要求不严格的场合。常采用双螺母（见图5－6）、弹性挡圈（见图5－7）和自锁螺母（见图5－8）来实现。

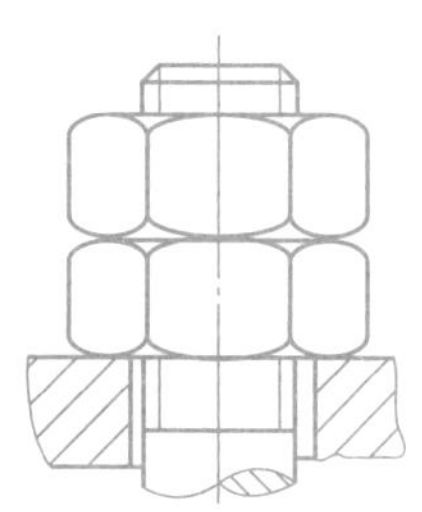

图5－6 双螺母

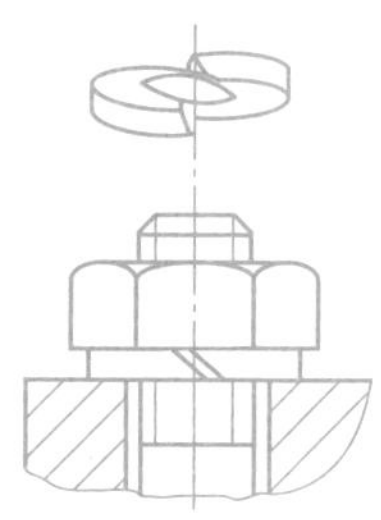

图5－7 弹性挡圈

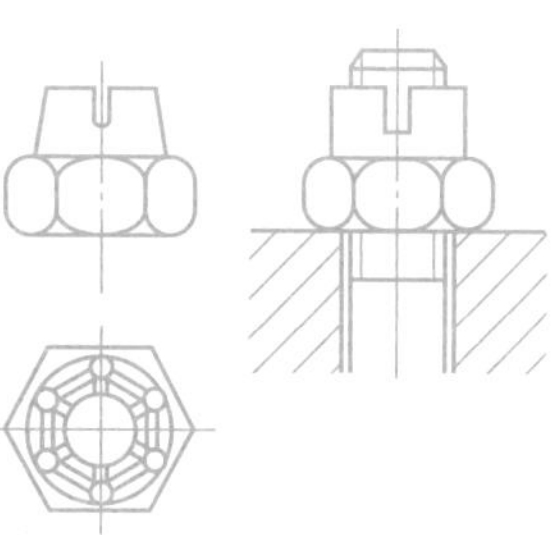

图5－8 自锁螺母

2）机械方法防松

机械防松是利用各种专用的止动件来限制螺纹副的相对转动，常采用开口销与开槽螺母（见图5－9）、止动垫圈（见图5－10）和串联钢丝（见图5－11）等实现。

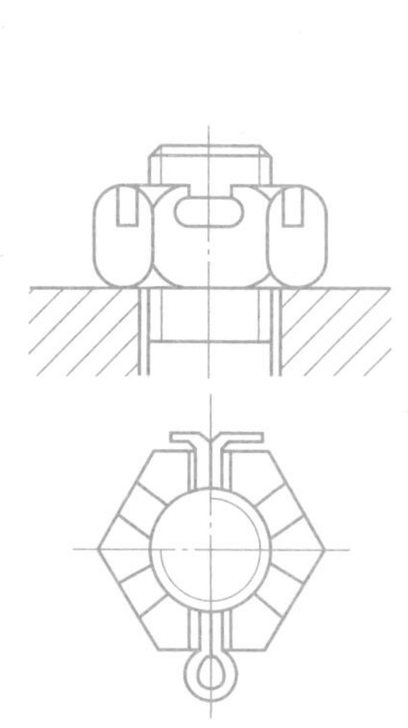

图5－9 开口销与开槽螺母

图5－10 止动垫圈

3）破坏螺纹副关系防松

如果连接无须拆开，可用冲点（见图5－12）、焊接、粘接（见图5－13）等方法将螺纹副转化为非运动副，从而排除相对运动的可能。

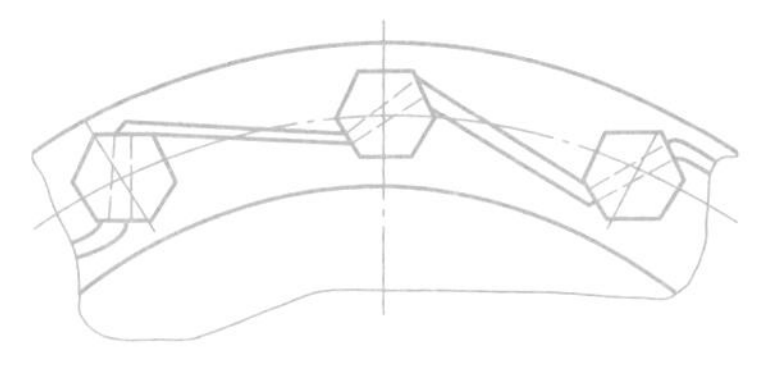

图 5－11　串联钢丝

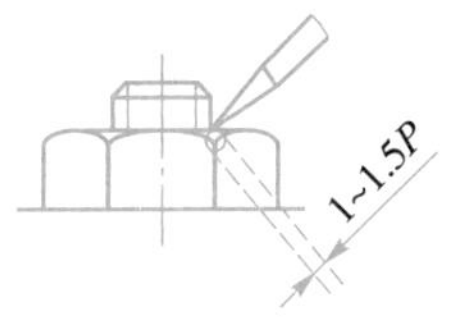

图 5－12　冲点防松法

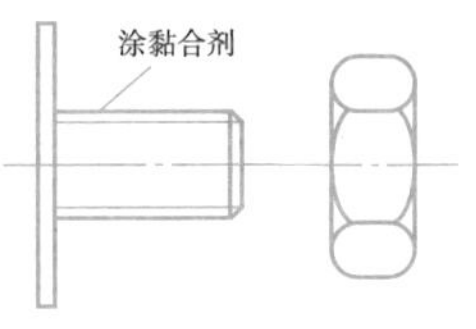

图 5－13　粘接防松法

习　题

一、填空题

1. 圆柱普通螺纹的导程是指同一螺纹线上的________在中径线上________的轴向距离。
2. 圆柱普通螺纹的螺距是指相邻螺牙在中径线上________间的________距离。
3. 导程 P_h 与螺距 P 的关系式为________。
4. 螺纹连接常用的防松方法有________、________和________三类。
5. 在国家标准中，规定普通螺纹的牙型角为________度，公称直径指的是螺纹的________。
6. ________螺纹常用于连接，________螺纹常用于传动。
7. 按牙型的不同螺纹可分为________、________、________和锯齿形螺纹。

二、判断题

(　　) 1. 一般连接多用细牙螺纹。

(　　) 2. 圆柱普通螺纹的公称直径就是螺纹的最大直径。

(　　) 3. 管螺纹是用于管件连接的一种螺纹。

(　　) 4. 三角形螺纹主要用于传动。

(　　) 5. 梯形螺纹主要用于连接。

(　　) 6. 金属切削机床上丝杠的螺纹通常都是采用三角螺纹。

(　　) 7. 双头螺柱连接适用于被连接件厚度不大的连接。

三、简答题

1. 螺纹的主要参数有哪些？螺距与导程有什么不同？
2. 螺栓、双头螺柱和螺钉在应用上有什么不同？紧定螺钉呢？

5.2　键连接和销连接

5.2.1　概述

键连接通过键将轴与轴上零件（如齿轮、凸轮、带轮等）连接在一起，实现轴与轴上

零件的周向固定，以传递转矩。某些类型的键连接还能实现轴和轴上零件的轴向固定或轴向动连接。

键连接是可拆连接，结构简单、工作可靠，装拆方便，并且键已经标准化，不必自行设计，只需根据使用要求和国家标准选用，所以生产中应用广泛，是轴上零件周向固定最常用的方法。

5.2.2 键连接的类型、特点和应用

按其结构特点和工作原理，键连接可分为平键连接、半圆键连接、楔键连接、切向键连接和花键连接等。

1. 平键连接

平键的两侧面是工作面。这种键连接定心性好，装拆方便，能承受冲击或变载荷。工作时靠键与键槽互相挤压与键的剪切传递转矩。键连接按用途分为普通平键、导向平键和滑键三种。

普通平键应用最广，构成静连接。普通平键按端部形状不同分为 A 型（圆头）、B 型（方头）和 C 型（单圆头）三种，如图 5－14 所示。A 型键和 C 型键在轴上的键槽用端铣刀加工，B 型键在轴上的键槽用盘状铣刀加工。与 B 型键相比，A 型键在键槽中易于固定，但轴上键槽的应力集中较大。C 型键常用于轴端处。

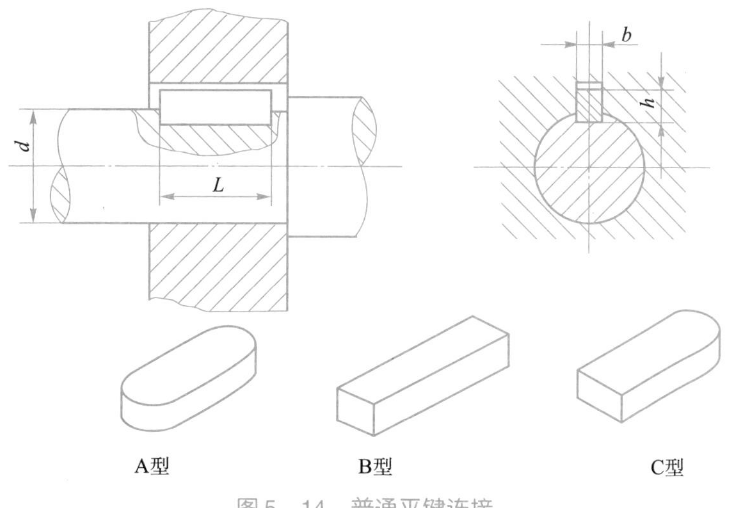

图 5－14 普通平键连接

导向平键用于动连接，由于键较长，需要用螺钉将键固定在键槽中，如图 5－15 所示。为了拆卸方便，在键上设置起键螺孔。

滑键固定在轮毂上，与轮毂一起可沿轴上键槽移动，适用于轮毂沿轴向移动距离较长的场合，如图 5－15 所示。

相关链接：

平键的标记示例：

圆头普通平键（A 型），$b=16$ mm，$h=10$ mm，$L=100$ mm，表示为：键 16×100 GB/T 1096—2003。

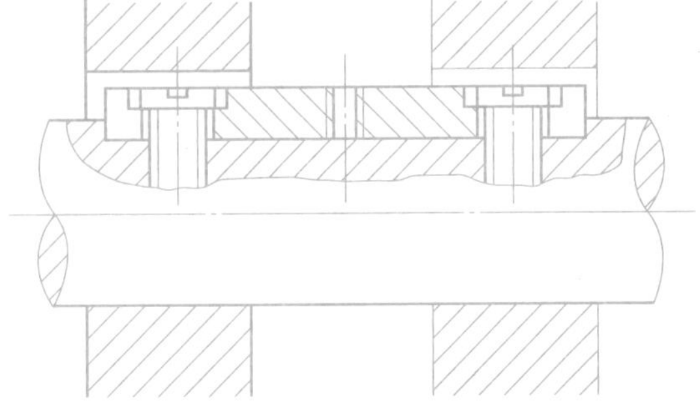

图 5－15　导向平键连接

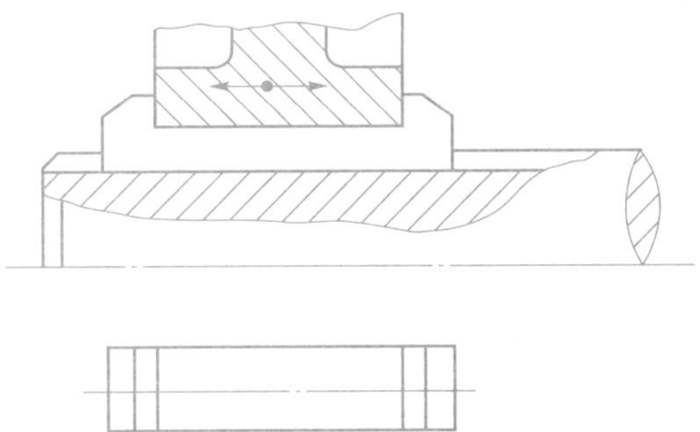

图 5－16　滑键连接

方头普通平键（B 型），$b=16$ mm，$h=10$ mm，$L=100$ mm，表示为：键 B16×100 GB/T 1096—2003。

单圆头普通平键（C 型），$b=16$ mm，$h=10$ mm，$L=100$ mm，表示为：键 C16×100 GB/T 1096—2003。

圆头导向平键（A 型），$b=16$ mm，$h=10$ mm，$L=100$ mm，表示为：键 16×100 GB/T 1096—2003。

方头导向平键（B 型），$b=16$ mm，$h=10$ mm，$L=100$ mm，表示为：键 B16×100 GB/T 1096—2003。

上述标记示例中，A 型普通平键可以省略字母 A。

2. 半圆键连接

半圆键也是以两侧面为工作面，用于静连接。半圆键能在轴上键槽中摆动，以适应轮毂键槽底面的倾斜，便于安装且有良好的自位作用。其缺点是键槽较深，对轴的强度削弱较大，只适用于轻载连接，常用在锥形轴端与毂孔的连接中，如图 5－17 所示。

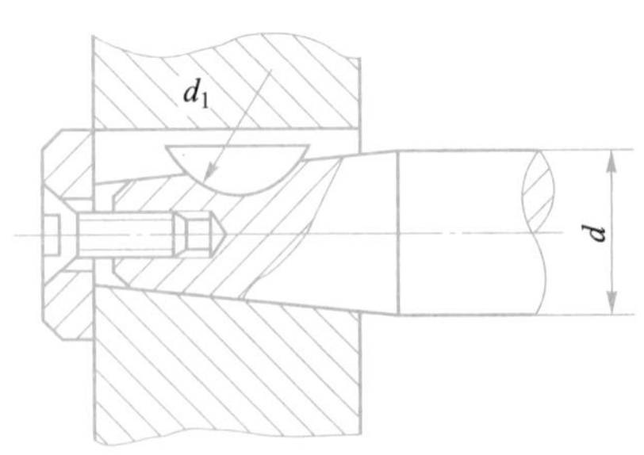

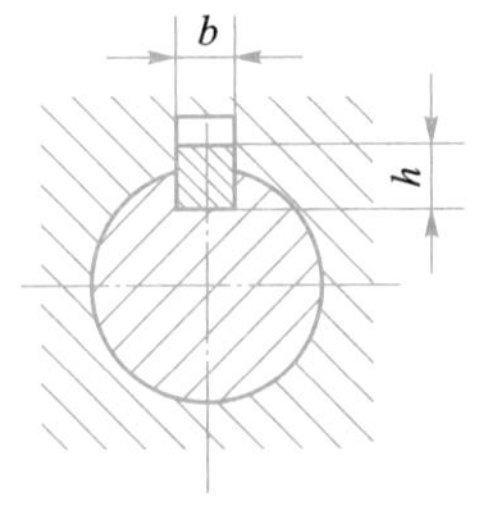

图 5－17　半圆键连接

3. 楔键连接

楔键（见图 5－18）上下面是工作面，键的上表面和轮毂键槽底面各具有 1∶100 的斜度，装配时把楔键打入轴和轮毂的键槽内，使在工作面上产生很大的压紧力 F_N。工作时主要靠楔紧的摩擦力传递转矩，并能承受单方向的轴向力。由于楔键打入时迫使轴和轮毂产生偏心，故多用于对中性要求不高、载荷平稳和转速较低的场合。

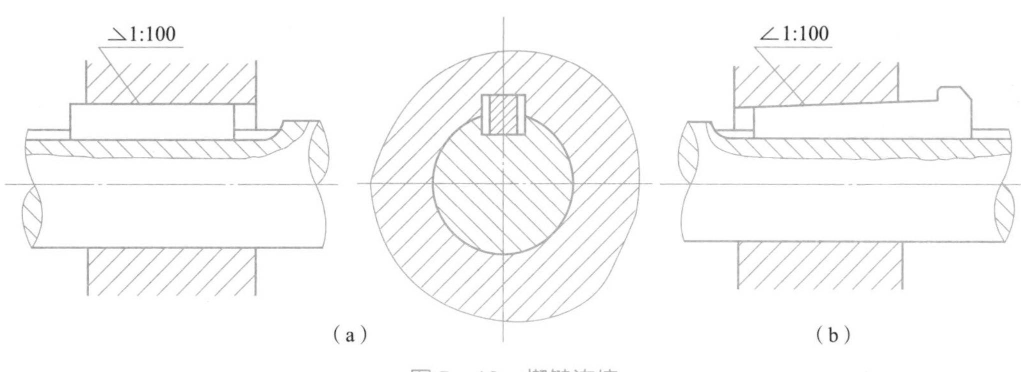

图5－18　楔键连接

（a）普通楔键连接；（b）钩头楔键连接

楔键分为普通楔键和钩头楔键两种，普通楔键有圆头、方头和单圆头三种形式。钩头楔键的钩头供拆卸用。安装在轴端时，应注意加装防护罩。

4. 切向键连接

如图5－19所示，切向键是由一对楔键沿斜面（斜度1：100）拼合而成，上下两工作面没有斜度，并且相互平行。装配时，把两个键从轮毂的两端打入并楔紧，因此会影响到轮毂与轴的对中性。工作时，靠工作面的压紧产生的摩擦力传递转矩。传递单向转矩时，只需一对切向键，传递双向转矩时，则需安装两对互成120°～135°的切向键。切向键的键槽较深，对轴的强度削弱较大，对中性较差，故只适用于对中性和运动精度要求不高、低速、轴径大于100 mm的场合。

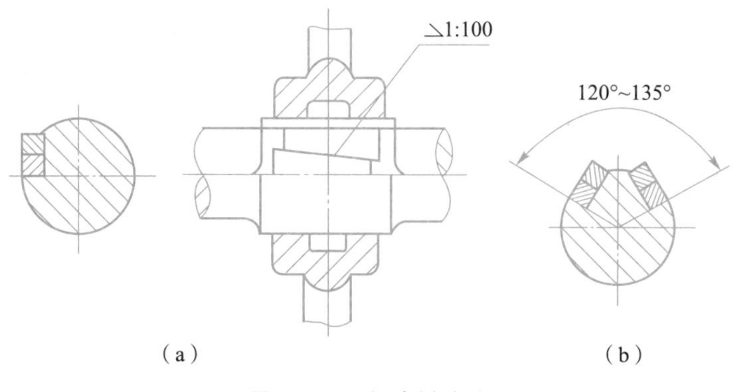

图5－19　切向键连接

5. 花键连接

花键连接由轴上加工出的外花键和轮毂上加工出的内花键组成，如图5－20所示。工作时，靠键齿的侧面互相挤压传递转矩。与平键连接相比，花键连接的优点是对中性、导向性、载荷分布的均匀性较好，而且齿数多，承载能力大，尤其广泛用于动连接。花键连接的缺点是成本高。因此，花键连接适用于定心精度要求高、载荷大或经常滑移的连接。

花键连接已标准化，最常用的花键齿形为矩形和渐开线。

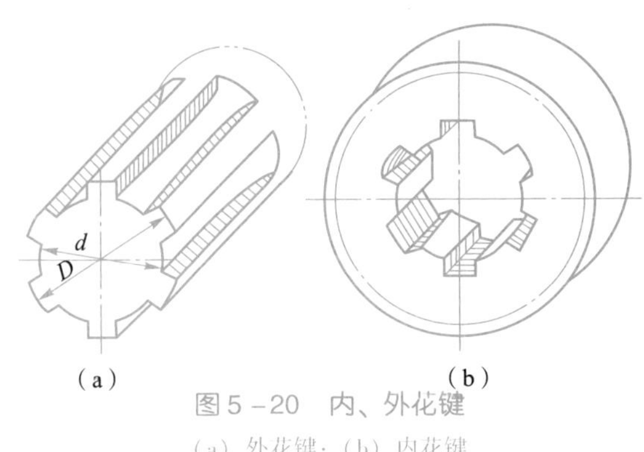

（a）　　（b）

图5－20　内、外花键

（a）外花键；（b）内花键

1）矩形花键

矩形花键的齿廓为直线，如图5－21（a）所示，规格为键数 $N \times$ 小径 $d \times$ 大径 $D \times$ 键宽 B。按键数和键高的不同，矩形花键分为轻、中两个系列。对载荷较轻的连接，可选用轻系列；载荷较大的静连接或动连接，可选用中系列。

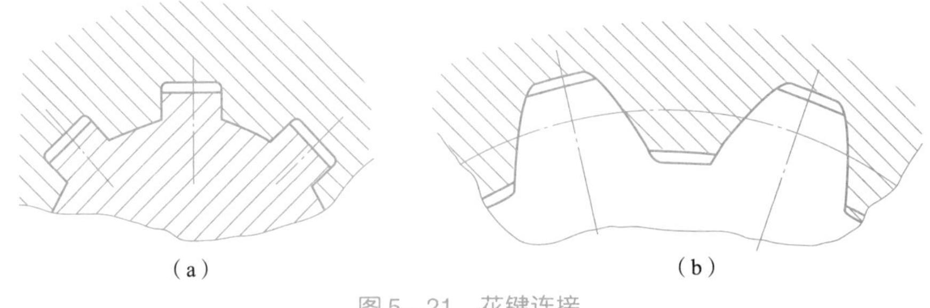
（a）　　（b）

图5－21　花键连接

（a）矩形花键连接；（b）渐开线花键连接

矩形花键由于加工容易，所以得到广泛应用。矩形花键的定心方式有三种：小径 d 定心、大径 D 定心、齿侧（键宽 B）定心如图5－22所示。其中因内花键的小径可用内圆磨床加工，外花键的小径可由专用花键磨床加工，因而定心精度高，定心的稳定性好。

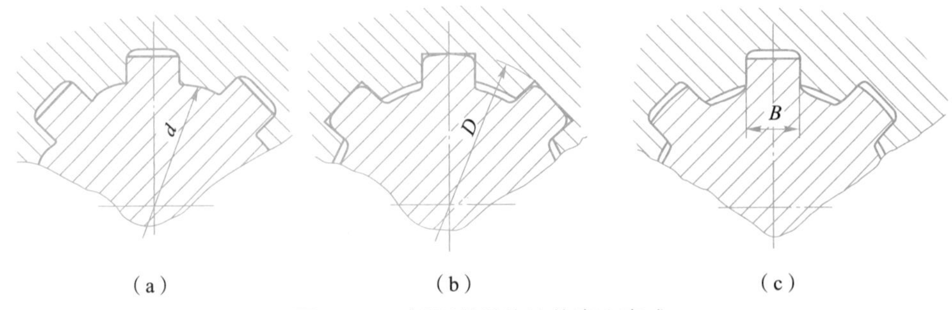

（a）　　（b）　　（c）

图5－22　矩形花键连接的定心方式

（a）小径定心；（b）大径定心；（c）齿侧定心

2）渐开线花键

渐开线花键的齿廓为渐开线，分度圆压力角有30°及45°两种，如图5－21（b）所示。渐开线花键的定心方式为齿形定心。受载时齿上有径向力，能起自动定心作用，有利于各齿受力均匀，强度高，寿命长。用于载荷较大、定心精度要求较高以及尺寸较大的连接，如航空发动

机、燃气轮机、汽车等。压力角为45°的花键多用于轻载、小直径和薄型零件的连接。

5.2.3 销连接

销主要有圆柱销和圆锥销两种。销连接可用来确定零件之间的相对位置、传递运动或转矩，还可用作安全装置中的被切断零件。

1. 定位销

用来确定零件之间的相对位置的销称为定位销，如图5－23所示。对于不经常装拆的定位连接可采用圆柱销，经常拆卸的销可采用圆锥销，因为圆锥销具有1∶50的斜度，使连接具有可靠的自锁性，且可以在同一销孔中，多次拆卸而不影响连接零件的位置精度。定位销通常不受载荷或只受很小的载荷，故不做强度计算，其直径根据结构而定，数量不得少于2个。为方便装拆销连接，或对盲孔做销连接，可采用内螺纹圆锥销或内螺纹圆柱销。

2. 传力销

用来传递运动或转矩的销称为传力销，如图5－24所示，可采用圆柱销或圆锥销，销孔需经铰制。其尺寸应根据结构特点和工作情况，按经验和标准选取，必要时做强度校核。

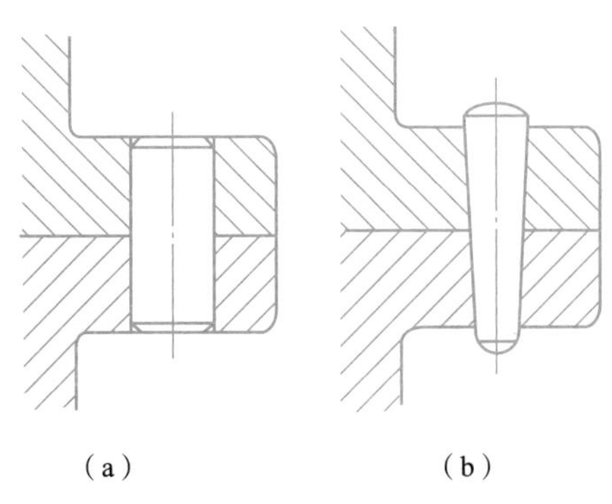

图5－23 定位销

(a) 圆柱销；(b) 圆锥销

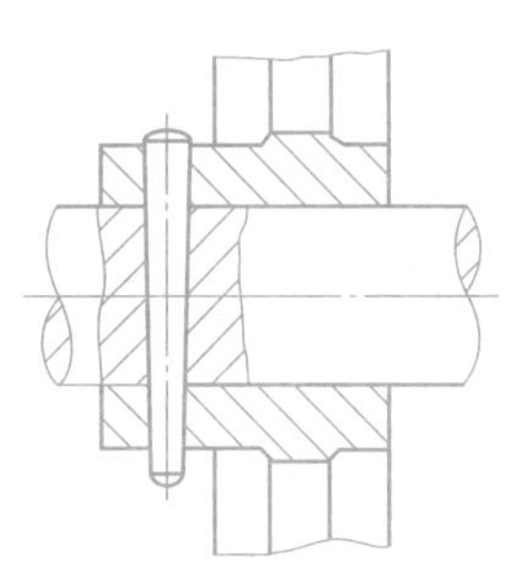

图5－24 传力销

3. 安全销

当传递的动力或转矩过载时，用于连接的销首先被切断，从而保护被连接零件不受损坏，这种销称为安全销。销的尺寸通常以过载20%～30%时即折断为依据。使用时，应注意销切断后不能飞出伤人以及便于更换。

一、填空题

1. 键连接通过________将轴和轴上的零件结合在一起，从而实现________固定，传

递________。

2. 普通平键按端部形状分为________、________和单圆头三种；其中________常用于轴的端部。

3. 销连接按其作用可分为________销、________销和________销。

4. 普通平键的工作面是________，工作时靠____________________传递转矩。

5. 键 20 ×70 GB/T 1095—2003 的含义是__________________________________。

6. 平键是________形截面的连接件，置于轴和轴上零件的键槽内，键的________面为工作面。

二、判断题

(　　) 1. 平键连接可承受单方向的轴向力。

(　　) 2. 普通平键连接能够使轴上零件周向固定和轴向固定。

(　　) 3. 键连接上要用来连接轴和轴上的传动零件，实现周向固定并传递转矩。

(　　) 4. 单圆头普通平键多用于轴的端部。

(　　) 5. 半圆键连接，由于轴上的键槽较深，故对轴的强度削弱较大。

(　　) 6. 键连接和花键连接是最常用的周向固定方法。

(　　) 7. 半圆键连接具有调心性好的特点。

(　　) 8. 楔键连接与平键连接相比，前者对中性好。

(　　) 9. 平键连接的可能失效形式为疲劳点蚀。

(　　) 10. 圆锥销经多次装拆后对定位精度影响较大。

三、问答题

1. 平键连接的工作原理是什么？主要失效形式有哪些？

2. 导向平键连接和普通平键连接有何区别？

3. 半圆键连接有何应用特点？什么情况下宜采用半圆键连接？

4. 什么是花键连接？花键连接由哪些构件组成？常用的花键有哪两类？与平键等单键连接相比较，花键连接有什么特点？

5. 渐开线花键的定心方式有哪些？

6. 试述销连接的特点和应用。

5.3 联轴器和离合器

联轴器和离合器是机械传动中常用的部件，它们主要用来连接轴与轴（或轴与其他回转件），以传递运动和转矩，有时也可用作安全装置。所不同的是，联轴器连接的两轴，在机器的运转过程中，一般不能分开，只有在机器停止转动后，用拆卸的方法才能将它们分离；而离合器连接的两轴，在机器工作过程中可以根据需要通过操纵机构或自动装置随时接合或分离。

5.3.1 联轴器

1. 分类

通过联轴器连接的两轴，由于制造和安装误差、受载变形、温度变化、轴承磨损和机座下沉等原因，可能产生轴线的径向偏移、轴向偏移、角偏移或综合偏移，如图 5－25 所示。因此，要求联轴器在传递运动和转矩的同时，应具有补偿轴向偏移和缓冲吸振的能力。

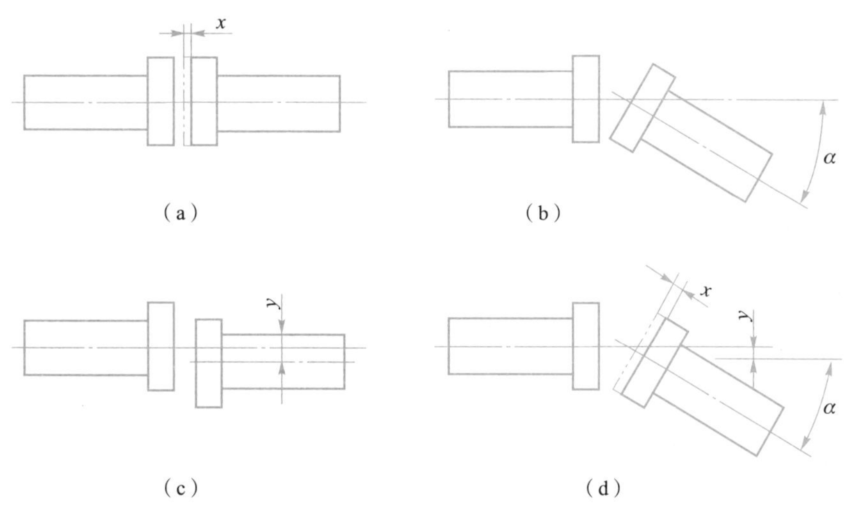

图 5－25 两轴之间的相对位移

（a）轴向偏移 x；（b）角偏移 α；（c）径向偏移 y；（d）综合偏移 x、y、α

按照有无补偿轴线偏移能力，可将联轴器分为刚性联轴器和挠性联轴器两大类。

刚性联轴器是不能补偿两轴相对位移的联轴器，常用的有凸缘联轴器、套筒联轴器等。挠性联轴器是能补偿两轴相对位移的联轴器，又分为无弹性元件挠性联轴器和弹性元件挠性联轴器（包括金属弹性元件挠性联轴器和非金属弹性元件挠性联轴器）两大类。

2. 常用联轴器的结构和特点

1）凸缘联轴器

凸缘联轴器是刚性联轴器中应用最广的一种，其结构如图 5－26 所示。两个带凸缘的半联轴器分别用键和两轴连接，然后用螺栓将两个半联轴器连接成一体。凸缘联轴器要求两轴严格对中，其主要方法有两种：一是用一个半联轴器的凸肩与另一个半联轴器的凹槽互相配合而实现对中，用普通螺栓连接，依靠两个半联轴器的结合面之间的摩擦力来传递转矩，这种对中方式对中性好，但装拆时必须轴向移动；二是两个半联轴器用铰制孔螺栓连接，靠螺栓杆与螺栓孔配合对中，依靠螺栓杆的剪切及其与孔的挤压传递转矩，装拆时轴不必做轴向移动。

凸缘联轴器结构简单，维护方便，能传递较大转矩，但不能补偿两轴相对位移，对两轴的对中性要求较高，没有缓冲和吸振的功能。广泛用于载荷平稳、两轴对中性好、短而刚性好的连接。

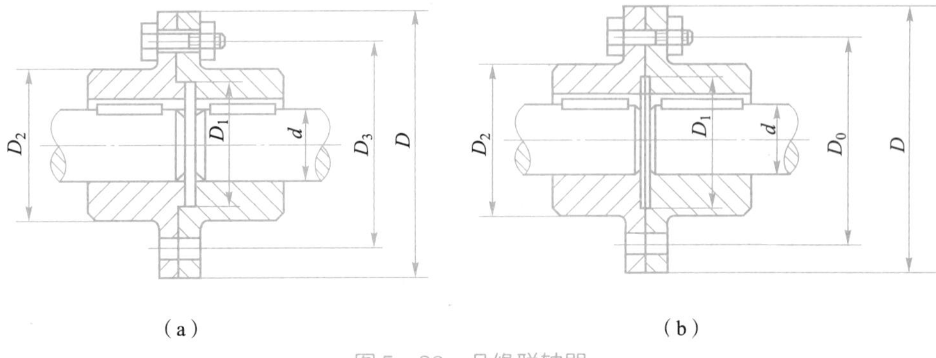

图 5-26　凸缘联轴器

(a) 用凸肩和凹槽对中；(b) 用配合螺栓连接对中

2）套筒联轴器

套筒联轴器通过公用套筒用键或销连接两轴，如图 5-27 所示。套筒联轴器属刚性联轴器，结构简单，径向尺寸小，装拆时一根轴需做轴向移动，没有缓冲和吸振的功能。套筒联轴器常用于载荷平稳、两轴直径较小，两轴对中性精度高的场合。

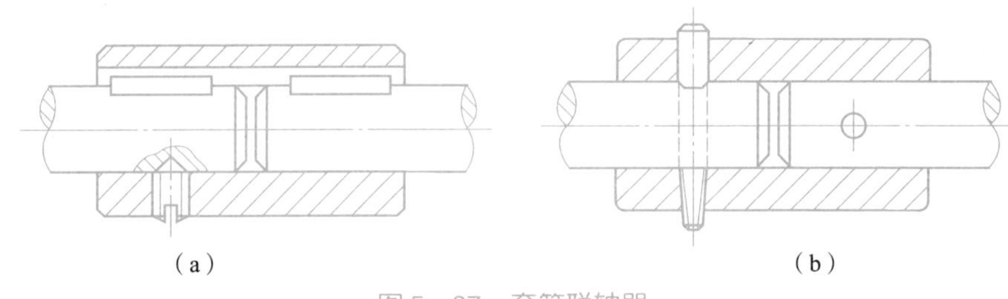

图 5-27　套筒联轴器

(a) 单键连接的套筒联轴器；(b) 销连接的套筒联轴器

3）滑块联轴器

滑块联轴器如图 5-28 所示，利用中间滑块两侧的凸肩与两个半联轴器端面的凹槽配合，实现两轴的连接。当两轴的轴线不重合时，回转时十字滑块的凸肩沿套筒的凹槽滑动，从而实现两轴相对位移的补偿。滑块联轴器可补偿两轴径向位移和角度位移。十字滑块联轴器属无弹性元件挠性联轴器，结构简单，径向尺寸小，但耐冲击能力差。在转速较高时，补偿两轴位移时会引起十字滑块的偏心，产生较大的离心惯性力，所以适用于转速较低、载荷平稳、刚性大的场合。

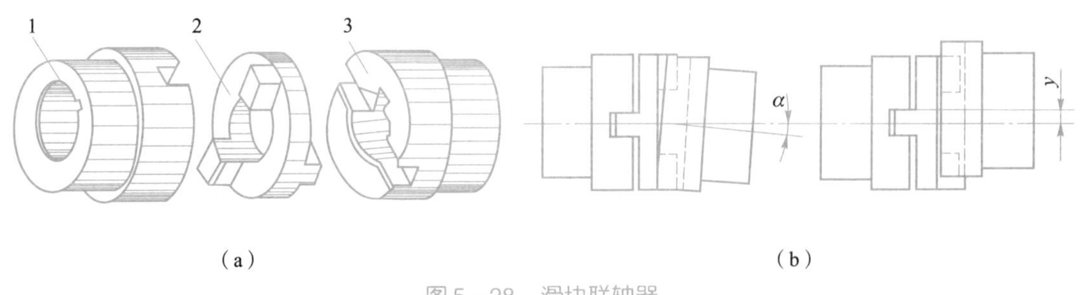

图 5-28　滑块联轴器

1—左套筒；2—十字滑块；3—右套筒

4）鼓形齿联轴器

鼓形齿联轴器属无弹性元件挠性联轴器，其结构如图 5－29 所示，两个带外齿的内套筒通过键和两轴连接，两个外套筒用螺栓连接成一体，工作时通过内外齿的啮合来传递转矩和动力。外齿的齿顶部分呈鼓状，使啮合时具有适当的间隙。当两轴传动中产生轴向、径向和角度的等位移时，可以得到补偿。

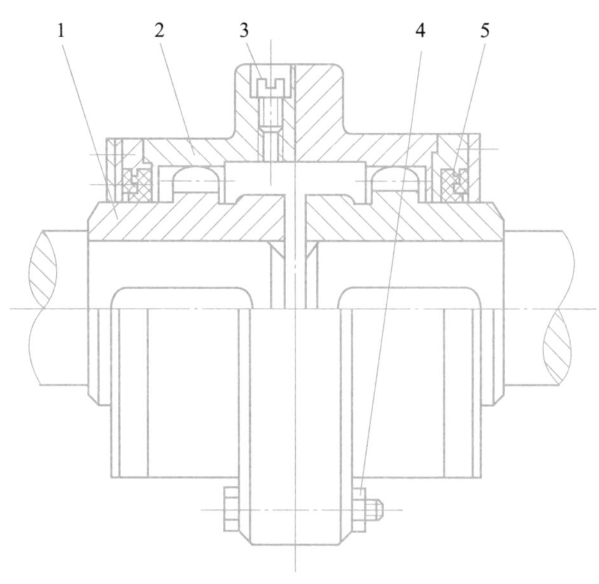

图 5－29 鼓形齿联轴器

1—内套筒；2—外套筒；3—注油孔；4—螺栓；5—密封圈

鼓形齿联轴器的优点是转速高、传递转矩大、能补偿较大的综合位移。其缺点是质量大、制造困难、成本高、结构复杂、较笨重，因此多用在重型机械中。

5）万向联轴器

万向联轴器属无弹性元件挠性联轴器。图 5－30 所示为应用广泛的十字轴式万向联轴器。它由两个具有叉状端部的万向接头和十字轴组成。万向联轴器主要用于两相交轴的传动。两轴的交角最大可达 40°～45°。用单个万向联轴器连接的两轴，当主动轴匀速转动时，从动轴变速转动。由于从动轴回转角速度的变化，会产生附加载荷而不利于传动，因此常将万向联轴器成对使用。采用这种方式时，必须使中间连接轴的两端叉面位于同一平面内，且主、从动轴与中间连接轴的两个夹角必须相等，如图 5－31 所示。

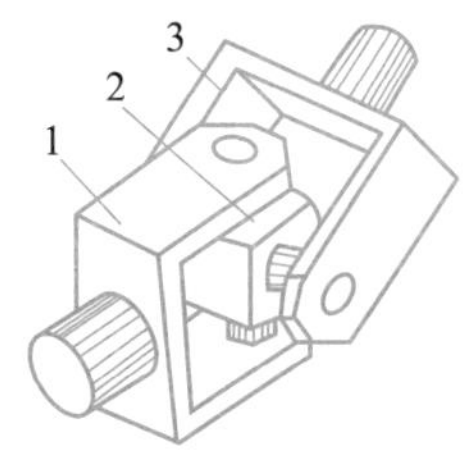

图 5－30 万向联轴器

1，3—万向接头；2—十字轴

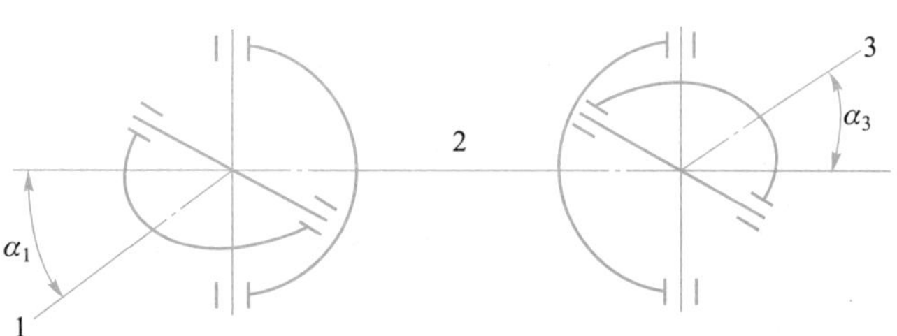

图 5－31 双万向联轴器

万向联轴器能补偿较大的角位移，结构紧凑，广泛用于汽车、工程机械等的传动中。

6）弹性套柱销联轴器和弹性柱销联轴器

弹性套柱销联轴器（见图5－32）的结构与凸缘联轴器相似，所不同的是凸缘联轴器连接两个半联轴器使用的是螺栓连接，而弹性套柱销联轴器用的是带有弹性套的柱销连接。弹性套一般由耐油橡胶制成，工作时依靠弹性套的弹性变形来补偿两轴位移，并且吸收、缓冲振动。弹性套柱销联轴器主要适用于传递小转矩、高转速、启动频繁和回转方向需经常改变的机械设备中。

弹性柱销联轴器（见图5－33）的结构与弹性套柱销联轴器的结构相似，只是将若干由非金属材料制成的带弹性的柱销置于两个半联轴器的凸缘孔中。柱销材料常用尼龙，也可用其他材料。弹性柱销联轴器的结构简单，能补偿两轴间的相对位移，并具有一定的缓冲、吸振能力，多用于中等载荷、启动频繁的高低速传动，工作温度应在－20 ℃～70 ℃。

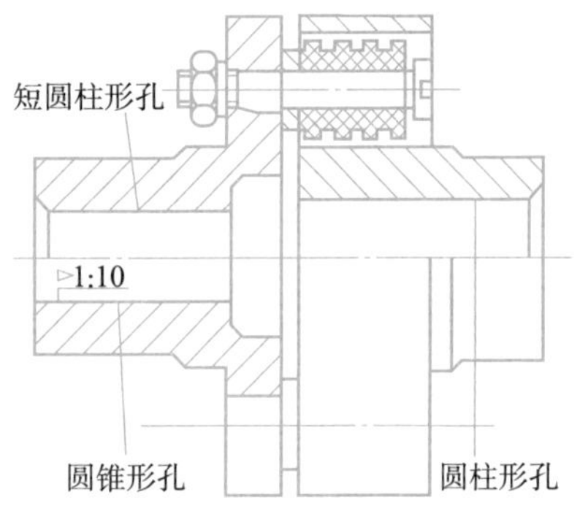

图5－32　弹性套柱销联轴器

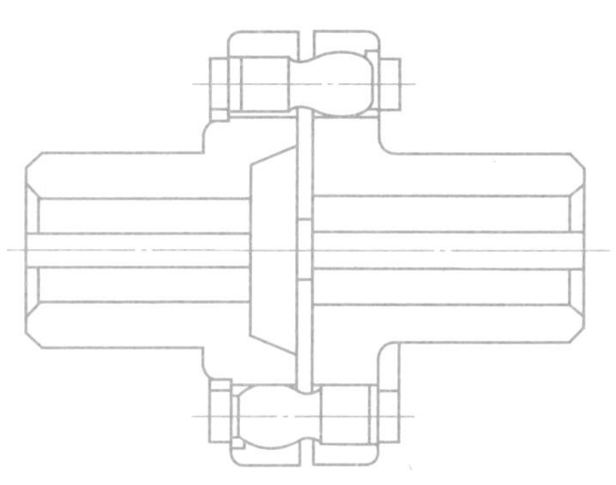

图5－33　弹性柱销联轴器

弹性套柱销联轴器和弹性柱销联轴器均属于弹性元件挠性联轴器。

7）安全联轴器

安全联轴器即具有过载保护功能的联轴器。当机器过载或受冲击载荷时，联轴器中的连接件能将联轴器断开，中断两轴的动力传递，从而避免机器中重要零、部件受到损坏。安全联轴器分为刚性安全联轴器、挠性安全联轴器和永磁安全联轴器三种。

3. 联轴器的选择

联轴器的种类很多，大多已标准化。选择的步骤是：选择类型，再选择型号，必要时校核薄弱零件的强度。

1）联轴器类型的选择

联轴器的类型应该根据工作条件和使用要求来选择。对于两轴对中性要求高、轴的刚度较大时，可选择刚性联轴器；如两轴的对中困难或轴的刚度较小时，可采用挠性联轴器；如两轴相交时，可采用万向联轴器；如轴的转速较高且有振动时，可采用有弹性元件挠性联轴器等。如工作温度大于70 ℃时，应避免选择橡胶或尼龙弹性元件的弹性联轴器。

2）联轴器型号的选择

根据轴的转矩、轴径和轴的转速，从联轴器的标准中选取。选择的型号应满足以下条件：

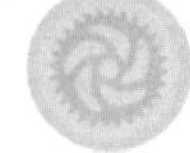

(1) 计算转矩 T_c 应小于或等于所选型号的公称转矩 T_n，即

$$T_c \leqslant T_n \tag{5-2}$$

考虑到在工作过程中的过载、启动和制动时的惯性力矩等因素，联轴器的计算转矩可按式（5-3）计算

$$T_c = KT = 9\,550KP/n \tag{5-3}$$

式中：T_c——计算转矩，单位为 N · mm；

K——工作情况系数；

P——功率，kW；

n——转速，r/min。

(2) 轴的转速应小于或等于所选型号的许用转速，即

$$n \leqslant [n] \tag{5-4}$$

(3) 轴的直径应在所选型号的孔径范围内。

3) 联轴器的校核

必要时校核联轴器薄弱零件的强度。

5.3.2 离合器

1. 分类

离合器的类型有很多种。按离合器的控制方式不同，可分为操纵离合器和自控离合器两大类。必须通过操纵接合元件才具有接合或分离功能的离合器称为操纵离合器。自控离合器是指在主动部分和从动部分某些性能参数变化时，接合元件具有自行接合或分离功能的离合器。按离合器的工作原理，可分为牙嵌式离合器和摩擦式离合器两大类。

2. 常用离合器的结构和特点

1) 牙嵌式离合器

牙嵌式离合器的结构如图 5-34 所示，是靠两个半离合器的牙齿和齿槽的相互嵌合和分开达到离合的目的。为使两个离合器能够对中，在主动轴端的半离合器上固定一对中环，从动轴可在对中环内自由移动。

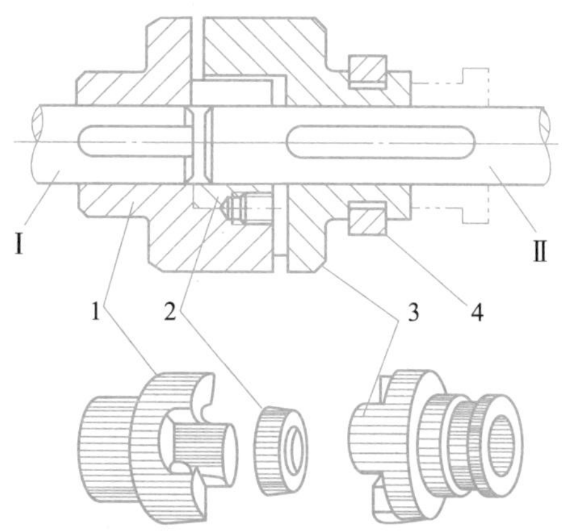

图 5-34 牙嵌式离合器的结构

1—固定套筒；2—对中环；3—滑动套筒；4—滑环

牙嵌式离合器常见的牙型有矩形、三角形、梯形和锯齿形，如图 5-35 所示。矩形牙制造容易，无轴向分力，但接合与分离较困难，应用较少；三角形牙强度较弱，主要用于小转矩和低速场合；梯形牙强度高，能传递较大转矩，能自动补偿齿面磨损后的间隙，应用较广泛；锯齿形牙只能传递单向转矩，用在特定场合。

牙嵌式离合器结构简单、紧凑，两轴接合后不会产生相对移动，但接合时有冲击，只能使用在低

速或停车的场合。

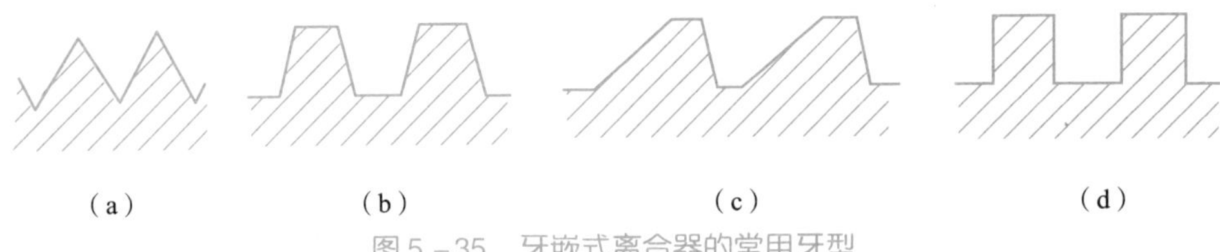

图5－35　牙嵌式离合器的常用牙型

(a) 三角形；(b) 梯形；(c) 锯齿形；(d) 矩形

2）摩擦式离合器

摩擦式离合器依靠主从动部分结合面之间的摩擦力来传递转矩，按其结构不同可分为片式离合器、圆锥式离合器、块式离合器、鼓式离合器、带式离合器等类型，其中片式离合器应用最为广泛。

片式离合器也称盘式离合器，是由圆环片的端平面组成摩擦副的离合器，有单片式和多片式。

图5－36所示为单片式离合器，主动圆盘与主动轴用普通键连接，从动圆盘与从动轴用导向平键或花键连接，通过移动操纵环，使从动圆盘在从动轴上做轴向移动，实现离合器的接合或分离。

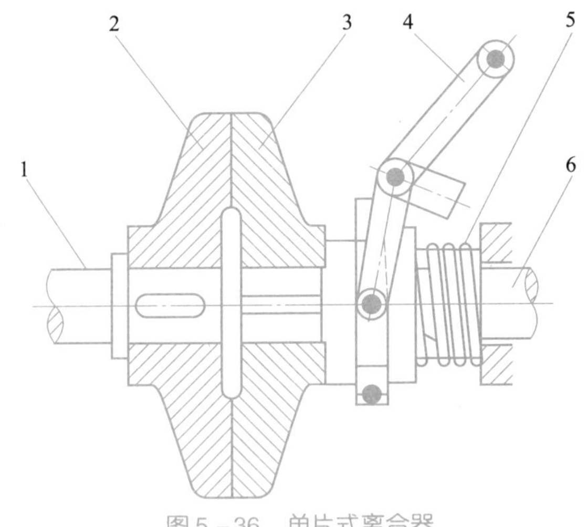

图5－36　单片式离合器

1—主动轴；2—主动圆盘；3—从动圆盘；4—杠杆；5—弹簧；6—从动轴

单片离合器结构简单，在任何转速条件下，都可接合或分离，且接合平稳，冲击和振动小，过载时两摩擦面打滑，起保护作用，但传递的转矩较小。为传递较大的转矩，通常采用多片离合器，这样可以增大摩擦面的面积，从而增大摩擦力，提高离合器传递转矩的能力。

图5－37所示为多片式圆盘摩擦离合器。它有两组摩擦片，其中外摩擦片组4利用外圆上的花键与鼓轮2相连（鼓轮2与轴1固连），内摩擦片组5通过内圆上的花键与套筒10相连（套筒10与轴9固连）。当滑环8做轴向移动时，将拨动曲臂压杆7，使压板3压紧或松开内、外摩擦片组，从而使离合器接合或分离。螺母6用来调节摩擦片间的压力。

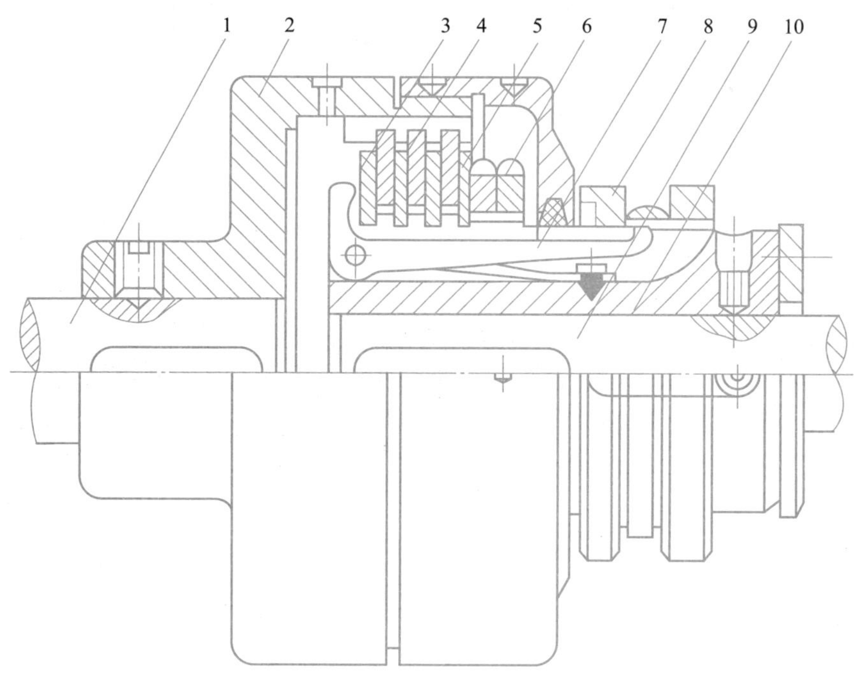

图5－37　多片式圆盘摩擦离合器

1—轴；2—鼓轮；3—压板；4—外摩擦片组；
5—内摩擦片组；6—螺母；7—曲臂压杆；8—滑环；9—轴；10—套筒

外摩擦片和内摩擦片的结构形状如图5－38所示。如将内摩擦片改为碟形，使其具有一定的弹性，在离合器分离时能自行弹开，有利于迅速分离，接合时也较平稳。

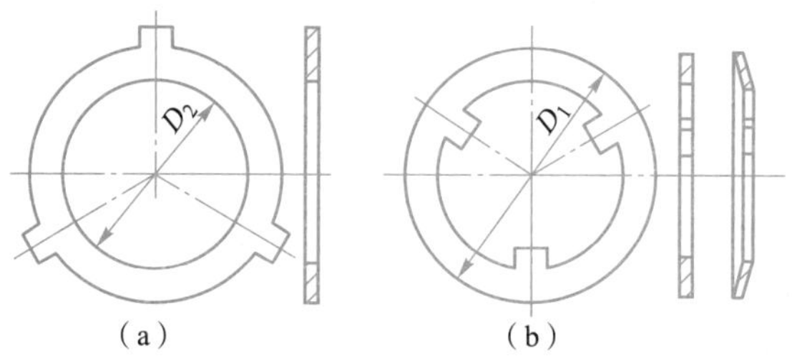

图5－38　摩擦片

(a) 外摩擦片；(b) 内摩擦片

多片离合器传递较大的转矩，并且操纵方便，接合平稳，分离迅速；传递的最大转矩可以调整，且有过载保护作用。但结构复杂，外廓尺寸大，成本高，接合时由于摩擦片间的相对滑动，导致摩擦片磨损及产生较大的摩擦热，且不能保证两轴精确地同步转动。常用于频繁启动、制动或经常改变速度大小和方向的机械中，如汽车、机床等。

习 题

一、填空题

1. 联轴器和离合器是用来________________的部件；制动器是用来__________________________的装置。

2. 当受载较大，两轴较难对中时，应选用________联轴器来连接；当原动机的转速高且发出的动力较不稳定时，其输出轴与传动轴之间应选用________联轴器来连接。

3. 传递两相交轴间运动而又要求轴间夹角经常变化时，可以采用________联轴器。

4. 按工作原理，操纵式离合器主要分为________、________和________三类。

5. 用联轴器连接的两轴__________________________分开；而用离合器连接的两轴在机器工作时________________。

6. 挠性联轴器按其组成中是否具有弹性元件，可分为___________________________联轴器和_________________联轴器两大类。

7. 牙嵌式离合器只能在________或________时进行接合。

8. 摩擦式离合器靠________来传递扭矩，两轴可在________时实现接合或分离。

二、判断题

(　　) 1. 通过离合器连接的两轴可在工作中随时分离。

(　　) 2. 万向联轴器主要用于两轴相交的传动。为了消除不利于传动的附加动载荷，可将万向联轴器成对使用。

(　　) 3. 万向联轴器主要用于两轴相交的传动。

(　　) 4. 对低速、刚性大的短轴，常选用的联轴器为弹性联轴器。

(　　) 5. 在载荷具有冲击、振动，且轴的转速较高、刚度较小时，一般选用弹性联轴器。

(　　) 6. 联轴器与离合器的主要作用是补偿两轴的不同心或热膨胀。

(　　) 7. 金属弹性元件挠性联轴器中的弹性元件都具有减摩的功能。

(　　) 8. 牙嵌式离合器接合最不平稳。

三、问答题

1. 联轴器和离合器的功用有何相同点和不同点？

2. 联轴器所连接两轴的偏移形式有哪些？综合位移指何种位移形式？

3. 什么是刚性联轴器？什么是挠性联轴器？

4. 什么是万向联轴器？应用于什么场合？在什么情况下需要成对使用？使用时应满足什么条件？

5. 凸缘联轴器应用于什么场合？有什么特点？

6. 机械离合器有哪两种类型？各有何特点？

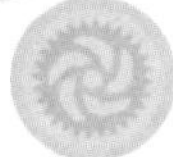

第6章　轴系零部件

一台机器从制造和装配的角度讲是由零件和部件组成的。常用的轴系零部件包括轴、轴承和减速器等。

学习目标

知识目标

- 了解轴的分类和材料选择，理解轴的结构设计，了解轴的设计要点。
- 掌握轴上零件的固定方法。
- 了解滑动轴承的特点和应用场合，了解滑动轴承的典型结构和轴瓦材料。
- 掌握滚动轴承常用的类型及代号。
- 掌握滚动轴承的拆装与调整。
- 了解减速器的类型。
- 掌握减速器的结构。

能力目标

- 能结合实际判断轴的类型，在此基础上掌握轴的材料选择、轴的结构设计、常用的轴毂连接方法。
- 能正确选择滚动轴承的类型。
- 具备滚动轴承的拆装与调整的能力。

6.1　轴

6.1.1　轴的作用

轴是组成机器的重要零件之一。用于支承做回转运动或摆动的零件，使其有确定的工作位置。它的结构和尺寸是由被它支承的零件和支承它的轴承的结构和尺寸决定的，轴是重要的非标准零件。

6.1.2 轴的分类

轴的分类方法很多。按照轴线形状，轴可分为直轴（见图6－1）、曲轴（见图6－2）和挠性轴（见图6－3）；按照外形，轴可分为光轴（见图6－1）和阶梯轴（见图6－4）；按照心部结构，轴可分为实心轴和空心轴。

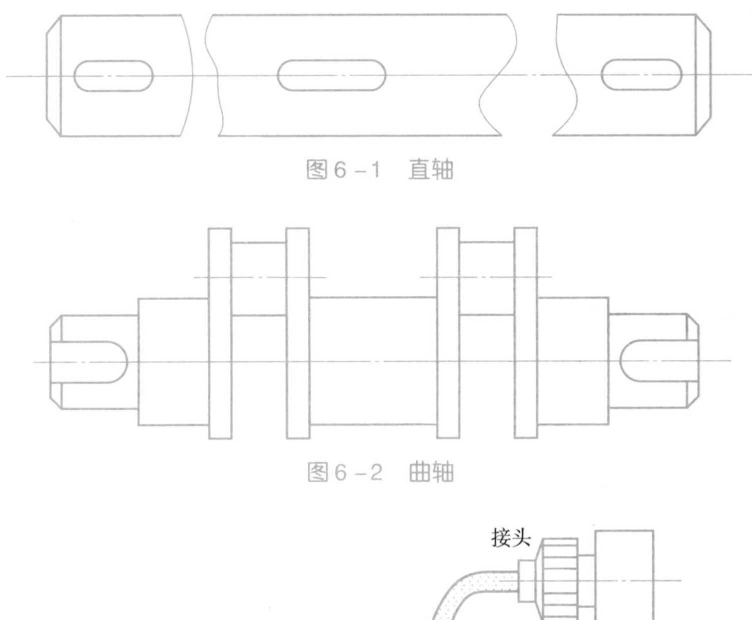

图6－1　直轴

图6－2　曲轴

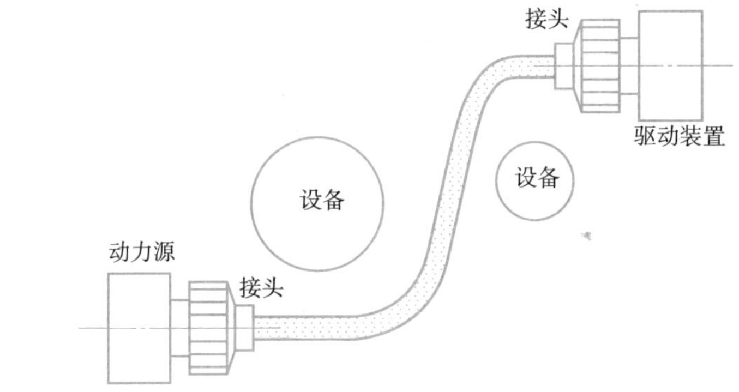

图6－3　挠性轴

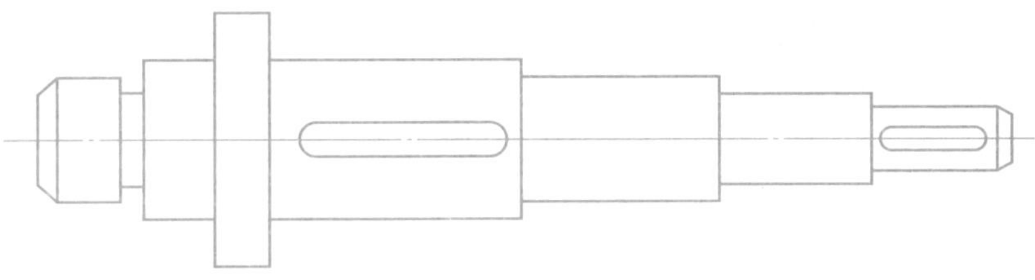

图6－4　阶梯轴

根据承受载荷的不同，轴可分为传动轴、芯轴和转轴三种。

1. 传动轴

只承受扭矩、不承受弯矩或受很小弯矩的轴，称为传动轴。图6－5所示为汽车的传动轴。

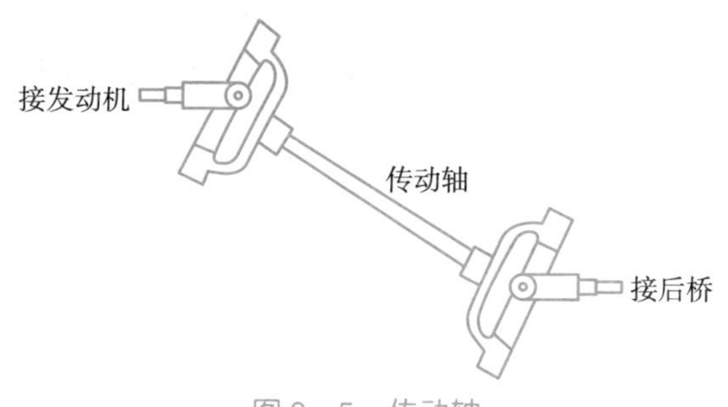

图 6－5　传动轴

2. 芯轴

通常指只承受弯矩而不承受扭矩的轴，称为芯轴。芯轴按其是否转动可分为转动芯轴和固定芯轴。图 6－6（a）所示车辆的轴为转动芯轴；图 6－6（b）所示的自行车前轮轴为固定芯轴。

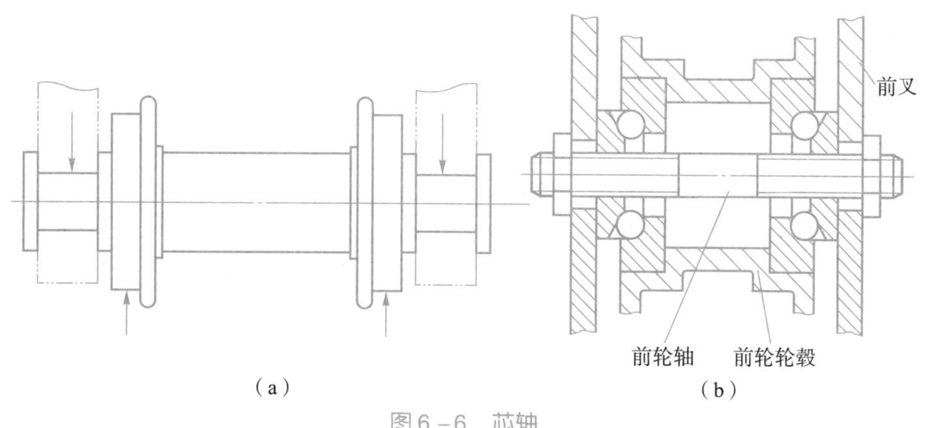

图 6－6　芯轴
（a）转动芯轴；（b）固定芯轴

3. 转轴

既承受弯矩又承受扭矩的轴。转轴在各种机器中最为常见，如齿轮轴。图 6－7 所示的齿轮减速器中的轴都是转轴。

6.1.3　轴的材料

在轴的设计中，首先要选择合适的材料。轴的材料常采用碳素钢和合金钢。

碳素钢有 35、45、50 号钢等优质中碳钢。它们具有较高的综合力学性能，因此应用较多，特别是 45 号钢应用最为广泛。为了改善碳素钢的机械性能，应进行正火或调质处理。不重要或受力较小的轴，可采用 Q235、Q275 等普通碳素结构钢。

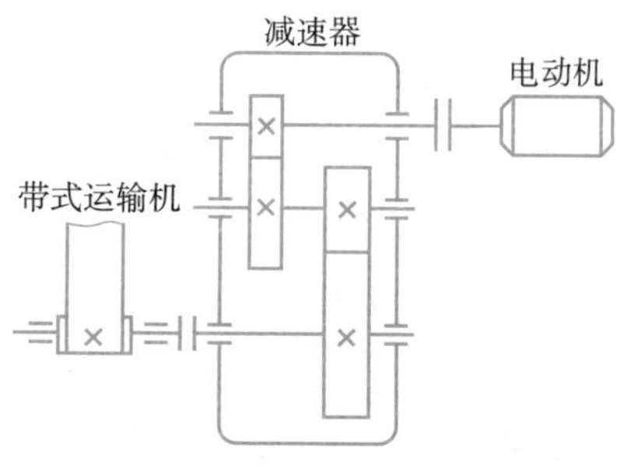

图 6－7　转轴

合金钢具有较高的机械性能，但价格较贵，多用于有特殊要求的轴。例如采用滑动轴承

的高速轴，常用20Cr、20CrMnTi等低碳合金钢，经渗碳淬火后可提高轴颈的耐磨性；汽轮发电机转子轴在高温、高速和重载条件下工作，必须具有良好的高温力学性能，常采用38CrMoA1A合金结构钢。

值得注意的是：钢材的种类和热处理对其弹性模量的影响很小，因此如欲采用合金钢或通过热处理来提高轴的刚度，并无实效。此外，合金钢对应力集中的敏感性较高，因此设计合金钢轴时，更应从结构上避免或减小应力集中，并减小其表面粗糙度。

轴的毛坯一般用圆钢或锻件。有时也可采用铸钢或球墨铸铁。例如，用球墨铸铁制造曲轴、凸轮轴，具有成本低廉、吸振性较好、对应力集中的敏感性较低、强度较好等优点，适合制造结构形状复杂的轴。表6－1所示为轴的常用材料及其主要机械性能。

表6－1 轴的常用材料及其主要机械性能

材料及热处理	毛坯直径/mm	硬度/HB	强度极限 σ_b/MPa	屈服极限 σ_s/MPa	弯曲疲劳极限 σ_{-1}/MPa	应用说明
Q235			440	240	200	用于不重要或载荷不大的轴
35正火	≤100	149～187	520	270	250	塑性好和强度适中可做一般曲轴、转轴等
45正火	≤100	170～217	600	300	275	用于较重要的轴，应用最为广泛
45调质	≤200	217～255	650	360	300	
40Cr调质	25		1 000	800	500	用于载荷较大，而无很大冲击的重要的轴
	≤100	241～286	750	550	350	
	>100～300	241～266	700	550	340	
40MnB调质	25		1 000	800	485	性能接近于40Cr，用于重要的轴
	≤200	241～286	750	500	335	
35CrMo调质	≤200	207～269	750	550	390	用于受重载荷的轴
20Cr渗碳淬火回火	15	表面HRC56～62	850	550	375	用于要求强度、韧性及耐磨性均较高的轴
	–		650	400	280	
QT400－100	–	156～197	400	300	145	结构复杂的轴
QT600－2	–	197～269	600	200	215	结构复杂的轴

6.1.4 轴的结构设计

轴的结构设计就是根据轴的受载情况和工作条件确定轴的形状和全部结构尺寸。轴结构设计的总原则是：在满足工作能力的前提下，力求轴的尺寸和质量小，工艺性好。

轴的结构应满足的基本要求：

(1) 安装在轴上的零件要有准确的定位和牢固而可靠的固定。

(2) 良好的工艺性，便于轴的加工和轴上零件的装拆和调整。

(3) 轴上零件的位置和受力要合理，尽量减少应力集中，有利于提高轴的强度和刚度。

（4）有利于节省材料，减小质量。

1. 轴的各部分名称

如图6－8所示，轴上被轴承支承部位称为轴颈（①和⑤处）；与传动零件（带轮、齿轮、联轴器）轮毂配合部位称为轴头（④和⑦处）；连接轴颈和轴头的非配合部位叫轴身（⑥处）。阶梯轴上直径变化处叫作轴肩，起轴向定位作用。图6－8中⑥与⑦间的轴肩使联轴器在轴上定位；①与②间的轴肩使左端滚动轴承定位；③处为轴环。

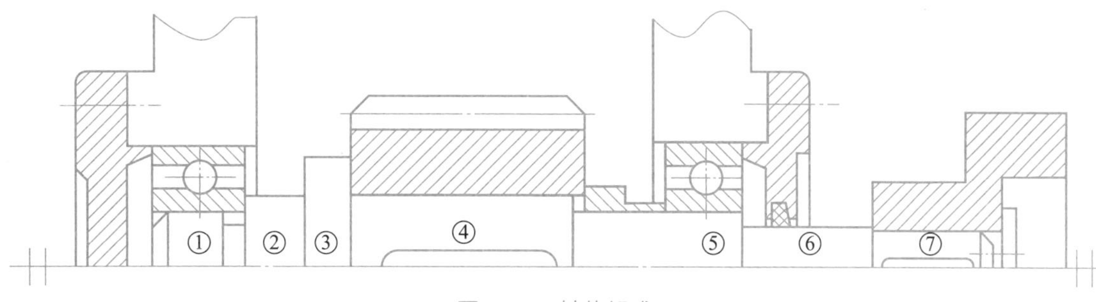

图6－8　轴的组成

2. 轴上零件的固定

1）轴上零件的轴向固定

目的：保证轴上零件在轴上具有确定的位置，防止在工作中零件沿轴向窜动，并承受一定的轴向力。零件的轴向固定可采用轴肩、轴环、套筒、圆螺母、轴端挡圈、弹性挡圈、紧定螺钉等方式，其结构形式、特点与应用见表6－2。

表6－2　轴上零件的轴向固定方法

序号	固定方法	简图	特点及应用
1	轴肩、轴环	b　a　r　R　c　r	固定简单可靠，不需要附加零件，能承受较大轴向力。广泛应用于各种轴上零件的固定。但这种方法会使轴径增大，阶梯处形成应力集中。为了使轴上零件与轴肩贴合，轴上圆角半径 r 应小于零件毂孔的圆角半径 R 或倒角高度 c，同时还须保证轴肩高度大于零件毂孔的圆角半径 R 或倒角高度 c。一般取轴肩高度 $a \approx (0.07 \sim 0.10)\ d + (1 \sim 2)$ mm，轴环宽度 $b \approx 1.4a$

续表

序号	固定方法	简图	特点及应用
2	套筒		简单可靠，简化了轴的结构且不削弱轴的强度。常用于轴上两个近距离零件间的相对固定，不宜用于高速转轴。 为了使轴上零件与套筒紧紧贴合，轴头应较轮毂长度短 1～2 mm
3	圆螺母		固定可靠，可承受较大的轴向力，能实现轴上零件的间隙调整。用于固定轴中部的零件时，可避免采用过长的套筒，以减小质量。但轴上须切制螺纹和退刀槽，应力集中较大，故常用于轴端零件固定。为减小对轴强度的削弱，常用细牙螺纹。为防止松动，须加止动垫圈或使用双螺母
4	圆锥面和轴端挡圈		用圆锥面配合装拆方便，且可兼做周向固定，能消除轴和轮毂间的径向间隙，能承受冲击载荷，只用于轴端零件固定，常与轴端挡圈联合使用，实现零件的双向固定轴端挡圈（又称压板），用于轴端零件的固定，工作可靠，能承受较大轴向力，应配合止动垫片等防松措施使用
5	弹性挡圈		结构简单紧凑，装拆方便，但轴向承受力较小，且轴上切槽将引起应力集中。可靠性差，常用于轴承的轴向固定。轴用弹性挡圈的结构尺寸见 GB/T 894.1—1986

续表

序号	固定方法	简图	特点及应用
6	轴端挡板		适用于芯轴轴端零件的固定，只能承受较小的轴向力
7	挡环、紧定螺钉		挡环用紧定螺钉与轴固定，结构简单，但不能承受大的轴向力。 紧定螺钉适用于轴向力很小、转速很低或仅为防止偶然轴向滑移的场合。同时可起周向固定的作用
8	销连接		结构简单，但轴的应力集中较大，用于受力不大，同时需要轴向和周向固定的场合

2）轴上零件的周向固定

目的：使轴上零件能同轴一起转动并传递转矩，防止轴上零件与轴产生相对转动。常用的周向固定方法有：键连接、花键连接、销连接、轴与零件的过盈配合等。例如对于齿轮和轴通常可采用平键连接作为周向固定；若工作中受到较大的冲击、振动或常有过载时，则可采用过盈配合加键连接作为周向固定。对于轻载或不重要的场合，可采用销连接或紧定螺钉连接作为周向固定。

3. 各轴段直径和长度的确定

1）轴径的确定原则

轴的各段直径通常是在根据轴所传递的转矩初步估算出最小直径 d_{min} 的基础上，考虑轴上零件的安装及固定等因素逐一确定的。确定轴的直径时应遵循的原则是：

（1）轴头的直径取标准尺寸。

（2）安装滚动轴承的轴颈，应按滚动轴承标准规定的内孔直径选取。

（3）定位轴肩，其高度 a 按表6－2给定的原则确定；非定位轴肩是为了便于轴上零件的安装而设置的工艺轴肩如图6－8中轴段⑤与轴段⑥间的轴肩，其高度可以很小，一般取1～2 mm即可。滚动轴承的定位轴肩高度必须低于轴承内圈端面厚度（见表6－2中的序号

3 中的图)，以便于轴承的拆卸，具体数值查相应的轴承标准。

(4) 轴中装有过盈配合零件时（图 6 - 8 中的轴段⑤)，该零件毂孔与装配时需要通过的其他轴段（轴段⑥和⑦）之间应留有间隙，以便于安装。

2) 各轴段长度应满足的要求

轴的各段长度主要是根据得到轴上零件的轴向尺寸及轴系结构的总体布置来确定，设计时应满足的要求是：

(1) 轴与传动件轮毂相配合的部位（图 6 - 8 中④和⑦）的长度，一般应比轮毂长度短 2 ~ 3 mm，以保证传动件能得到可靠的轴向固定。轮毂长 $L \approx (1.0 \sim 1.5)\ d$。

(2) 安装滚动轴承的轴颈长度取决于滚动轴承的宽度。

(3) 其余段的轴径长度，可根据总体结构的要求（如零件间的相对位置、拆装要求、轴承间隙的调整等）在结构设计中确定。

4. 影响轴结构的一些因素

轴的结构设计应满足以下准则：轴上零件相对于轴必须有可靠的轴向固定和周向固定；轴的结构要便于加工，轴上零件要便于装拆；轴的结构要有利于提高轴的疲劳强度。

1) 轴的加工工艺性

为使轴具有良好的加工工艺性，应注意以下几点：

(1) 轴直径变化尽可能小，并尽量限制轴的最小直径与各段直径差，这样既可以节省材料又可以减少切削加工量。

(2) 轴上有磨削或需切螺纹处，应留砂轮越程槽和螺纹退刀槽，如图 6 - 9 所示，以保证加工完整。

(3) 应尽量使轴上同类结构要素（如过渡圆角、倒角、键槽、越程槽、退刀槽及中心孔等）的尺寸相同，并符合标准和规定；如果数个轴段上有键槽，应将它们布置在同一母线上，以便于加工，如图 6 - 10 所示。

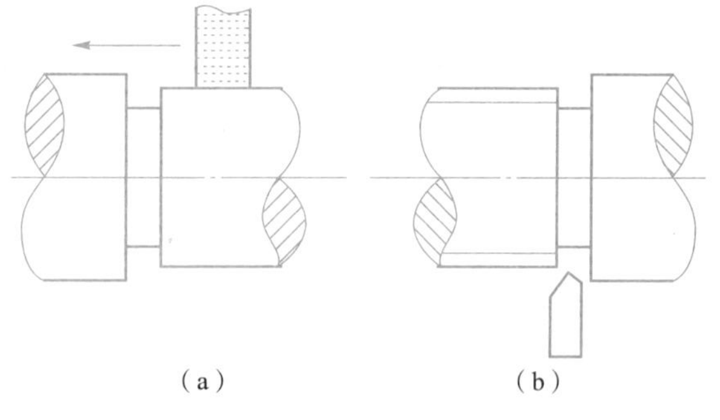

图 6 - 9　越程槽和退刀槽

(a) 砂轮越程槽；(b) 螺尾退刀槽

2) 轴的装配工艺性

为使轴具有良好的装配工艺性，常采取以下措施：

(1) 为了便于轴上零件的装拆和固定，常将轴设计成阶梯形，如图 6 - 8 所示，轴上装有联轴器和齿轮，并用滚动轴承支承。如果将轴设计成光轴，虽然便于加工，但轴上齿轮装拆困难，而且齿轮和联轴器的轴向位置不便于固定。因此，可设计成如图 6 - 8 所示的阶梯轴。

(2) 为了便于装配，轴端应加工出 45°、30°或 60°倒角，过盈配合零件装入端常加工出导向锥面。

3) 改善轴的受力状况，降低应力集中

合理布置轴上零件可以改善轴的受力状况。图 6 - 11 中，给定轴的两种布置方案，当动

力从几个轮输出时，为了减少轴上载荷，应将输入轮布置在中间，如图 6－11（b）所示，这时轴的最大转矩为 T_1-T_2，而在图 6－11（a）中最大转矩为 T_1。

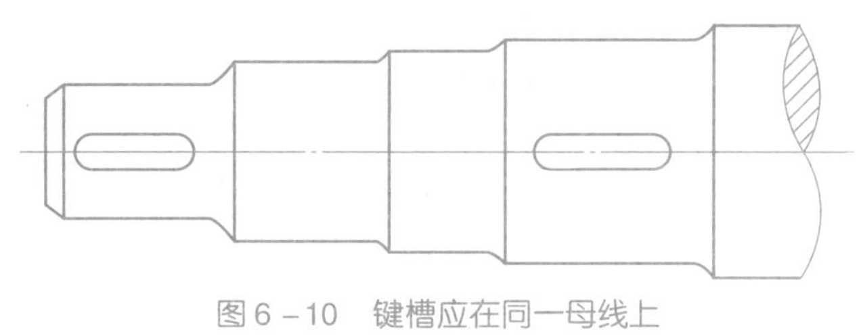

图 6－10　键槽应在同一母线上

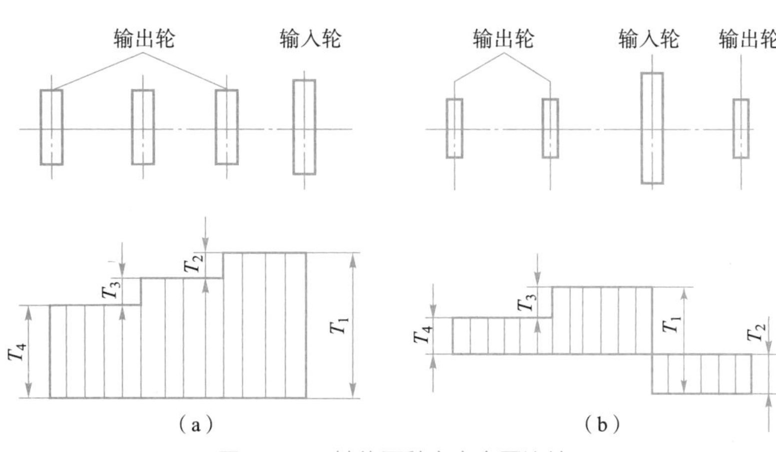

图 6－11　轴的两种方案布置比较

（a）不合理的布置方案；（b）合理的布置方案

改善轴的受力状况的另一重要方面就是减少应力集中。应力集中常常是产生疲劳裂纹的根源。为了提高轴的疲劳强度，应从结构设计、加工工艺等方面采取措施，减小应力集中，对于合金钢轴尤其应注意这一要求（以下仅从结构方面讨论）。

（1）避免轴的横截面尺寸发生急剧变化，相邻轴段的直径差不能太大，一般取 5～10 mm。

（2）在轴的横截面尺寸突变处应平缓过渡，即制成圆角，圆角半径尽可能取得大些。

（3）要尽量避免在轴上（特别是应力较大的部位）安排应力集中严重的结构，如螺纹、横孔、凹槽等。

习　题

一、填空题

1. 工作中只受弯矩不传递转矩的轴叫________轴；只传递转矩不受弯矩的轴叫________轴；同时承受弯矩和转矩的轴叫________轴。

2. 轴肩或轴环是一种常用的________方法，它具有结构简单、________可靠和能承受

较大的________力的特点。

3. 为便于零件的装拆、定位，一般机械中的轴多设计成________________形状。

4. 在轴的初步计算中，轴的直径是按________确定的。

5. 需切削螺纹的轴段，应留有螺纹退刀槽，其主要目的是________________。

二、判断题

(　　) 1. 满足强度要求的轴，其刚度一定足够。

(　　) 2. 自行车的前、后轮都是心轴。

(　　) 3. 同一轴上各键槽、退刀槽、圆角半径、倒角和中心孔等重复出现时，尺寸应尽量相同。

(　　) 4. 轴的表面强化处理，可以避免产生疲劳裂纹，提高轴的疲劳强度。

(　　) 5. 设置轴颈处的砂轮越程槽主要是为了减少应力集中。

三、简答题

1. 轴上零件的周向和轴向定位方式有哪些？各适用于什么场合？

2. 轴有哪些类型？各有何特点？请各举 2 ~ 3 个实例。

3. 轴的常用材料有哪些？应如何选用？

4. 在齿轮减速器中，为什么低速轴的直径要比高速轴粗得多？

6.2 滑动轴承

轴承在机器中是用来支承轴及轴上零件的重要零件，如图 6－12 所示，它能保证轴的旋转精度，减少轴与支承间的摩擦和磨损。根据摩擦性质，可将轴承分为滑动轴承和滚动轴承。按轴承承受载荷方向的不同，可分为向心轴承、推力轴承及向心推力轴承。滑动轴承根据润滑状态的不同，又可分为非液体摩擦滑动轴承和液体摩擦滑动轴承，如图 6－13所示。

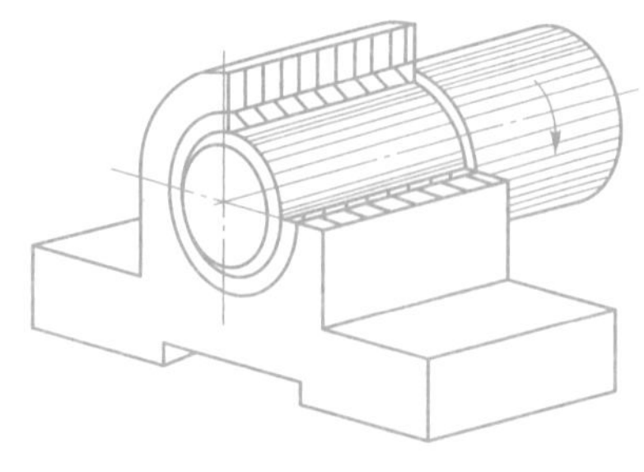

图 6－12　轴承

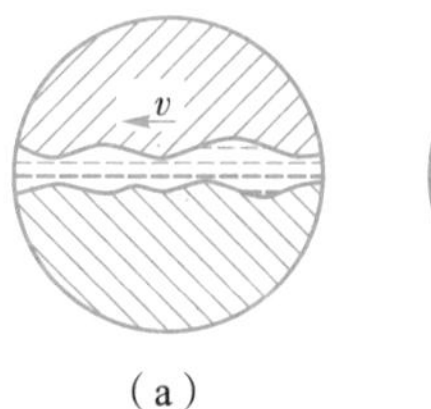

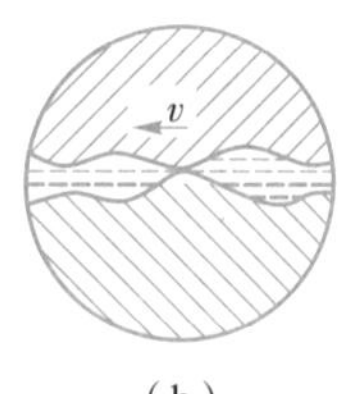

图 6－13　滑动轴承的摩擦状态

(a) 液体摩擦滑动轴承；(b) 非液体摩擦滑动轴承

滑动轴承结构简单，易于制造，便于安装，适用于高速、重载、高精度或承受较大的冲击载荷的机器。滚动轴承已标准化，具有启动灵敏，轴向尺寸小，易润滑，维修方便，效率较高，类型规格多，载荷、转速及工作温度的适用范围广等优点。

1. 滑动轴承的结构

滑动轴承按所受载荷的方向分为径向滑动轴承和止推滑动轴承。

1）径向滑动轴承的结构

工作时只承受径向载荷的滑动轴承称为径向滑动轴承。这类轴承的结构形式有整体式、对开式和调心式三种。

（1）整体式滑动轴承，它由轴承座和轴瓦组成，如图 6－14 所示。轴瓦压装在轴承座孔中。轴承座用螺栓与机座连接，顶部设有安装注油油杯的螺纹孔。

整体式滑动轴承结构简单，成本低廉。但是摩擦表面磨损后，轴颈与轴瓦之间的间隙无法调整，必须重新更换轴套。装拆时必须轴向移动轴承或轴，给安装带来不便。这种轴承常用于低速轻载、间歇工作且不需要经常装拆的场合，如手动机械、农业机械等。

（2）对开式滑动轴承，它由轴承座、轴承盖、剖分轴瓦和双头螺柱等组成，如图 6－15 所示。

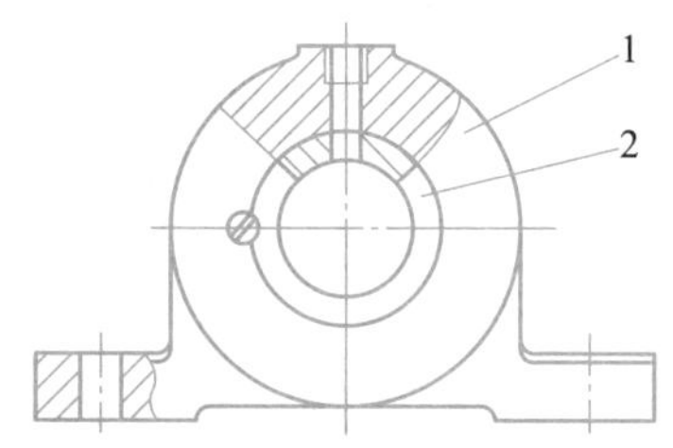

图 6－14　整体式滑动轴承

1—轴承座；2—轴瓦

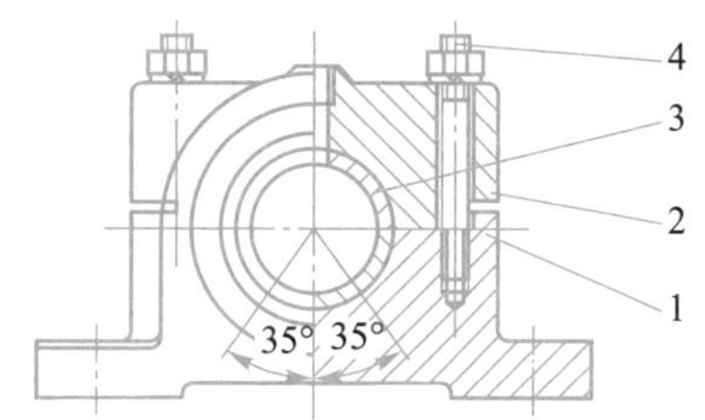

图 6－15　对开式滑动轴承

1—轴承座；2—轴承盖；3—剖分轴瓦；4—双头螺柱

轴承座是对开式滑动轴承的基础部分，用螺栓连接在机器上，轴承盖与轴承座之间用双头螺柱连接，压紧轴瓦。轴承盖与轴承座的配合表面上设置阶梯形的定位止口，便于安装时对中和防止工作时错动。当轴瓦磨损后，可以利用减小上下轴瓦之间的调整垫片厚度的方法来调整轴颈与轴瓦之间的间隙。由于对开式滑动轴承便于装拆和调整间隙，故应用广泛。

（3）调心式滑动轴承又称为自位滑动轴承，其结构如图 6－16 所示。这种轴承的轴瓦支承面和轴承座的接触部分做成球面，使轴瓦可以在一定角度范围内摆动。能自动适应轴或机架工作时的变形及安装误差所造成的轴颈与轴瓦不同心的现象，避免出现如图 6－17 所示轴与轴承两端局部接触和局部磨损。由于球面不易加工，故只用于轴承宽径比 $b/d>1.50\sim1.75$ 的轴承。

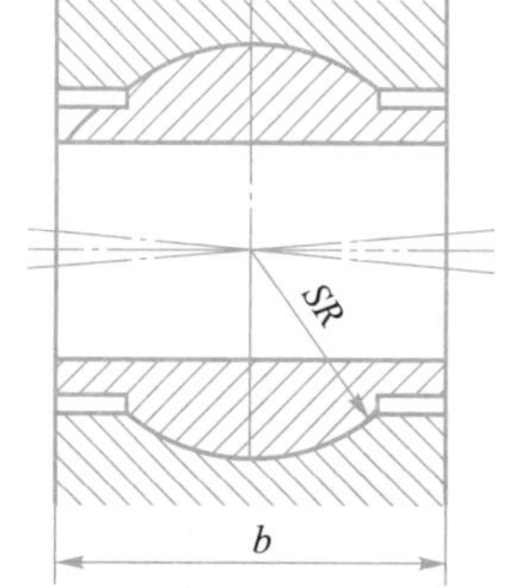

图 6－16　调心式滑动轴承

2）止推滑动轴承

如图 6－18 所示，止推滑动轴承由轴承座、衬套、径向轴瓦、止推轴瓦和销钉等组成。轴的端面与止推轴瓦是轴承的主要工作部分，轴瓦的底部为球面与轴承座相接触，可以自动调整位置，以保证轴承摩擦表面的良好接触。径向轴瓦只是用来固定轴颈的位置并承受意外的径向载荷。销钉是用来防止止推轴瓦随轴转动的。工

作时润滑油由下部注入，从上部油管导出。

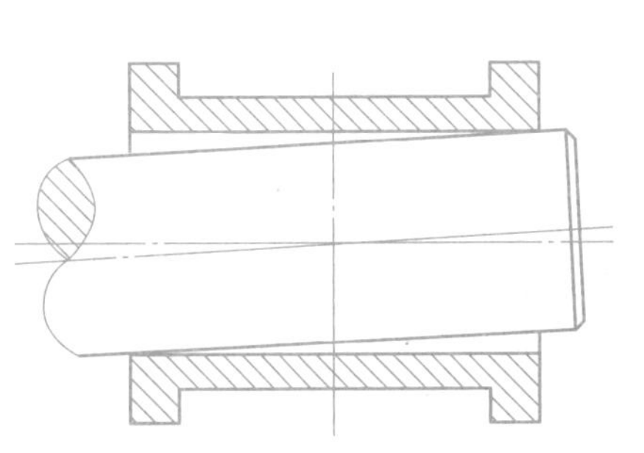

图6－17 轴瓦端部的局部接触情况

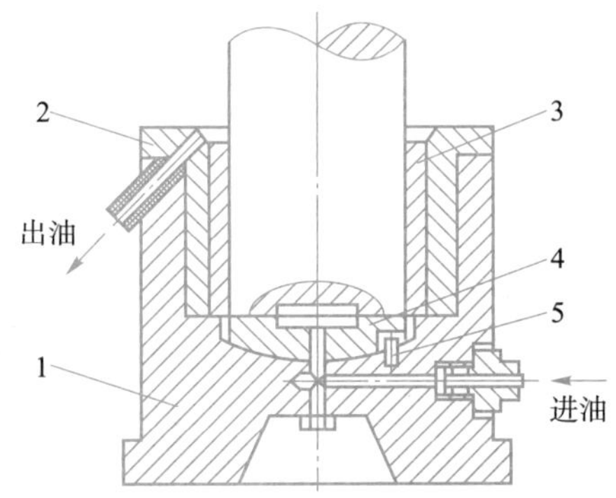

图6－18 止推滑动轴承

1—轴承座；2—衬套；3—径向轴瓦；4—止推轴瓦；5—销钉

止推滑动轴承轴颈的常见形式如图6－19所示。当载荷较小时可采用空心端面止推轴颈（见图6－19（a））和环形止推轴颈（见图6－19（b）），当载荷较大时可采用多环形止推轴颈（见图6－19（c））。多环形止推轴颈不仅承载能力较大，而且能够承受双向轴向载荷。

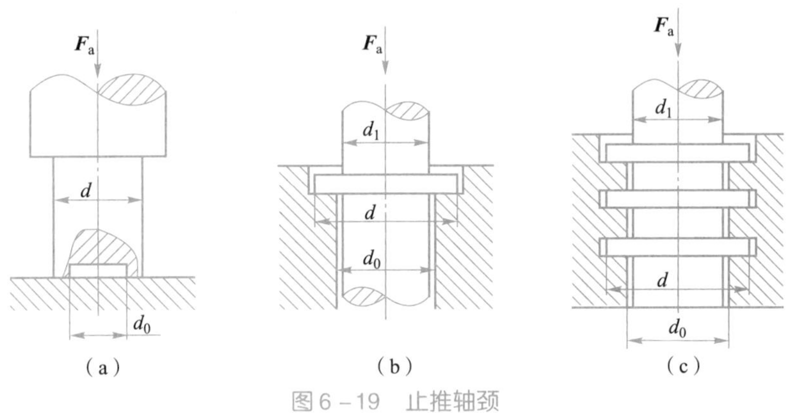

图6－19 止推轴颈

（a）空心端面；（b）环形；（c）多环形

2. 轴瓦（轴套）的结构和材料

1）轴瓦（轴套）的结构

轴瓦（轴套）是滑动轴承中直接与轴颈相接触的重要零件，它的结构形式和性能将直接影响轴承的寿命、效率和承载能力。

轴瓦的结构如图6－20所示。它分为光滑轴瓦（见图6－20（a））和带纵向油沟轴瓦（见图6－20（b））两种。光滑轴瓦的构造简单，适用于轻载、低速或不经常转动、不重要的场合。带纵向油沟轴瓦便于向工作面供油，应用比较广泛。为了保证轴瓦在轴承座孔中不游动，套和孔之间可采用过盈配合；当载荷不稳定时，还可用紧定螺钉或销钉来固定轴套。

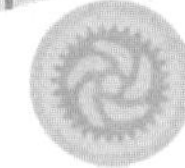

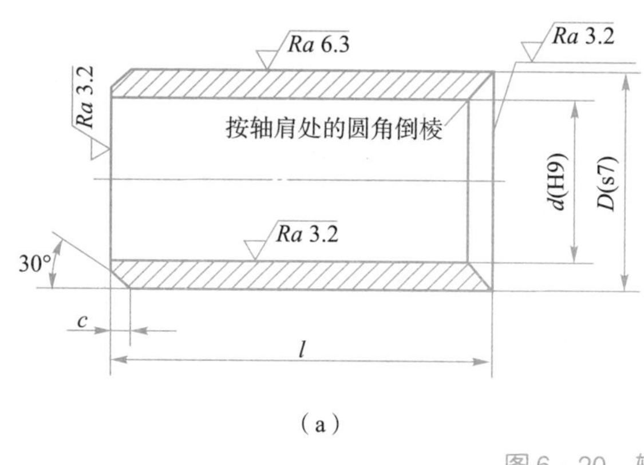

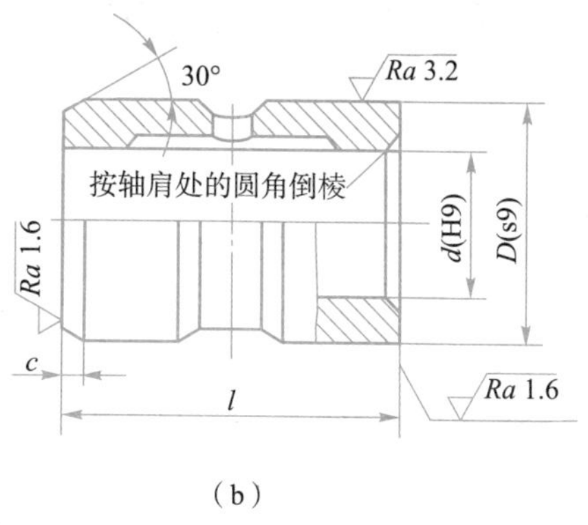

图6－20　轴瓦

（a）光滑轴瓦；（b）带纵向油沟轴瓦

为了改善摩擦、提高承载能力和节省贵重减摩材料，常在轴瓦内表面浇铸一层或两层很薄的减摩材料（如巴氏合金等），称为轴承衬。这种轴瓦称为双金属或三金属轴瓦，以钢、青铜或铸铁为其衬背，轴承衬厚度一般为0.5～0.6 mm。为了保证轴承衬与衬背之间结合牢固，常在衬背上做出不同形式的沟槽，如图6－21所示。

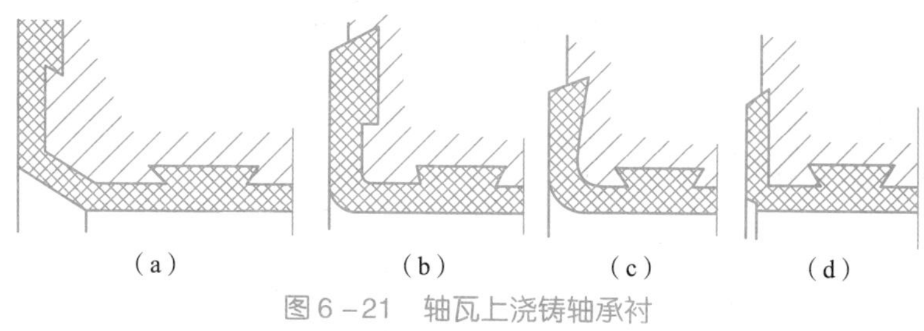

图6－21　轴瓦上浇铸轴承衬

为了将润滑油引入和分布到轴承的整个工作表面，轴瓦上加工有油孔，并在内表面上开油槽，常见油槽形式如图6－22所示。油槽应设置在不承受载荷的区域内。为了使润滑油能均匀分布在整个轴颈上，油沟应有足够的长度，通常可取轴瓦长度的80%。

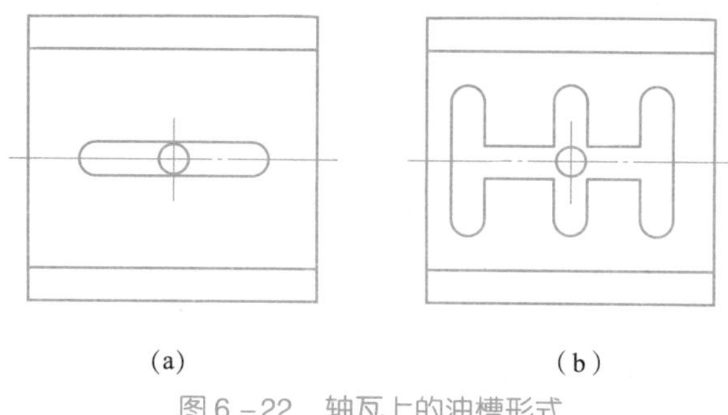

图6－22　轴瓦上的油槽形式

2）轴瓦的材料

轴瓦（轴套）和轴承衬的材料统称为轴承材料。通常滑动轴承工作时轴瓦与轴颈直接接触并有相对运动，将产生摩擦、磨损和发热，故常见的失效形式是磨损、胶合或疲劳破坏。因此对轴承材料的要求主要是：具有足够的强度和良好的塑性，良好的减摩性、耐磨性和抗胶合性，良好的导热性和耐腐蚀性，良好的工艺性和经济性。

常用的轴承材料有以下几种：

（1）轴承合金（巴氏合金）。

轴承合金有锡锑轴承合金和铅锑轴承合金两类。这两类合金分别以锡、铅作为基体，加入适量的锑、铜制成。基体较软，使材料获得塑性，硬的锑、铜晶粒起抗磨作用。因此，这两类材料的减摩性、跑合性好，抗胶合能力强，适用于高速和重载轴承。但合金的机械强度较低，价格较高，故只用于作为轴承衬材料。

（2）铜合金。

铜合金是常用的轴瓦材料。主要有锡青铜、铝青铜和铅青铜三种，青铜的强度高，减摩性、耐磨性和导热性都较好，但材料的硬度较高，不易跑合。它适用于中速重载、低速重载的场合。

（3）铸铁。

铸铁分为灰铸铁和球墨铸铁。材料中的片状或球状石墨成分在材料表面上覆盖后，可以形成一层起润滑作用的石墨层。这是这类材料可以用作轴瓦材料的主要原因。铸铁的性能不如轴承合金和铜合金，但价格低廉，适用于低速、轻载，不重要的轴承。

（4）粉末冶金。

粉末冶金是一种多孔金属材料，由铜、铁、石墨等粉末经压制、烧结而成，若将轴承浸在润滑油中，使微孔中充满润滑油，则称为含油轴承，具有自润滑性能。但该材料韧性小，只适用于平稳的无冲击载荷及中、小速度的情况下。

除了上述几种材料外，还可采用非金属材料，如塑料、尼龙、橡胶等作为轴瓦材料。

习　题

一、填空题

1. 对于一般使用的滑动轴承，轴承材料主要是指________或________材料。
2. 常见的轴瓦或轴承衬的材料有________和________。
3. 为了使润滑油能够流到轴瓦的整个工作面，轴瓦面上应开有________。
4. 滑动轴承轴瓦面上的油孔一般开在____________________。
5. 常用的轴瓦结构有________和__________________两种。
6. 整体式滑动轴承的特点是结构简单、成本低，缺点是________。
7. 对开式滑动轴承的特点是____________________。

二、判断题

（　　）1. 止推轴承只能承受轴向载荷，不能承受径向载荷。

（　　）2. 滑动轴承比滚动轴承能承受更大的载荷。

（　　）3. 滑动轴承的润滑方式可自由选择。

（　　）4. 选用滑动轴承的润滑油时，转速越高，润滑油的黏度越高。

(　　) 5. 滑动轴承的主要失效形式是磨损。

三、简答题

1. 根据结构特点，滑动轴承分为哪几类？各有什么特点？
2. 轴瓦上为什么要开油槽？开油槽要注意哪些问题？
3. 滑动轴承和滚动轴承比较，各有哪些特点？

6.3　滚动轴承

滚动轴承是机械中广泛应用的标准零部件。它具有摩擦阻力小、效率高、易于启动、润滑方便、互换性好等优点。但其抗冲击能力差，高速时噪声大。设计时可根据载荷性质与大小、转速及旋转精度等条件，正确选择轴承类型和尺寸，进行轴承的组合结构设计，并确定润滑及密封方式等。

6.3.1　滚动轴承的结构

滚动轴承一般是由内圈、外圈、滚动体和保持架组成，如图6－23所示。

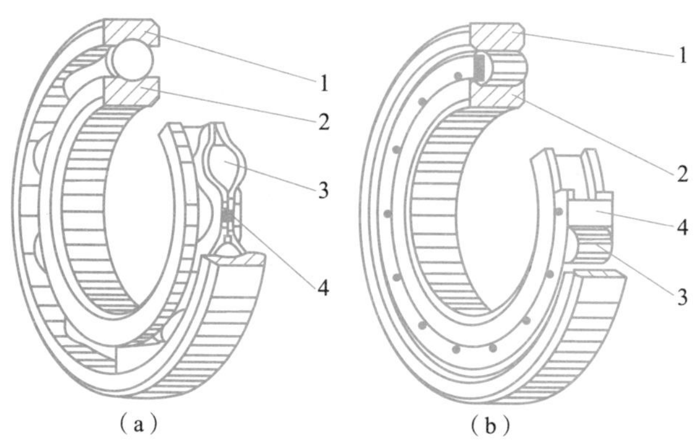

图6－23　滚动轴承基本结构

1—外圈；2—内圈；3—滚动体；4—保持架

1. 内圈

内圈是一个环形的零件，安装在轴颈上，且与轴紧密配合在一起。在内圈的外表面上开有一个或几个凹槽。

2. 外圈

外圈也是一个环形的零件，安装在机座或零件的轴承座孔中。在外圈的内表面上同样开有一个或几个凹槽，与内圈外表面上的凹槽形成了运动滚道，作为滚动体的运动滚道。

3. 滚动体

滚动体排列在内、外圈之间的滚道中。当内、外圈相对转动时，滚动体沿着滚道滚动，实现滚动摩擦并传递载荷。滚动体是滚动轴承中的关键零件。常见的滚动体的形状有球与滚

子两类，按滚子的形状又可分为圆柱滚子、圆锥滚子、球面滚子和滚针，如图 6－24 所示。

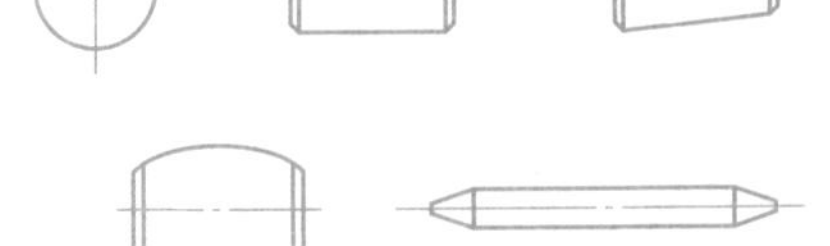

图 6－24　常见滚动体

4. 保持架

保持架与滚动体一起运动，它的作用是将滚动体隔离开，使其沿滚道均匀地分布，并减少滚动体之间的相互碰撞和摩擦。

此外，为了适应某些特殊的要求，有些滚动轴承还要附加其他特殊元件或采用特殊结构，如轴承无保持架、无内圈或外圈、带有防尘密封结构或在外圈上加止动环等。

多数情况下，内圈随轴颈一起转动，外圈固定不动。有时，也可以是外圈转动而内圈固定。

6.3.2　滚动轴承的类型及其特点

1. 滚动轴承常用的类型和特性

滚动轴承常用的类型和特性见表 6－3。

表 6－3　滚动轴承常用的类型和特性

轴承名称、类型及代号	结构简图及承载方向	尺寸系列代号	组合代号	极限转速 n_c	允许角偏差 θ	特性与应用
双列角接触球轴承 0		32 33	32 33	中		同时能承受径向负荷和双向的轴向负荷，比角接触球轴承具有更大的承载能力，与双联角接触球轴承比较，在同样负荷作用下能使轴在轴向更紧密地固定
调心球轴承 1		(0) 2 22 (0) 3 23	12 22 13 23	中	2°～3°	主要承受径向负荷，可承受少量的双向轴向负荷。外圈滚道为球面，具有自动调心性能。 适用于多支点轴、弯曲刚度小的轴以及难以精确对中的支承
调心滚子轴承 2		13 22 23 30 31 32 40 41	213 222 223 230 231 232 240 241	中	0.5°～2.0°	主要承受径向负荷，其承载能力比调心球轴承约大一倍，也能承受少量的双向轴向负荷。外圈滚道为球面，具有调心性能，适用于多支点轴、弯曲刚度小的轴及难以精确对中的支承

续表

轴承名称、类型及代号	结构简图及承载方向	尺寸系列代号	组合代号	极限转速 n_c	允许角偏差 θ	特性与应用
圆锥滚子轴承 3		02 03 13 20 22 23 29 30 31 32	302 303 313 320 322 323 329 330 331 332	中	2′	能承受较大的径向负荷和单向的轴向负荷，极限转速较低。内外圈可分离，轴承游隙可在安装时调整。通常成对使用，对称安装。适用于转速不太高，轴的刚性较好的场合
双列深沟球轴承 4		（2）2 （2）3	42 43	中		主要承受径向负荷，也能承受一定的双向轴向负荷。它比深沟球轴承具有更大的承载能力
推力球轴承 5		11 12 13 14	511 512 513 514	低	不允许	推力球轴承的套圈与滚动体可分离，单向推力球轴承只能承受单向轴向负荷，两个圈的内孔不一样大，内孔较小的与轴配合，内孔较大的与机座固定。双向推力球轴承可以承受双向轴向负荷，中间圈与轴配合，另两个圈为松圈。高速时，由于离心力大，寿命较低。常用于轴向负荷大、转速不高的场合
		22 23 24	522 523 524	低	不允许	
深沟球轴承 6		17 37 18 19 （0）0 （1）0 （0）2 （0）3 （0）4	617 637 618 619 160 60 62 63 64	高	8′～16′	主要承受径向负荷，也可同时承受少量双向轴向负荷，工作时内、外圈轴线允许偏斜。摩擦阻力小，极限转速高，结构简单，价格便宜，应用最广泛。但承受冲击载荷能力较差，适用于高速场合。在高速时可代替推力球轴承

续表

轴承名称、类型及代号	结构简图及承载方向	尺寸系列代号	组合代号	极限转速 n_c	允许角偏差 θ	特性与应用
角接触球轴承 7		19 (1) 0 (0) 2 (0) 3 (0) 4	719 70 72 73 74	较高	2′~3′	能同时承受径向负荷与单向的轴向负荷，公称接触角 α 有15°、25°和40°三种，α 越大，轴向承载能力也越大。成对使用，对称安装，极限转速较高。适用于转速较高，同时承受径向和轴向负荷的场合
推力圆柱滚子轴承 8		11 12	811 812	低	不允许	能承受很大的单向轴向负荷，但不能承受径向负荷。它比推力球轴承的承载能力要大，套圈也分紧圈与松圈。极限转速很低，适用于低速重载的场合
圆柱滚子轴承 N		10 (0) 2 22 (0) 3 23 (0) 4	N10 N2 N22 N3 N23 N4	较高	2′~4′	只能承受径向负荷。承载能力比同尺寸的球轴承大，承受冲击载荷能力大，极限转速高。对轴的偏斜敏感，允许偏斜较小，用于刚性较大的轴上，并要求支承座孔很好地对中
滚针轴承 NA		48 49 69	NA48 NA49 NA69	低	不允许	滚动体数量较多，一般没有保持架。径向尺寸紧凑且承载能力很大，价格低廉，不能承受轴向负荷，摩擦系数较大，不允许有偏斜。常用于径向尺寸受限制而径向负荷又较大的装置中

2. 滚动轴承的类型选择

类型不同的滚动轴承具有不同的性能特点，要根据实际工作情况，按工作载荷的性质、转速高低、装配结构及经济性要求进行选择。

1）轴承工作载荷的大小、方向和性质

(1) 轴承承受纯径向载荷时，选用向心轴承；承受纯轴向载荷时，选用推力轴承，但在高速轻载时可考虑用深沟球轴承或角接触球轴承代替。

（2）在同样外形尺寸下，滚子轴承比球轴承承载能力高、抗冲击能力强，因而载荷大、有冲击时，宜选用滚子轴承；载荷小而平稳时，宜选用球轴承。

（3）轴承同时承受径向及轴向载荷时，应综合考虑。若轴向载荷较小，可选用小接触角的角接触球轴承（如70000C型）或深沟球轴承；轴向载荷较大时，可选用大接触角的角接触球轴承及圆锥滚子轴承；轴向载荷很大时，可选用向心轴承与推力轴承的组合，分别承受径向和轴向载荷。

2）轴承工作转速

受离心力影响，滚动轴承选用时应保证工作转速低于极限值。一般只有在转速较高时，才需考虑轴承类型的选择，通常在尺寸公差等级相同时，球轴承比滚子轴承有较高的极限转速，故高速时应优先选用。

3）轴承的装卸、调整，支承轴的刚度

受加工、装配误差及受力变形等影响，轴在工作时将产生弯曲变形，尤其在支点跨距大、刚性差等场合下变形更大，应选用调心轴承，并应保证所选用轴承的相对角位移小于该类型轴承的允许值。对于不便装卸的结构，应选取内、外圈可分离的轴承。

4）经济性

球轴承制造容易、价格低廉，在满足基本工作要求的条件下，应优先选用；同型号不同公差等级的轴承，价格相差较大，应以够用为原则。

6.3.3　滚动轴承的代号

滚动轴承的类型很多，而各类轴承又有不同的结构、尺寸、精度和技术要求，为便于组织生产和选用，应规定滚动轴承的代号。滚动轴承代号的表示方法见表6－4。

表6－4　滚动轴承代号的表示方法

<table>
<tr><td>前置代号</td><td colspan="5">基本代号</td><td colspan="4">后置代号</td></tr>
<tr><td rowspan="3">…</td><td>五</td><td>四</td><td>三</td><td>二</td><td>一</td><td rowspan="3">内部结构代号</td><td rowspan="3">…</td><td rowspan="3">公差等级代号</td><td rowspan="3">…</td></tr>
<tr><td rowspan="2">类型代号</td><td colspan="2">尺寸系列代号</td><td colspan="2" rowspan="2">内径系列代号</td></tr>
<tr><td>宽度系列代号</td><td>直径系列代号</td></tr>
</table>

基本代号表示轴承的类型与尺寸等主要特征。由类型代号、尺寸系列代号和内径系列代号组成。

1. 类型代号

用数字或大写拉丁字母表示，后两者用数字表示。对于常用的结构上没有特殊要求的轴承，轴承代号由基本代号和公差等级代号组成。

2. 尺寸系列代号

尺寸系列是轴承的宽度系列（或高度系列）与直径系列的总称。宽度系列（高度系列）是指径向接触轴承（轴向接触轴承）的内径相同，而宽度（高度）有一个递增的系列尺寸。

直径系列是表示同一类型、内径相同的轴承，其外径有一个递增的系列尺寸。即对同一类型的轴承，相同的内径可以有不同的外径和不同的宽度。

3. 内径系列代号

内径系列代号表示轴承公称直径的大小，用数字表示，表示方法见表6－5。

表6－5　滚动轴承内径代号

内径系列代号	00	01	02	03	04～96
轴承公称内径/mm	10	12	15	17	代号数×5

4. 内部结构代号

表示同一类型轴承的不同内部结构，用紧跟着基本代号的字母表示。如公称接触角 $\alpha=15°$、25°、40°的角接触球轴承，分别用C、AC和B表示其内部结构的不同。

5. 公差等级代号

轴承公差等级分0、6、6x、5、4、2共6级，分别用/P0、/P6、/P6x、/P5、/P4、/P2表示，其中2级最高，0级最低（称为普通级），且/P0在轴承代号中可省略不标。

【例6.1】 解释轴承代号7210AC、N2208/P6的含义。

解：（1）7210AC：

7——角接触球轴承；
2——尺寸系列02：宽度系列0（省略），直径系列2；
10——轴承内径 $d=10\times5=50$（mm）；
AC——公称接触角 $\alpha=25°$；
公差等级为普通级0（省略）。

（2）N2208/P6：

N——圆柱滚子轴承；
22——尺寸系列22：宽度系列2，直径系列2；
08——轴承内径 $d=8\times5=40$（mm）；
/P6——公差等级为/P6。

6.3.4　滚动轴承的组合设计

1. 滚动轴承的组合设计

为保证轴承在机器中能正常工作，除合理选择轴承类型和尺寸外，还应正确进行轴承的组合设计，处理好轴承与其周围零件之间的关系。也就是要解决轴承的轴向位置固定、轴承与其他零件的配合、间隙调整、装拆等一系列问题。

轴承的固定：

（1）双支点单侧固定（两端固定）。

对于两支点距离<350 mm的短轴，或在工作中温升较小的轴，可采用如图6－25所示简单结构。轴两端的轴承内圈用轴肩固定，外圈用轴承端盖固定。为补偿轴的受热伸长，对

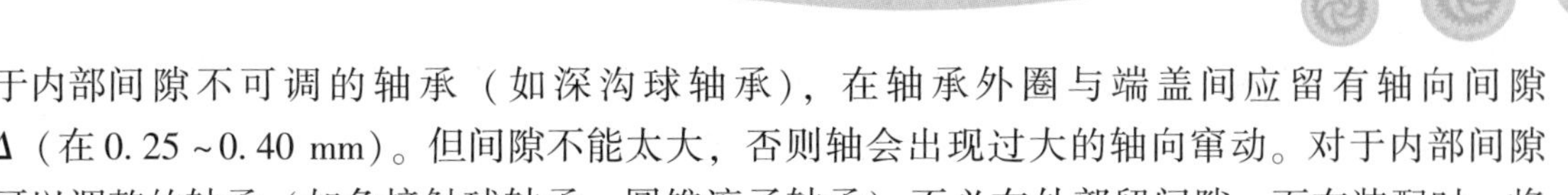

于内部间隙不可调的轴承（如深沟球轴承），在轴承外圈与端盖间应留有轴向间隙 Δ（在 0.25～0.40 mm）。但间隙不能太大，否则轴会出现过大的轴向窜动。对于内部间隙可以调整的轴承（如角接触球轴承、圆锥滚子轴承）不必在外部留间隙，而在装配时，将温升补偿间隙留在轴承内部。

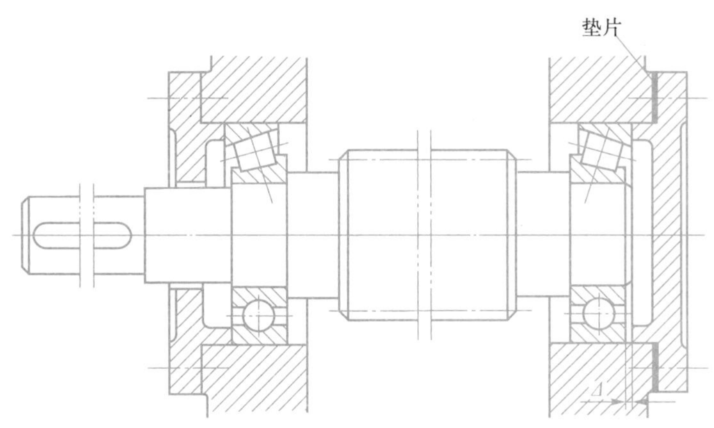

图 6－25　两端固定式支承

（2）单支点双侧固定，另一支点游动（一端固定、一端游动）。

如图 6－26 所示，当轴的支点跨距较大（大于 350 mm）或工作温度较高时，因这时轴的热伸长量较大，采用上一种支承预留间隙的方式已不能满足要求。右端轴承的内、外圈两侧均固定，使轴双向轴向定位，而左端可采用深沟球轴承作游动端，为防止轴承从轴上脱落，轴承内圈两侧应固定，而其外圈两侧均不固定，且与机座孔之间是间隙配合。左端也可采用外圈无挡边圆柱滚子轴承为游动端，这时的内、外圈的固定方式如图 6－26所示。

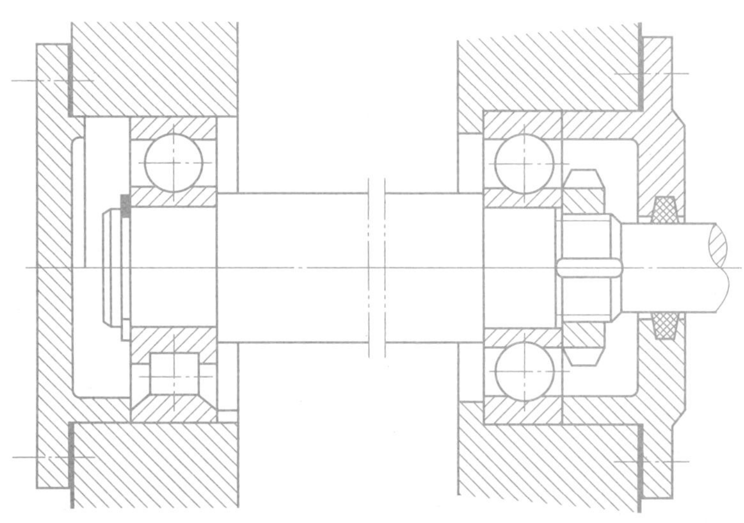

图 6－26　一端固定、一端游动式支承

（3）双支点游动。

如图 6－27 所示，其左、右两端都采用圆柱滚子轴承，轴承的内、外圈都要求固定，以保证在轴承外圈的内表面与滚动体之间能够产生左右轴向游动。此种支承方式一般只用在人

字齿轮传动这种特定的情况下，而且另一个轴必须采用两端固定结构。该结构可避免在人字齿轮传动中，由加工误差导致干涉甚至出现卡死的现象。

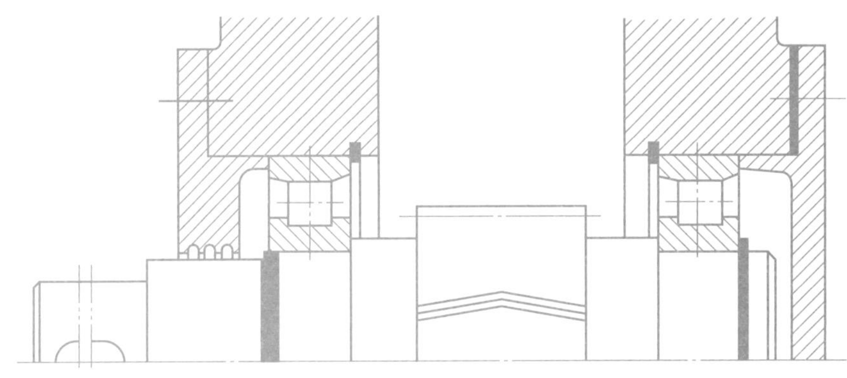

图 6－27　两端游动式支承

2. 滚动轴承的配合

由于滚动轴承是标准件，选择配合时就把它作为基准件。因此，轴承内圈与轴的配合采用基孔制，轴承外圈与轴承座孔的配合则采用基轴制。

选择配合时，应考虑载荷的方向、大小和性质，以及轴承类型、转速和使用条件等因素。当外载荷方向不变时，转动套圈应比固定套圈的配合紧一些。固定圈（一般为外圈）的配合选松些。一般情况下是内圈随轴一起转动，外圈固定不转，故内圈常取具有过盈的过渡配合，外圈常取较松的过渡配合。对一般机械，与轴承内圈配合的回转轴常采用 n6、m6、k5、k6、js6；与不转动的外圈相配合的机座孔常采用 J6、J7、H7、G7 等配合。当轴承作游动支承时，外圈应采用保证有间隙的配合。

3. 滚动轴承的装拆

设计轴承组合时，应考虑怎样有利于轴承装拆，以便在装拆过程中不致损坏轴承和其他零件。滚动轴承的装拆以压力法最常用，此外还有温差法、液压配合法等。温差法是将轴承放进烘箱或热油中，使轴承的内圈受热膨胀，然后即可将轴承顺利装在轴上。液压配合法是通过将压力油打入环形油槽拆卸轴承。

图 6－28 和图 6－29 所示分别为轴承内圈和外圈的压装，通过压轴承内外圈，将轴承压装到轴上或轮毂孔中。

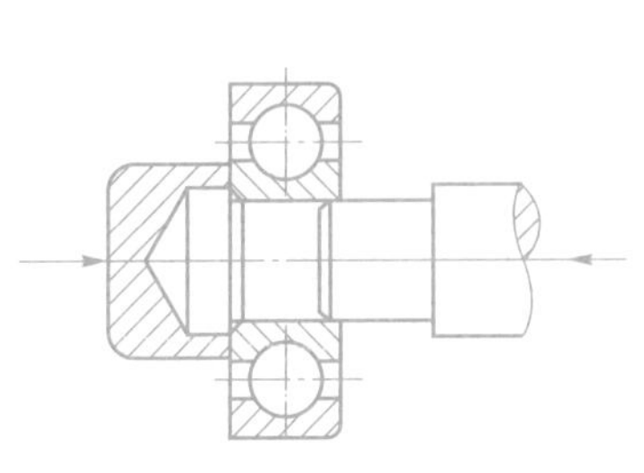

图 6－28　轴承内圈压装

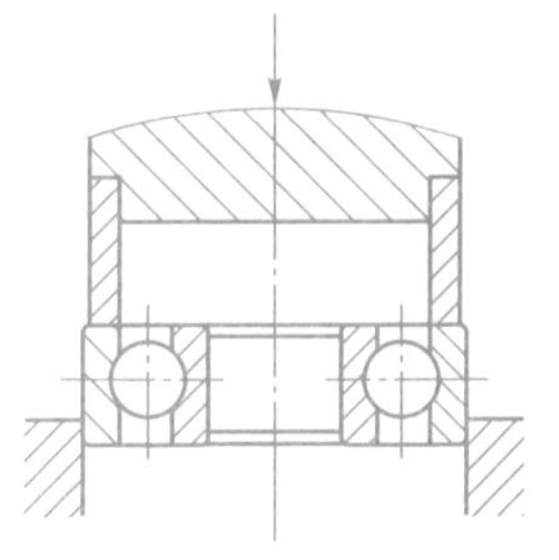

图 6－29　轴承外圈压装

用轴承拆卸器拆卸轴承，如图 6－30 所示。在设计中应预留拆卸空间。另外应注意：从轴上拆卸轴承时，应卡住轴承的内圈；从座孔中拆卸轴承时，应用反向爪拆卸轴承的外圈。

当轴不太重时，可以用压力法拆卸轴承，如图 6－31 所示。注意采用该方法时，不可只垫轴承的外圈，以免损坏轴承。

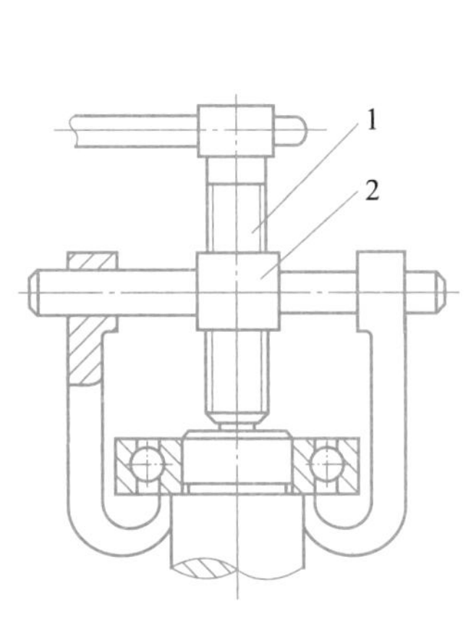

图 6－30　钩爪拆卸器

1—螺栓；2—螺母

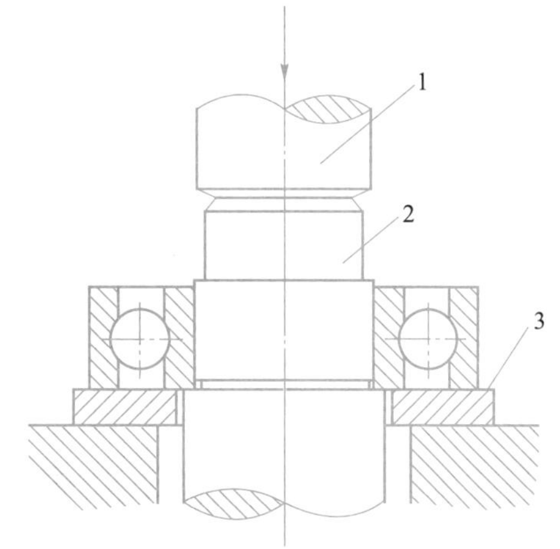

图 6－31　垫平轴承压拆轴承

1—压头；2—轴；3—对开垫板

4. 滚动轴承的调整

滚动轴承组合结构的调整包括轴承间隙的调整和轴系轴向位置的调整。

1）轴承间隙的调整

轴承间隙的大小将影响轴承的旋转精度，传动零件工作的平稳性，故轴承间隙必须能够调整。轴承间隙调整的方法有：

（1）调整垫片如图 6－25 所示，利用加减轴承端盖与箱体间垫片的厚度进行调整。

（2）可调压盖如图 6－32 所示，利用端盖上的调整螺钉推动压盖，移动滚动轴承外圈进行调整，调整后用螺母锁紧。

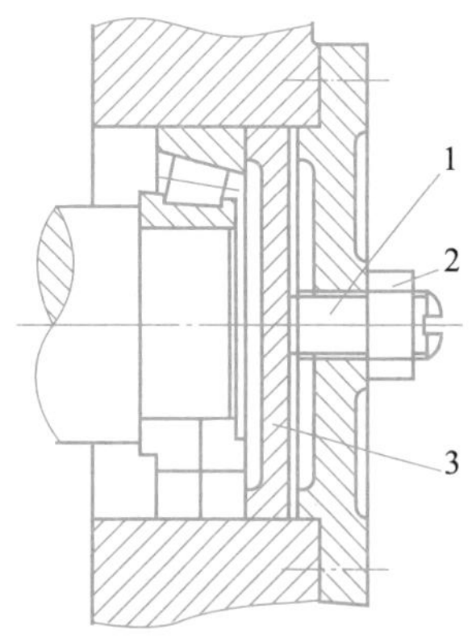

图 6－32　轴承间隙调整

1—螺钉；2—螺母；3—压盖

2）轴系轴向位置的调整

轴系轴向位置调整的目的是使轴上零件有准确的工作位置。如蜗杆传动，要求蜗轮的中间平面必须通过蜗杆轴线；直齿锥齿轮传动，要求两锥齿轮的锥顶点必须重合。图 6－33 所示为小锥齿轮轴的轴承组合结构，轴承装在轴承套杯 3 内，通过加减套杯与箱体间垫片 1 的厚度来调整轴承套杯的轴向位置，即可调整小锥齿轮的轴向位置。通过加减套杯与端盖间垫片 2 的厚度可调整轴承间隙。

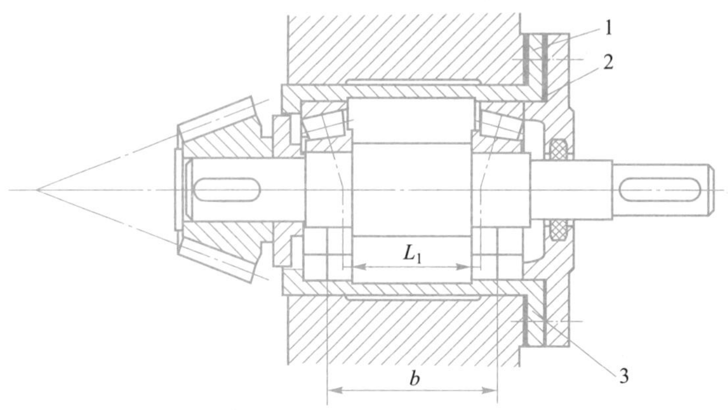

图 6－33　小锥齿轮轴的轴承组合结构

1，2—垫片；3—套杯

6.4　减　速　器

在机械传动中，为了降低转速并相应地增大转矩，往往在工作机与原动机之间设置专门的降速变换装置，这种降速变换装置称为减速器。减速器结构紧凑，传动准确可靠，传递的功率和圆周速度范围大，制造和安装精度高，箱体的支承刚度大，具有良好的润滑和密封条件，使用维护方便，所以在机械传动中得到广泛应用。

1. 减速器的类型

减速器的类型很多，常用的有如下几种。

1）圆柱齿轮减速器

圆柱齿轮减速器按其齿轮传动的级数可分为单级、两级和多级；按轴在空间的相对位置可分为卧式和立式。

图 6－34 所示为单级圆柱齿轮减速器，图 6－34（a）所示为卧式，图 6－34（b）所示为立式。一般直齿轮的传动比 $i \leq 5$，斜齿轮或人字齿轮的传动比 $i \leq 8$。

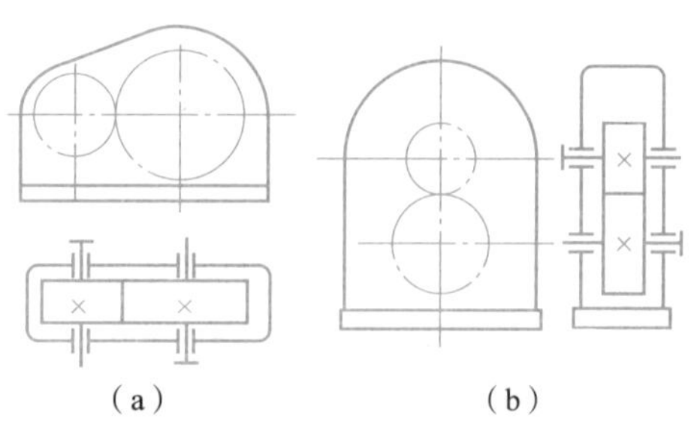

图 6－34　单级圆柱齿轮减速器

图 6－35 所示为两级圆柱齿轮减速器，常用的传动比 $i = 8 \sim 50$。图 6－35（a）所示为展开式，其结构简单，由于齿轮相对于轴承位置不对称，要求轴应有较大的刚度。图 6－35（b）所示为分流式，齿轮两侧的轴承对称分布，载荷沿齿宽分布均匀。图 6－35（c）所示为同轴式，输入轴与输出轴位于同一轴线上，箱体长度较短，而宽度较大，且两级齿轮的中心距必须相等，高速级齿轮的承载能力不能充分利用，所以应用不多。

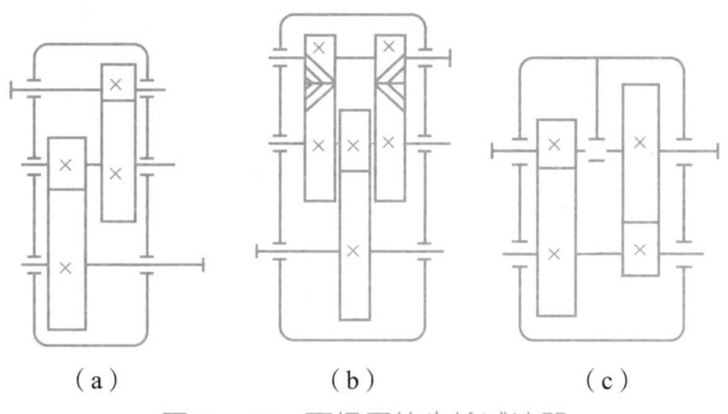

图 6-35　两级圆柱齿轮减速器

2）圆锥齿轮减速器

图 6-36 所示为圆锥齿轮减速器，图 6-36（a）所示为单级圆锥齿轮减速器，传动比 $i \leqslant 5$。图 6-36（b）所示为圆锥—圆柱齿轮减速器，传动比 $i=8\sim22$，圆锥齿轮应放在高速级，使齿轮尺寸不致太大，否则圆锥齿轮加工困难，圆柱齿轮可用直齿轮或斜齿轮。

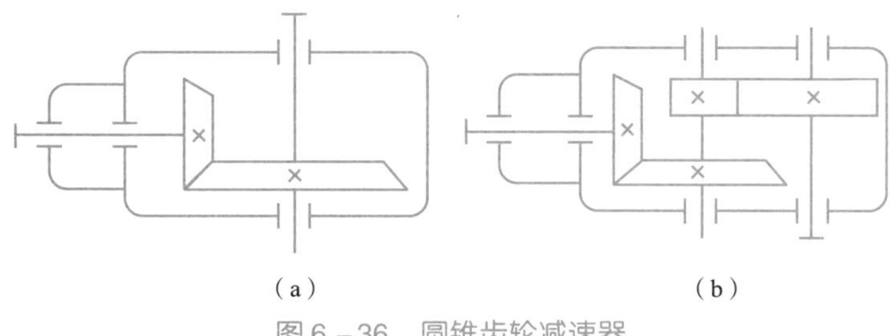

图 6-36　圆锥齿轮减速器

（a）单级圆锥齿轮减速器；（b）圆锥—圆柱齿轮减速器

3）蜗杆减速器

图 6-37 所示为单级蜗杆减速器。图 6-37（a）所示的蜗杆布置在蜗轮的上方，称为蜗杆上置式，装拆方便，蜗杆圆周速度可高些，而且金属屑等杂物掉入啮合处的机会少，当蜗杆圆周速度 $v>5$ m/s 时，最好采用此形式。图 6-37（b）所示的蜗杆布置在蜗轮的下方，称为蜗杆下置式，轮齿啮合处润滑和冷却较好，蜗杆轴承的润滑也较方便，但当蜗杆圆周速度较大时，油的搅动损失大，一般用于蜗杆圆周速度 $v<5$ m/s 的场合。

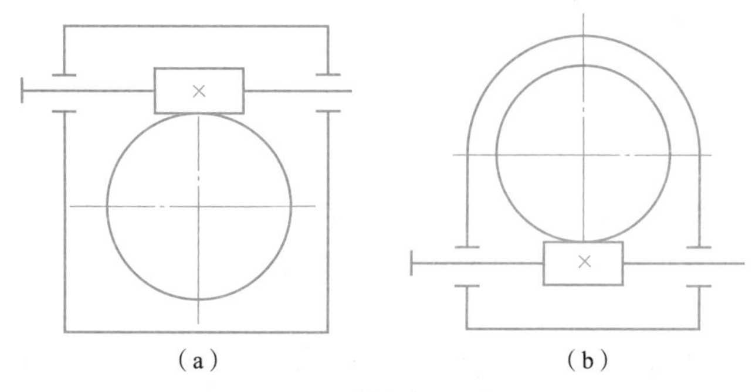

图 6-37　单级蜗杆减速器

（a）蜗杆上置式；（b）蜗杆下置式

单级蜗杆减速器的传动比一般为 $8<i<80$，传递功率较大时，$i\leqslant30$。蜗杆减速器在外廓尺寸不大时，可获得较大的传动比，工作平稳，噪声小，但效率低，只宜传递中等以下的

功率，一般不超过50 kW。

2. 减速器的结构

减速器的结构必须满足以下要求：箱内的传动零件和轴承应能正常工作，并有良好的润滑；整个减速器便于制造、安装和运输。减速器的结构随其类型与要求的不同而异，一般由箱体、轴承、轴、轴上零件和附件等组成。本节只介绍箱体的结构及附件，其他零件在有关章节中介绍。现以图6－38所示的单级圆柱齿轮减速器为例，简单介绍其结构。

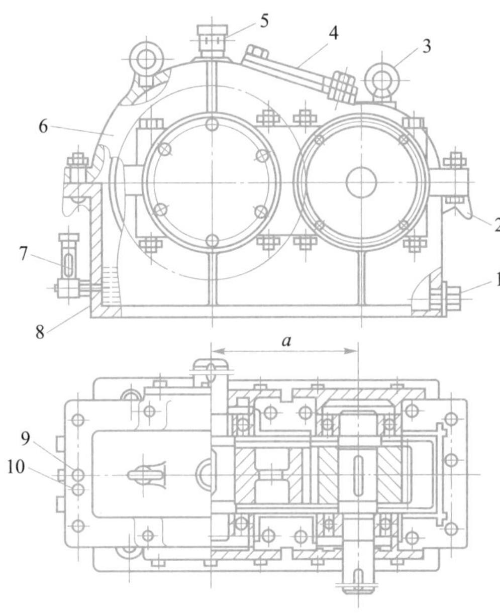

图6－38　单级圆柱齿轮减速器

1—油塞；2—吊耳；3—吊耳螺钉；4—检查孔盖；5—透气器；6—箱盖；7—油面指示器；8—箱体；9—箱盖螺钉；10—定位钉

1）箱体结构

减速器的箱体用来支承和固定轴系零件，应保证传动件轴线相互位置的正确性，因而轴孔必须精确加工。箱体必须具有足够的强度和刚度，以免引起沿齿轮齿宽上载荷分布不匀。为了增加箱体的刚度，通常在箱体上制出筋板。

为了便于轴系零件的安装和拆卸，箱体通常制成剖分式。剖分面一般取在轴线所在的水平面内（即水平剖分），以便于加工。剖分面上铣出集油沟，使飞溅到箱盖上的润滑油沿内壁流入油沟，引入轴承室润滑轴承。

箱盖与箱座用一组螺栓连接，螺栓布置要合理。为了使轴承座旁的连接螺栓尽量靠近轴承座孔，并增加轴承支座的刚性，应在轴承座旁制出凸台。设计螺栓孔位置时，应注意留出扳手空间。

箱体通常用灰铸铁（HT150或HT200）铸成，对于受冲击载荷的重型减速器也可采用铸钢箱体。单件生产时为了简化工艺，降低成本，可采用钢板焊接箱体。

2）减速器附件

（1）定位销。

在精加工轴承座孔前，在箱盖和箱座的连接凸缘上配装定位销，以保证箱盖和箱座的装

配精度，同时也保证了轴承座孔的精度。两定位圆锥销应设在箱体纵向两侧连接凸缘上，且不宜对称布置，以加强定位效果。

（2）观察孔盖板。

为了检查传动零件的啮合情况，并向箱体内加注润滑油，在箱盖的适当位置设置一观察孔，观察孔多为长方形，观察孔盖板平时用螺钉固定在箱盖上，盖板下垫有纸质密封垫片，以防漏油。

（3）通气器。

通气器用来沟通箱体内、外的气流，箱体内的气压不会因减速器运转时的油温升高而增大，从而提高了箱体分箱面、轴伸端缝隙处的密封性能，通气器多装在箱盖顶部或观察孔盖上，以便箱内的膨胀气体自由溢出。

（4）油面指示器。

为了检查箱体内的油面高度，及时补充润滑油，应在油箱便于观察和油面稳定的部位，装设油面指示器。油面指示器分油标和油尺两类。

（5）放油螺塞。

换油时，为了排放污油和清洗剂，应在箱体底部、油池最低位置开设放油孔，平时放油孔用油螺塞旋紧，放油螺塞和箱体结合面之间应加防漏垫圈。

（6）启箱螺钉。

装配减速器时，常常在箱盖和箱座的结合面处涂上水玻璃或密封胶，以增强密封效果，但却给开启箱盖带来困难。为此，在箱盖侧边的凸缘上开设螺纹孔，并拧入启箱螺钉。开启箱盖时，拧动启箱螺钉，迫使箱盖与箱座分离。

（7）起吊装置。

为了便于搬运，需在箱体上设置起吊装置。箱盖上铸有两个吊耳，用于起吊箱盖。箱座上铸有两个吊钩，用于吊运整台减速器。

（8）密封装置。

在伸出轴与端盖之间有间隙，必须安装密封件，以防止润滑剂流失和杂物进入轴承。密封件多为标准件，其密封效果相差很大，应根据具体情况选用。

3. 减速器的润滑

减速器中的传动零件齿轮与轴承必须有良好的润滑，以便减少摩擦和磨损，提高效率。

一般减速器采用润滑油润滑。根据齿轮的圆周速度而定。当 $v \leq 12$ m/s 时，通常采用油池润滑。图6－39（a）所示为单级齿轮传动的润滑，图6－39（b）所示为多级齿轮传动的润滑。

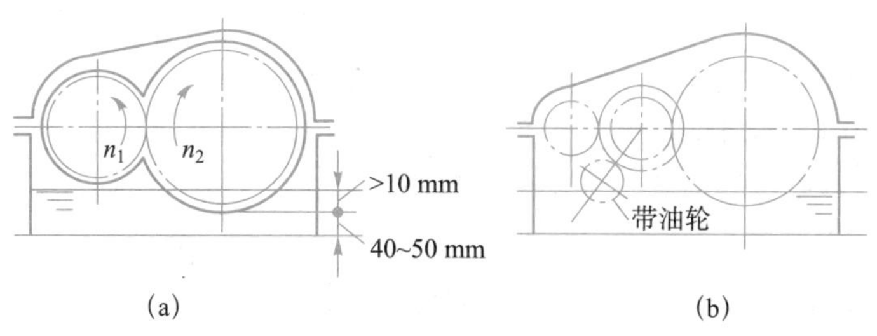

图6－39　油池润滑

（a）单级齿轮传动的润滑；（b）多级齿轮传动的润滑

当$v>12$ m/s时，通常采用喷油润滑，如图6－40所示。用油泵将润滑油通过管道和喷嘴直接喷到啮合区。

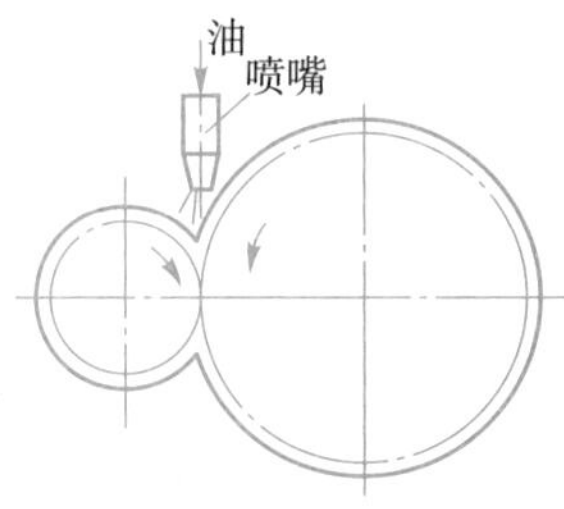

图6－40　喷油润滑

4. 减速器的选择

减速器是应用较广泛的机械传动部件，为了减轻设计工作量，提高产品质量和降低成本，我国一些部门和工厂都制定了常用减速器的标准并进行批量生产，使用单位可直接选用。

选用标准减速器时，一般已知条件是：高速轴传递功率或低速轴传递的转矩，高速轴与低速轴转速，载荷变化图，使用寿命，装配型式及工作环境等。

一般选用步骤如下：

(1) 根据工作要求确定标准减速器的类型。

(2) 根据转速传动比，选用该类型中不同级数的减速器。

(3) 由输入功率或输出转矩、工作类型、载荷性质、输入轴转速和总传动比等条件，查出所需减速器的型号，并决定其参数和尺寸。

习　题

一、填空题

1. 在正常条件下，滚动轴承的主要失效形式是________。

2. 深沟球轴承内径100 mm，宽度系列0，直径系列2，公差等级为0级，其代号为________。

3. 滚动轴承的外圈与座孔的配合采用________制配合。

4. 滚动轴承的内圈与轴的配合采用________制配合。

5. 滚动轴承轴系支点轴向固定常用的三种结构形式是________、________和________。

二、判断题

(　　) 1. 推力滚动轴承主要承受径向载荷。

(　　) 2. 滚动轴承的尺寸系列代号表示轴承内径和外径尺寸的大小。

(　　) 3. 同时承受较大的径向载荷和轴向载荷，且轴向载荷很大时宜选用圆锥滚子

轴承。

(　　) 4. 推力滚动轴承主要承受径向载荷。

(　　) 5. 滚动轴承的外圈与箱体的配合采用基轴制。

三、简答题

1. 在机械传动中为什么要采用减速器？减速器有哪些主要类型？

2. 你所学的滚动轴承中，哪几类滚动轴承是内、外圈可分离的？

3. 滚动轴承由哪些基本零件组成？各自的功用是什么？

4. 滚动轴承支承的轴系，其轴向固定的典型结构形式有三类：

(1) 两支点各单向固定；

(2) 一支点双向固定，另一支点游动；

(3) 两支点游动。

试问这三种类型各适用于什么场合？

5. 滚动轴承有哪些基本的类型？各自的特点是什么？

6. 滚动轴承的代号由几部分组成？基本代号又由几部分组成？

第7章 液压传动

液压传动是以液体（通常是油液）作为工作介质，利用液体的压力来传递动力并进行控制的一种传动方式，其工作原理与机械传动有着本质的不同。由于它具有许多突出的优点，近年来被广泛应用在工业、农业、交通和军事等方面。

学习目标

知识目标

- 掌握液压系统的工作原理、组成元件及各组成元件的作用，熟悉液压传动的优缺点。
- 掌握常见液压组成元件的构造和工作原理。
- 掌握常见液压回路的原理。

能力目标

- 能结合不同液压泵的结构特点确定其应用场合。
- 能分析液压缸的不同结构和作用。
- 能分析液压阀的作用及应用。
- 掌握各种液压辅助元件的特点和功用。

7.1 液压传动概述

7.1.1 液压传动的基本原理

液压传动是利用静压传递原理来工作的，其传动模型如图 7－1 所示。密封容器中盛满液体，当小活塞在作用力 F 足够大时即下压，小缸体内的液体流入大缸体内，依靠液体压力推动大活塞，将重物 W 举升。这种力和运动的传递是通过容器内的液体来实现的。

图 7－2 所示为液压千斤顶的工作原理。液压千斤顶主要由手动柱塞液压泵（杠杆手柄 1、小缸体 2 和小活塞 3）和液压缸（大活塞 10 和大缸体 9）组成。大小两个缸体内分别装有大活塞和小活塞，活塞和缸体之间配合良好，不仅活塞能在缸体内自由滑动，而且配合面之间能够实现可靠的密封，液体不会产生泄漏。加之单向阀 4、5 和放油阀 8 的作用，便形

成两个密封容积。

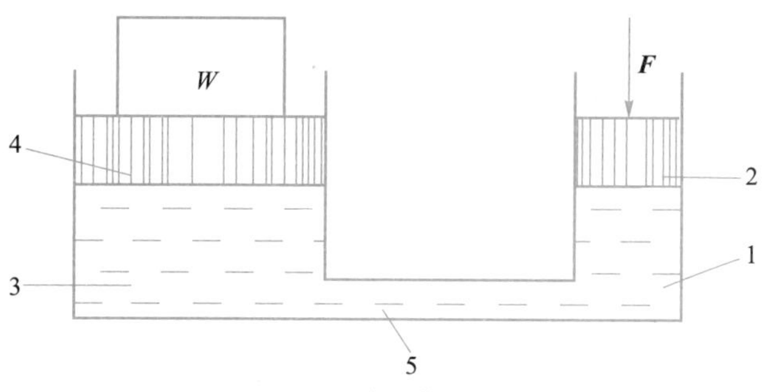

图7－1　液压传动模型

1，3—缸体；2，4—活塞；5—连通管

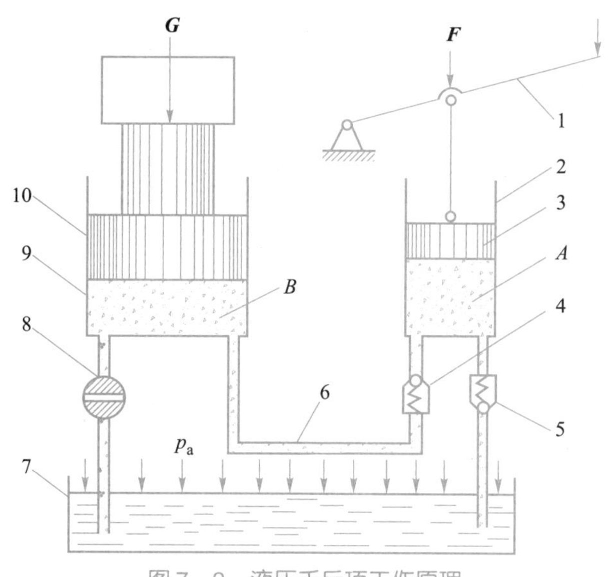

图7－2　液压千斤顶工作原理

1—杠杆手柄；2—小缸体；3—小活塞；4，5—单向阀；6—油管；7—油箱；8—放油阀；9—大缸体；10—大活塞

当用手提起杠杆手柄1时，小活塞3被带动上行，小缸体2中的密封容积增大，这时，由于单向阀4、5和放油阀8分别关闭了它们各自所在的油路，所以在小缸体2中的工作容积扩大形成了局部真空。在大气压的作用下，油箱中的油液经油管打开吸油单向阀5并流入小缸体2中，完成一次吸油动作。

当用手压下杠杆手柄1时，带动小活塞下移，其下腔中的油液受到挤压作用压力增大，使单向阀5关闭，防止油液倒流入油箱，同时单向阀4开启，小活塞3下方的油液输入到大缸体9的下腔，迫使大活塞10向上移动，重物被顶起，完成一次压油过程。

反复提、压杠杆手柄，就可以使重物不停上升，达到起重的目的。

千斤顶工作时，放油阀关闭。当需要将大活塞（重物）返回时，将放油阀开启（旋转90°），则在重物自重的作用下，大缸体中的油液返回油箱，大活塞就下降到原位。

液压千斤顶是一个简单的液压传动装置，从其工作过程可以看出，液压传动的工作原理是：以油液作为工作介质，通过密封容积的变化来传递运动，通过油液内部的压力来传递动

力。液压传动装置实质上是一种能量转换装置，它先将机械能转换为便于输送的液压能，随后再将液压能转换为机械能做功。

7.1.2 液压传动的组成

液压传动系统的组成一般由动力元件、执行元件、控制元件、辅助元件和工作介质组成。

1. 动力元件

动力元件为液压泵，其功用是将原动机输出的机械能转换为液体的压力能。在液压千斤顶中为手动柱塞泵。

2. 执行元件

执行元件为液压缸或液压马达，其功用是将液压泵输入的液压能转换为带动工作机构的机械能。在液压千斤顶中为液压缸。

3. 控制元件

它包括各类阀，这些阀控制液压系统中油液的压力、流量和方向，以保证执行元件按预定的要求工作。在液压千斤顶中为放油阀和单向阀。

4. 辅助元件

它包括油管、油箱、滤油器、各种指示器、仪表等，起连接、储油、过滤、测量等作用。在液压千斤顶中为油管和油箱。

5. 工作介质

工作介质指系统中的传动液体，通常用液压油。液压系统就是通过介质实现运动和动力的传递的。

7.1.3 液压传动的特点

1. 液压传动的优点

液压传动与机械传动、电气传动相比有以下主要优点：

（1）液压传动的传递功率大，能输出大的力或力矩。即在同等功率下，液压装置的体积和质量小、结构紧凑。

（2）液压执行元件的速度可以实现无级调节，而且调速范围大。

（3）液压传动工作平稳，换向冲击小，便于实现频繁换向。

（4）液压装置易于实现过载保护，能实现自润滑，使用寿命长。

（5）液压装置易于实现自动化的工作循环。

（6）液压元件易于实现系列化、标准化和通用化，便于设计、制造和推广使用。

2. 液压传动的缺点

（1）由于液压传动中的泄漏和液体的可压缩性，传动无法保证严格的传动比。

（2）液压传动能量损失大，因此传动效率低。

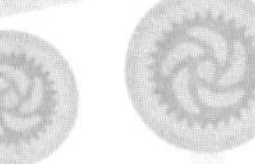

（3）液压传动对油温的变化比较敏感，不宜在较高或较低的温度下工作。

（4）液压传动出现故障时不易找出原因，不易迅速排除。

（5）为防止泄漏，液压元件的制造精度要求较高。

（6）油液中渗入空气时，会产生噪声，容易引起振动和爬行（运动速度不均匀），影响传动的平稳。

习 题

一、填空题

1. 液压传动是利用________________________来工作的。

2. 液压传动的工作原理是：以________作为工作介质，通过________变化来传递运动，通过油液内部的________来传递动力。

3. 液压传动系统除油液外还包括________、________、________和________四个部分。

4. 液压元件使用寿命长是因为____________________。

5. 液压元件的制造成本较高是因为________________________。

二、判断题

（　）1. 液压传动装置实质上是一种能量转换装置。

（　）2. 液压传动可实现过载保护。

（　）3. 液压传动可以实现准确的传动比。

（　）4. 液体容易流动，而且几乎是不可压缩的。液体受压后，其内部的压强可以向各个方向传递，液压传动正是利用了液体的这一特征。

（　）5. 液压传动出现故障的原因较复杂，而且查找困难。

三、问答题

1. 液压传动系统各组成部分的主要作用是什么？

2. 简述液压传动的主要优缺点。

3. 试述液压传动中的能量转换过程。

4. 试述液压技术在国民经济中有哪些应用。

7.2 液压传动的基础知识

7.2.1 液压油的性质

在液压系统中，一般用矿物油作为工作介质，称为液压油。液压系统能否正常工作，很

大程度上取决于系统所用的液压油。为此必须了解液压油的物理性质，以便选用合适的液压油。

1. 密度

液体单位体积的质量，称为该液体的密度。通常用ρ（kg/mm^3）来表示。

$$\rho = \frac{m}{V} \tag{7-1}$$

式中：ρ——液体的密度，kg/mm^3；

m——液体的质量，kg；

V——液体的体积，m^3。

液压油的密度是液压油的一个重要物理参数，矿物型液压油的密度随液压油的牌号不同而不同，并随着温度的升高略有减小，随压力的增大略有增大。由于液压系统中工作压力和温度变化不大，所以液体的密度变化特别小，可将其视为常数。在进行计算时可近似取 $850 \sim 900\ kg/mm^3$。

2. 黏性

液体分子之间存在内聚力，液体在外力作用下流动时，液体分子间的相对运动导致内摩擦力的产生，液体流动时具有内摩擦力的性质被称为黏性。黏性是液体的重要物理性质，也是选择液压油的主要依据之一。

液压油的黏性是用黏度来表示的。黏度是液压油划分牌号的依据。

影响液体黏度的主要因素是压力和温度。

液体的黏度随着压力的增大而增大，但增大的数值不大。故在一般低压和中压的液压系统中，其变化值一般忽略不计，但在高压系统下这种变化不可忽略。

液体的黏度随温度的影响较大，随着温度的升高，液压油的黏度下降，这种关系称为液压油的黏—温特性。这种黏—温特性直接决定了液压油的使用场合。一般高温下应选择黏度大的液压油，以减少泄漏；低温应选择黏度小的液压油，以减小摩擦。

3. 可压缩性

液体受压力作用而发生体积减小的性质称为压缩性。压缩性的大小用液体的压缩系数k表示，即单位压力变化时引起液体体积的相对变化量。

对于一般中、低压的液压系统，可不考虑油的压缩性，认为油液是不可压缩的。而在压力变化很大的高压系统中，其可压缩性不可忽略。当液体中混入空气时，可压缩性将显著增加，并将严重影响液压系统的工作性能，降低运动精度，增大压力损失，延迟传递信号时间等。

4. 其他性质

液压传动工作介质还有一些其他的性质，如稳定性（热稳定性、氧化稳定性、水解稳定性、剪切稳定性）、抗泡沫性、抗乳化性、防锈性、润滑性和相容性，都对它的选择和使用有重要的影响。

7.2.2 液压传动的基本参数

液压传动中的主要参数是压力和流量，了解这两大参数的概念、基本特性和应用，有助

于深入理解液压传动的基本工作原理和特性。

1. 压力

1）压力的概念

物理学将油液在单位面积上所受的法向力定义为压强，在液压传动中习惯称为压力（静压力）。

油液的压力是由油液的自重和油液受到外力作用下所产生的。在液压传动中，与油液受到的外力相比，油液的自重一般很小，可忽略不计。以后所说的油液压力主要是指因油液表面受外力（不计大气压力）作用所产生的压力。

若在液体的面积 A 上受均匀分布的作用力 F，则压力可表示为

$$p=\frac{F}{A} \tag{7-2}$$

压力的国标单位为 N/m^2，即 Pa（帕）；工程上常用 MPa（兆帕）。

2）静压传递原理

据帕斯卡原理可知，在密闭容器中的静止液体，由外力作用在液面的压力能等值地传到液体内部的所有各点。

在图 7－3 中，柱塞泵活塞面积为 A_1，液压缸活塞面积为 A_2。当柱塞泵活塞 1 受外力 $\boldsymbol{F}_1$ 作用（液压千斤顶压油）时，柱塞泵油腔 5 中油液产生的压力为

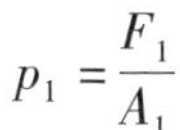

$$p_1=\frac{F_1}{A_1}$$

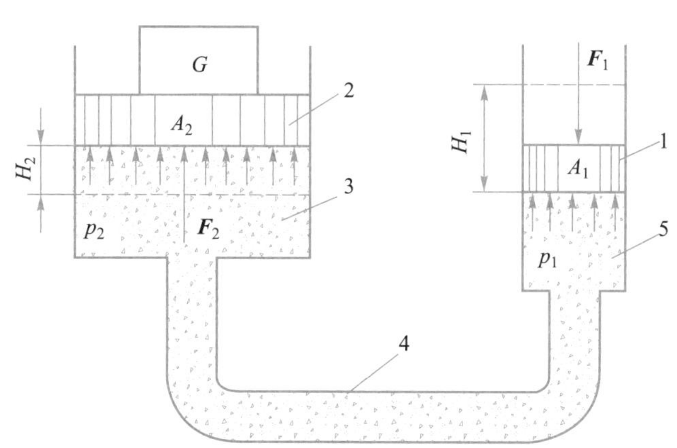

图 7－3　液压千斤顶的压油过程

1—柱塞泵活塞；2—液压缸活塞；3—液压缸油腔；4—油管；5—柱塞泵油腔

此压力通过油液传递到液压缸油腔 3，即油腔中的油液以 p_2（$p_2=p_1$）垂直作用于液压缸活塞 2，活塞 2 上受到作用力 $\boldsymbol{F}_2$，且有

$$\frac{F_1}{A_1}=\frac{G}{A_2} \tag{7-3}$$

若 $G=0$，则 $p_2=0$，此时，$p_1=0$，则 $F_1=0$，即负载为 0 时，系统建立不起压力。这说明压力的大小取决于负载。

若 F_1 一定，则 $G=F_1A_2/A_1$，若 A_2/A_1 越大，则大活塞抬起的重物就越大。也就是说，在小活塞上施加较小的力，就可以在大活塞上产生较大的作用力。液压千斤顶就是利用这个原

理来进行工作的。

2. 流量

1）流量的概念

流量是指单位时间内流过某一通流截面的液体体积，用 q 表示。

$$q=\frac{V}{t} \tag{7-4}$$

流量的国标单位为 m^3/s，工程上常用的单位是 L/min，它们的换算关系为

$$1\ m^3/s=6\times10^4\ L/min$$

2）平均流速

如图 7-4 所示，液体在一直管道内流动，设管道的截面面积为 A，流过截面 Ⅰ—Ⅰ 的液体经时间 t 后到达截面 Ⅱ—Ⅱ 处，所流过的距离为 l，则流过的液体体积为

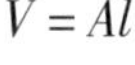

$$V=Al$$

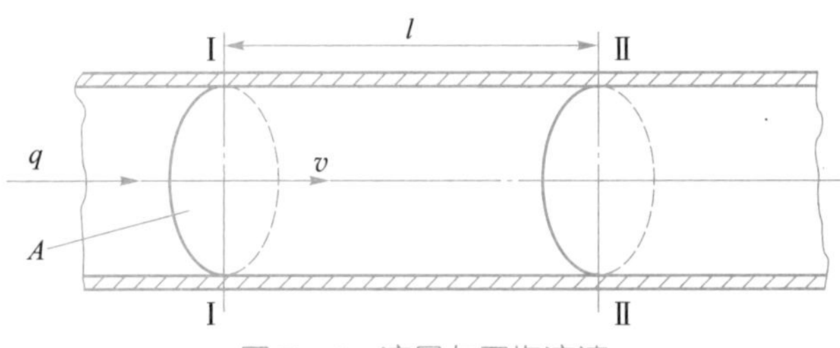

图 7-4　流量与平均流速

因此流量为

$$q=\frac{V}{t}=\frac{Al}{t}=Av$$

液体在管道中流动时，由于液体具有黏性，所以液体与管壁之间存在着摩擦力，液体间存在内摩擦力，这样造成液体流过截面上各点的速度不相等，管道中心的液体流速最大，管壁处的流速最小。为了使分析和计算问题简便，可假想液流通过管道截面的流速分布是均匀的，其流速称为平均流速，用 v 表示。因此流速流过的流量和实际流速流过的流量相等。

$$v=\frac{q}{A} \tag{7-5}$$

3）活塞（或液压缸）的运动速度

活塞（或液压缸）的运动是由于流入液压缸的油液迫使密封容积增大所导致的结果，因此其速度与流入液压缸的流量有关。在图 7-3 中液体的平均流速等于活塞的运动速度。

4）液流的连续性

液体的可压缩性很小，在一般情况下，可作为理想液体。理想液体在无分支管路中稳定流动时，通过每一截面的流量相等，称为液流连续性原理。

图 7-5 中，截面 1 和 2 的截面面积分别为 A_1、A_2，液体流经截面 1、2 时的平均流速分别为 v_1、v_2。根据液流连续性原理，有

$$A_1v_1=A_2v_2 \tag{7-6}$$

式（7-6）表明，液体在无分支管路中稳定流动时，流经管路不同截面时的平均流速与其截面积大小成反比。管路截面积小的地方平均流速大，管路截面积大的地方平均流速小。

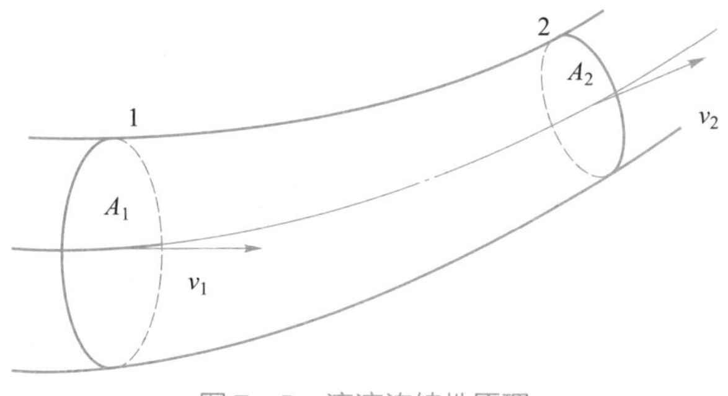

图7-5 液流连续性原理

7.2.3 液压传动的压力和流量损失

液体流动时遵循能量守恒定律，但实际液体流动时具有能量损失，能量损失的主要形式是压力损失和流量损失。

1. 压力损失

由于流动油液各质点之间以及油液与管壁之间的摩擦与碰撞会产生阻力，这种阻力叫液阻。系统存在液阻，油液流动时会引起能量损失，主要表现为压力损失。

如图7-6所示，油液从A处流到B处，中间经过较长的直管路、弯曲管路、各种阀孔和管路截面的突变等。由于液阻的影响致使油液在A处的压力p_A与在B处的压力p_B不相等，显然，$p_A > p_B$，引起的压力损失为Δp，即

$$\Delta p = p_A - p_B \tag{7-7}$$

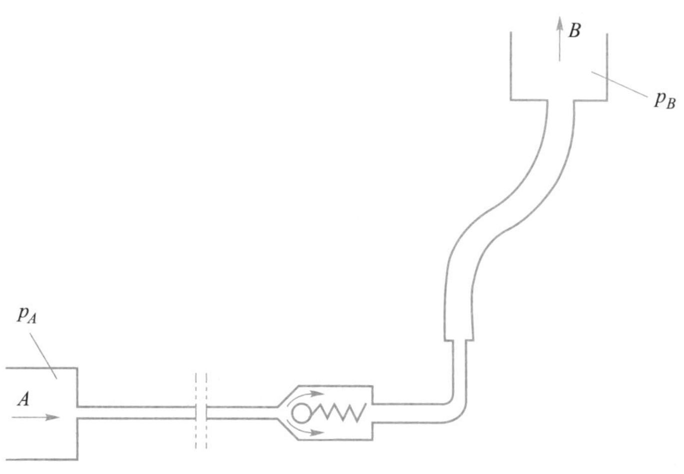

图7-6 油液的压力损失

p_A—输入口处压力；p_B—输出口处压力；Δp—压力损失

压力损失包括沿程损失和局部损失。

1）沿程损失

液体在等径直管中流动时，因内、外摩擦力而产生的压力损失称为沿程损失，它主要取决于液体的流速、黏性，管路的长度以及油管的内径及粗糙度。管路越长，沿程损失越大。

2）局部损失

液体流经管道的弯头、接头、突变截面以及阀口时，由于流速或流向的剧烈变化，形成漩涡，因而使液体质点相互撞击而造成的压力损失，称为局部损失。

在液压传动系统中，由于各种液压元件的结构、形状、布局等原因，致使管路的形式比较复杂，因而局部损失是主要的压力损失。

油液流动产生的压力损失会造成功率浪费，油液发热，黏度下降，使泄漏增加，同时液压元件受热膨胀也会影响正常工作，甚至“卡死”。因此，必须采取措施尽量减少压力损失。一般情况，只要油液黏度适当，管路内壁光滑，尽量缩短管路长度和减少管路的截面变化及弯曲，就可以使压力损失控制在很小的范围内。

2. 流量损失

在液压系统正常工作情况下，从液压元件的密封间隙漏过少量油液的现象称为泄漏。

由于液压元件必然存在着一些间隙，当间隙的两端有压力差时，就会有油液从这些间隙中流过。所以，液压系统中泄漏现象总是存在的。

液压系统的泄漏包括内泄漏和外泄漏两种，如图 7 –7 所示。液压元件内部高、低压腔间的泄漏称为内泄漏；液压系统内部的油液漏到系统外部的泄漏称为外泄漏。

液压系统的泄漏必然引起流量损失，使液压泵输出的流量不能全部流入液压缸等执行元件。

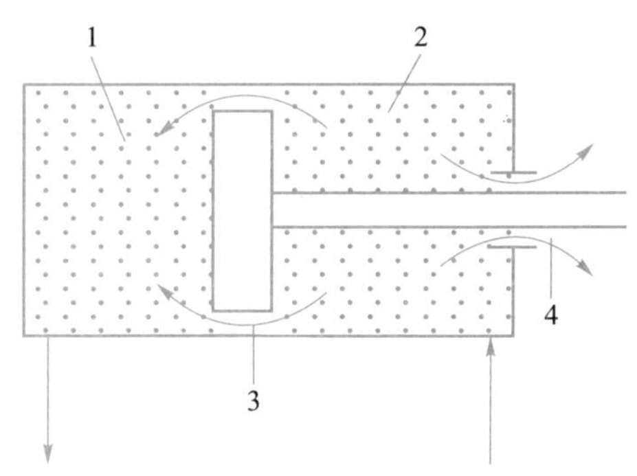

图 7 –7　液压缸的泄漏

1—低压腔；2—高压腔；3—内泄漏；4—外泄漏

7.2.4　液压冲击和空穴现象

在液压系统中，液压冲击和空穴现象给系统带来诸多不利影响，因此需要了解这些现象产生的原因，并采取措施加以防治。

1. 液压冲击

在液压系统中，由于某种原因使液体压力突然产生很高的峰值，这种现象称为液压冲击。液压冲击时产生的压力峰值比正常压力高好几倍，这种瞬间压力冲击不仅引起振动和噪声，使液压系统产生温升，有时还会损坏密封装置、管路和液压元件，并使某些液压元件（如顺序阀、压力继电器）产生错误动作，造成设备损坏。

1）产生液压冲击的主要原因

（1）液压冲击多发生在液流突然停止的时候。液流通路（如阀门）突然关闭使液体的流动速度突然降为零，这时液体受到挤压，使液体的动能转换为压力能，于是液体的压力急剧升高，从而引起液压冲击。

（2）在液压系统中，高速运动的工作部件突然制动或换向时，因工作部件的惯性也会引起液压冲击。

（3）由于液压系统中某些元件的反应动作不够灵敏，也会引起液压冲击。如溢流阀在超压时不能迅速打开，形成压力的超调量。

2）减少液压冲击的措施

（1）尽量延长阀门关闭和运动部件制动换向的时间。

（2）在冲击区附近安装卸荷阀、蓄能器等缓冲装置。

（3）正确设计阀口，限制管道流速及运动部件速度，使运动部件制动时速度变化比较平稳。

（4）如果换向精度要求不高，可使液压缸两腔油路在换向阀回到中位时瞬时互通。

（5）适当增大管径，不仅可以降低流速，还可以减小压力传播速度。

（6）尽量缩短管道长度，可以减小压力波的传播时间。

2. 空穴现象

在液压系统中，当某点的压力低于液压油的空气分离压时，原先溶解在液体中的空气就会分离出来，从而导致液体中充满大量的气泡，这种现象称为空穴现象。如果液体的压力进一步降低到液体的饱和蒸气气压时，液体将迅速汽化，产生大量蒸气气泡，使空穴现象更为严重。

空穴多发生在阀口和液压泵的入口处。因为阀口处液体的流速增大，压力将降低；如果液压泵吸油管太细，也会造成真空度过大，发生空穴现象。

当气泡进入高压部位，气泡在压力作用下溃灭，由于该过程时间极短，气泡周围的液体加速向气泡中心冲击，液体质点高速碰撞，产生局部高温，冲击压力高达几百兆帕。在高温高压下，液压油局部氧化、变黑，产生噪声和振动，如果气泡在金属壁面上溃灭，会加速金属氧化、剥落，长时间会形成麻点、小坑，这种现象称为气蚀。

由此可见，空穴现象会引起流量的不连续和压力波动，空气中的游离氧对液压元件有很大的腐蚀（气蚀）作用。

为减少空穴现象带来的危害，通常采取下列措施：

（1）减小孔口或缝隙前后的压力降。一般建议相应的压力比 <3.5。

（2）降低液压泵的吸油高度，适当加大吸油管直径，对于自吸能力差的液压泵要安装辅助泵供油。

（3）管路要有良好的密封，防止空气进入。

（4）采用抗腐蚀能力强的金属材料，降低零件的表面粗糙度。

一、填空题

1. 液压传动的两个重要参数是________和________。
2. 压力的大小取决于________，而流量的大小决定了执行元件的________。
3. 液压传动的两个基本原理是________和________。
4. 液压油的基本性质包括：________、________和________。

5. 流量换算关系，$1\mathrm{m}^3/\mathrm{s}$ = ________ L/min。

二、判断题

(　　) 1. 油液流经无分支管道时，横截面积越大的截面通过的流量就越大。

(　　) 2. 液压系统压力的大小取决于液压泵的供油压力。

(　　) 3. 液压传动系统的泄漏必然引起压力损失。

(　　) 4. 油液的黏度随温度的变化而变化。

(　　) 5. 实际液压系统的压力损失主要是局部损失。

(　　) 6. 空穴多发生在阀口和液压泵的入口处。

三、问答题

1. 什么是流量？流量单位是什么？
2. 什么是静压传递原理？什么是液流连续性原理？
3. 什么是液压传动系统的泄漏？其不良后果是什么？如何预防？
4. 压力损失对液压系统有什么危害和益处？
5. 空穴现象产生的原因和危害是什么？如何减小？
6. 液压冲击产生的原因和危害是什么？如何减小？

四、分析题

试结合图 7－8 分析液压系统中压力的建立过程（液压缸固定）。

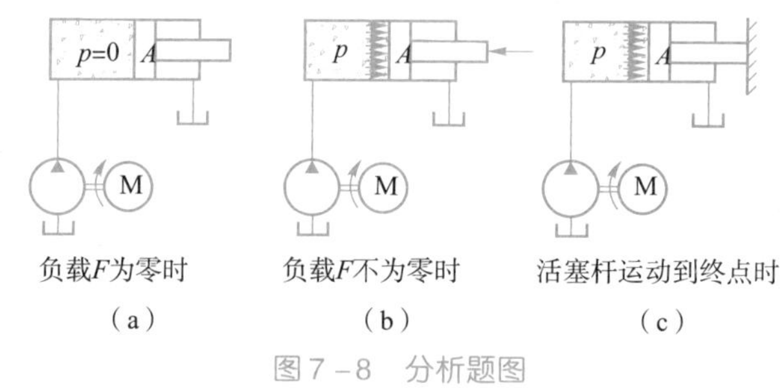

图 7－8　分析题图

7.3 液　压　泵

7.3.1 液压泵的工作原理

液压泵是液压系统的动力元件，它可以将机械能转换为液压能，为液压系统提供一定流量和压力的液体。

液压泵的工作原理如图 7－9 所示，泵体 3 和柱塞 2 构成一个密封容积，偏心轮 1 由原动机带动旋转，当偏心轮由图示位置向下转半周时，柱塞在弹簧 6 的作用下向下移动，密封容积逐渐增大，形成局部真空，油箱内的油液在大气压作用下，顶开单向阀 4 进入密封腔中，实现吸油；当偏心轮继续再转半周时，它推动柱塞向上移动，密封容积逐渐减小，油液受柱塞挤压而产生压力，使单向阀 4 关闭，油液顶开单向阀 5 而输入系统，这就是压油，液

压泵的供油压力为 p，供油流量为 q。

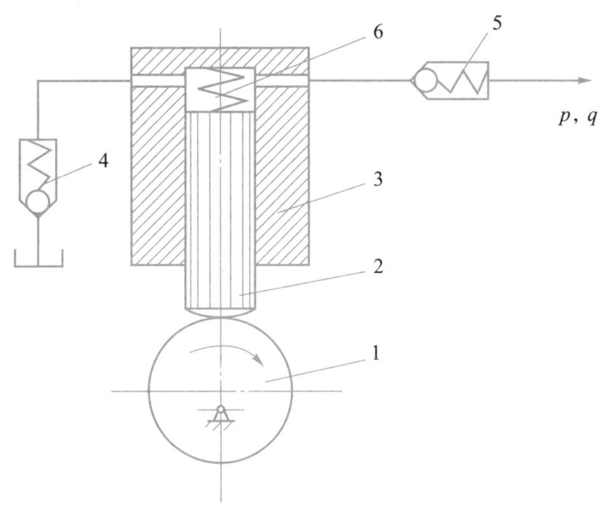

图7－9　液压泵工作原理

1—偏心轮；2—柱塞；3—泵体；4，5—单向阀；6—弹簧

上述液压泵是通过密封容积的变化来完成吸油和压油的，其排油量的大小取决于密封腔的容积变化值，因而这种液压泵又称为容积泵。

由上述分析可知，液压泵正常工作必备的条件是：

（1）应具有密封容积。

（2）密封容积的大小能交替变化。泵的输油量和密封容积变化的大小及单位时间内变化的次数（变化频率）成正比。

（3）应有配流装置。配流装置的作用是保证密封容积在吸油过程中与油箱相通，同时关闭供油通路；压油时与供油管路相通而与油箱切断。图7－9中的单向阀4和5就是配流装置，配流装置的形式随着泵的结构差异而不同。

（4）吸油过程中，油箱必须和大气相通。

7.3.2　液压泵的种类及其结构特点

液压泵的种类很多，按结构形式不同可分为齿轮式、叶片式、柱塞式等；按流量能否改变可分为定量式和变量式；按液流方向能否改变可分为单向式和双向式等。液压泵的图形符号见表7－1。

表7－1　液压泵的图形符号

名称	液压泵	单向定量液压泵	双向定量液压泵	单向变量液压泵	双向变量液压泵
符号					

下面介绍几种常见的液压泵。

1. 齿轮泵

齿轮泵按其结构形式可分为外啮合齿轮泵和内啮合齿轮泵。常用的为外啮合齿轮泵。

1）外啮合齿轮泵的工作原理

外啮合齿轮泵的工作原理如图 7－10 所示。在泵体内有一对模数相同、齿数相等的齿轮，当吸油口和压油口各用油管与油箱和系统接通后，齿轮各齿槽和泵体以及齿轮前后端面贴合的前后端盖间形成密封工作腔，而啮合齿轮的接触线又把它们分隔为两个互不串通的吸油腔和压油腔。

当齿轮按图示方向旋转时，泵的右侧（吸油腔）轮齿脱开啮合，使密封容积逐渐增大，形成局部真空，油箱中的油液在大气压力作用下被吸入吸油腔内，并充满齿间。随着齿轮的回转，吸入到轮齿间的油液便被带到左侧（压油腔）。当左侧齿与齿进入啮合时，使密封容积不断减小，油液从齿间被挤出而输送到系统。

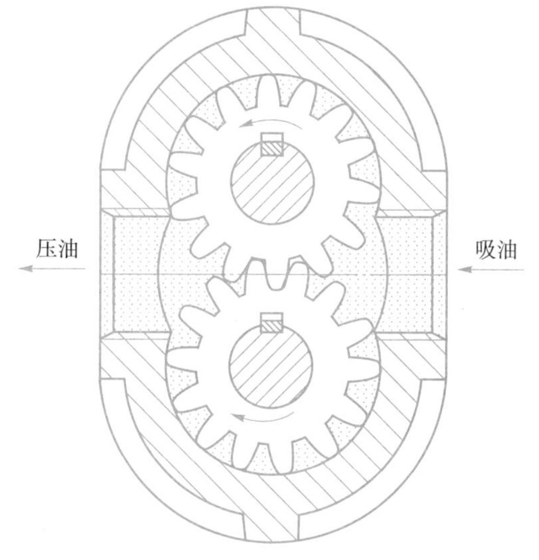

图 7－10　外啮合齿轮泵工作原理

当齿轮泵的齿轮在电动机带动下连续回转时，轮齿脱开啮合一侧（吸油腔），由于密封容积的增大不断从油箱吸入油液；轮齿进入啮合的一侧（压油腔），由于密封容积的减小而不断压油。

2）齿轮泵的优缺点

主要优点：

（1）结构简单紧凑、体积较小；制造方便，工艺性好；价格低廉。

（2）工作可靠，自吸性好，无论在高速或低速下工作，均能实现可靠自吸。

（3）转速范围大，由于齿轮泵的回转部分——齿轮基本上是平衡的，因而转速可以很高。

（4）对油液污染不敏感，可以用以输送黏度大的油液。

主要缺点：

（1）输油量不均，流量脉动较大，噪声较大。

（2）由于压油腔压力大于吸油腔压力，使齿轮和轴承受到不平衡的径向力的作用，引起轴承额外磨损，甚至使轴弯曲变形，导致磨损严重，泄漏增大，因而限制了工作压力的提高。

（3）流量不能调节，只能用作定量泵。

一般外啮合齿轮泵主要用于小于 2.5 MPa 的低压液压系统。

2. 叶片泵

叶片泵的结构比齿轮泵复杂，但其工作压力较高，且流量脉动小，工作平稳，噪声较小，寿命较长，所以被广泛用于机床控制的中压液压系统中。叶片泵有双作用和单作用叶片泵两类，双作用叶片泵是定量泵，单作用叶片泵则往往做成变量泵。

1）双作用叶片泵

图 7－11 所示为双作用叶片泵的工作原理。它主要由定子 1、转子 2、叶片 3、配油盘 4、轴 5 和泵体等组成。定子内表面由四段圆弧和四段过渡曲线组成，形似椭圆，且定子和转子是同心安装的，泵的供油流量无法调节，所以属于定量泵。

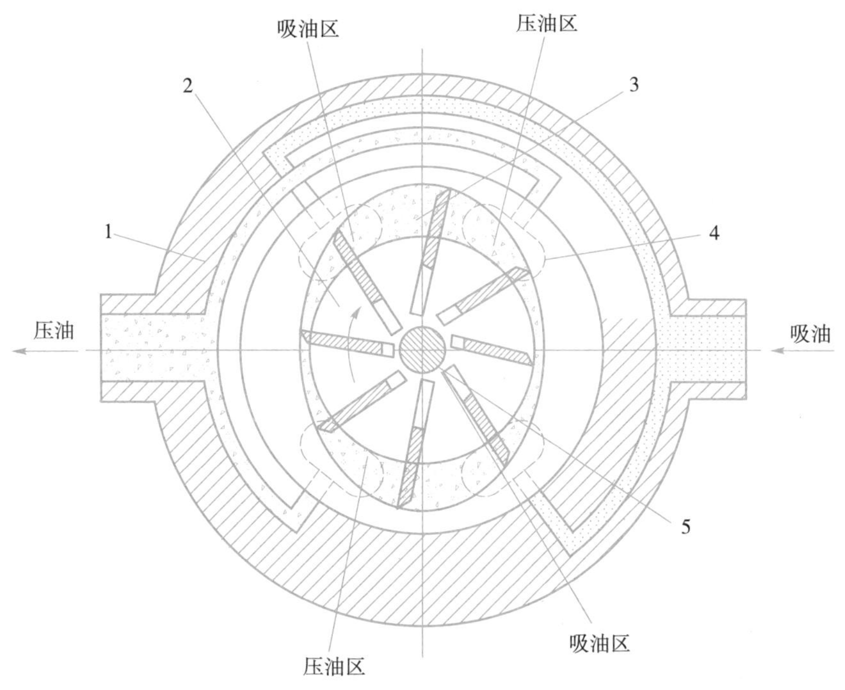

图 7－11　双作用叶片泵工作原理

1—定子；2—转子；3—叶片；4—配油盘；5—轴

转子旋转时，叶片靠离心力和根部油压作用伸出并紧贴在定子的内表面上，两叶片之间和转子的外圆柱面、定子内表面及前后配油盘形成了若干个密封工作容腔。当图中转子顺时针方向旋转时，密封工作腔的容积在左上角和右下角处逐渐增大，形成局部真空而吸油，为吸油区；在右上角和左下角处逐渐减小而压油，为压油区。吸油区和压油区之间有一段封油区把它们隔开。这种泵的转子每转一周，每个密封工作腔吸油、压油各两次，故称双作用叶片泵。

泵的两个吸油区和两个压油区是径向对称的，因而作用在转子上的径向液压力平衡，所以又称为平衡式叶片泵。

双作用叶片泵不仅作用在转子上的径向力平衡，且运转平稳、输油量均匀、噪声小。但它的结构较复杂，吸油特性差，对油液的污染较敏感，一般用于中压液压系统。

2）单作用叶片泵

单作用叶片泵的工作原理如图 7－12 所示，它与双作用泵的主要差别在于，它的定子是一个与转子偏心放置的内圆柱面，转子每转一周，每个密封工作腔吸油、压油各一次，故称单作用叶片泵。

泵只有一个吸油区和一个压油区，因而作用在转子上的径向液压力不平衡，所以又称为非平衡式叶片泵。

由于转子与定子偏心距 e 和偏心方向可调，所以单作用叶片泵可作为双向变量泵使用。

单作用叶片泵易于实现流量调节，常用于快慢速运动的液压系统，可降低功率损耗，减少油液发热，简化油路，节省液压元件。

3. 柱塞泵

柱塞泵是依靠柱塞在缸体内往复运动，使密封容积产生变化，来实现吸油和压油的。由于柱塞与缸体内孔均为圆柱表面，因此加工方便，配合精度高，密封性能好，容积效率高。同时，柱塞处于受压状态，能使材料的强度得到充分发挥。另外，只要改变柱塞的工作行程就能改变泵的排量。所以柱塞泵具有压力高、结构紧凑、效率高、流量能调节等优点。

根据柱塞排列方向不同，可分为径向柱塞泵和轴向柱塞泵。

1）径向柱塞泵

径向柱塞泵的工作原理如图 7－13 所示。它是由柱塞 1、缸体（转子）2、定子 3、衬套 4 和配油轴 5 组成。转子的中心和定子中心之间有一偏心距 e，柱塞径向排列在缸体中。青铜衬套 4 与缸体紧密配合。缸体由电动机带动连同柱塞一起旋转，柱塞在离心力（或低压油）的作用下抵紧定子内壁，当转子连同柱塞按图示方向旋转时，柱塞在上半周内逐渐往外伸出，柱塞底部的密封工作容积（经衬套上的孔与配流轴相连通）增大，形成局部真空，于是通过配流轴向孔吸油；下半周的柱塞逐渐向柱塞孔内缩进，柱塞孔内的密封工作容积减小，于是通过配流轴轴向孔向孔压油。转子每转一周，柱塞在缸孔内吸油、压油各一次。

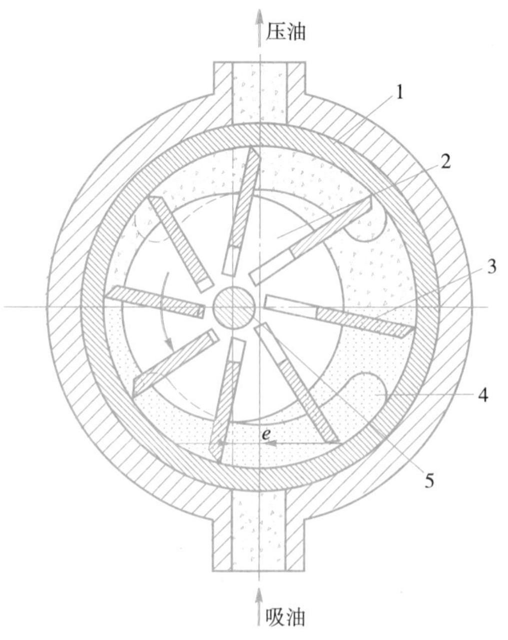

图 7－12　单作用叶片泵工作原理

1—定子；2—转子；3—叶片；4—配油盘；5—轴

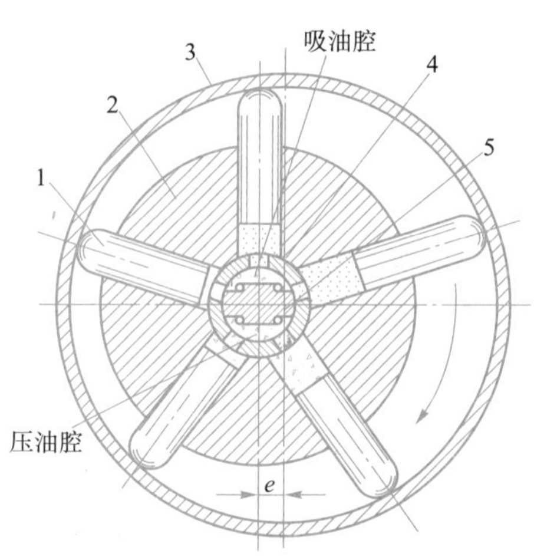

图 7－13　径向柱塞泵工作原理

1—柱塞；2—缸体（转子）；3—定子；4—衬套；5—配油轴

改变径向柱塞泵转子和定子间偏心量的大小，可以改变输出流量；若偏心方向改变，则

液压泵的吸、压油腔互换，这就成为双向变量泵。

径向柱塞泵输油量大，压力高，性能稳定，工作可靠，耐冲击性能好；但结构复杂，径向尺寸大，制造困难，且柱塞顶部与定子内表面为点接触，易磨损，因而限制了它的使用，已逐渐被轴向柱塞泵取代。

2）轴向柱塞泵

轴向柱塞泵的柱塞平行于缸体轴心线，泵的工作原理如图7－14所示，它主要由配流盘1、缸体2、柱塞3、斜盘4等零件组成。斜盘4和配流盘1固定不动，缸体2由轴带动旋转，缸体上均匀分布了若干个轴向柱塞孔，孔内装有柱塞3，柱塞在弹簧力或液压力作用下，头部和斜盘靠牢。当缸体按图7－14所示方向转动时，由于斜盘和压板的作用，迫使柱塞在缸体内做往复运动，使各柱塞与缸体间的密封容积做增大或缩小变化，通过配流盘的吸油窗口和压油窗口进行吸油和压油。当缸孔自最低位置向前上方转动（前面半周）时，在转角0～π范围内，柱塞逐渐向外伸出，柱塞与缸体内孔形成的密封容积增大，经配流盘吸油窗口而吸油；在转角π～2π（里面半周）范围内，柱塞向缸体内压入，柱塞孔密封容积逐渐减小，向外压出油液。缸体每回转1周，每个柱塞分别完成吸油、压油各一次。

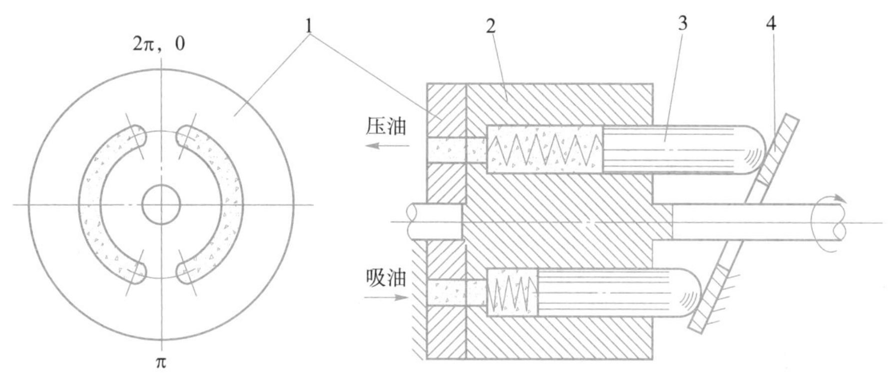

图7－14　轴向柱塞泵工作原理

1—配流盘；2—缸体；3—柱塞；4—斜盘

如果改变斜盘倾角的大小，就能改变柱塞的行程长度，也就改变了泵的排量；如果改变斜盘的倾斜方向，就能改变泵的吸压油方向，而成为双向变量轴向柱塞泵。

这种结构的轴向柱塞泵用于高压时，往往采用图7－15的滑靴式结构。柱塞的球形头与滑靴的内球面接触，而滑靴的底面与斜盘接触。这样，便将点接触变成了面接触，从而大大降低了柱塞球形头的磨损。缸体中的压力油经过柱塞球头中间小孔流入滑靴油室，使滑靴和斜盘间形成液体润滑，改善了柱塞头部和斜盘的接触情况，有利于保证轴向柱塞泵在高压、高速下工作。

轴向柱塞泵的柱塞与缸体柱塞孔之间为圆柱面配合，其优点是加工工艺性好，易于获得很高的配合精度，因此密封性能好，泄漏少，能在高压下工作，且容积效率高，流量容易调节。但不足之处是其结构复杂，价格较高，对油液污染敏感。一般用于高压、大流量及流量需要调节的液压系统中，多用在矿山、冶金机械设备上。

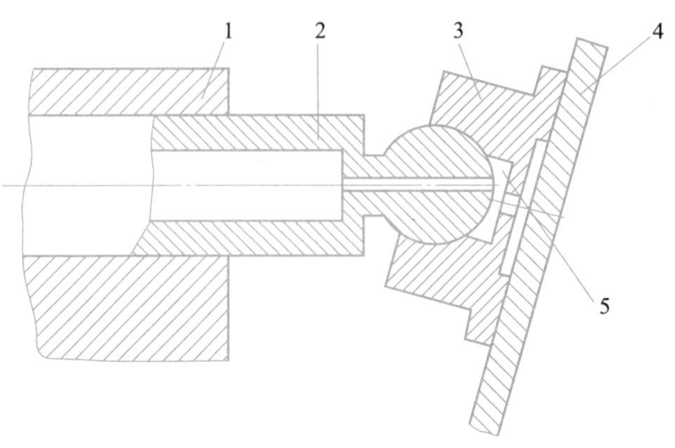

图 7-15 柱塞与斜盘的滑靴式结构

1—缸体；2—柱塞；3—滑靴；4—斜盘；5—油室

习 题

一、填空题

1. 液压泵是将电动机输出的________能转换为________能的能量转换装置。

2. 通过________的变化来实现________的液压泵称为容积式液压泵。

3. 外啮合齿轮泵轮齿进入啮合的一侧是________区，轮齿脱开啮合的一侧是________区。

4. 按工作方式不同，叶片泵分为________和________两种。

5. 根据柱塞排列方向不同，柱塞泵可分为________和________两种。

二、判断题

(　　) 1. 液压泵输油量的大小取决于密封容积的大小。

(　　) 2. 单作用叶片泵属于单向变量液压泵。

(　　) 3. 双作用叶片泵的转子每回转 1 周，每个密封容积完成两次吸油和压油。

(　　) 4. 改变轴向柱塞泵斜盘的倾角大小和倾向，则可成为双向变量液压泵。

(　　) 5. 柱塞泵多用于高压系统中。

三、问答题

1. 液压泵正常工作应具备哪几个条件？如果油箱完全封闭，液压泵能否正常工作？

2. 试述齿轮泵的工作原理。

3. 试述单作用叶片泵和双作用叶片泵的工作原理。

4. 试述轴向柱塞泵的工作原理。

7.4 液压缸和液压马达

液压缸是液压传动系统的执行元件之一，它是将油液的压力能转换为机械能，实现往复直线运动或摆动的能量转换装置。

7.4.1 液压缸的类型和特点

液压缸有多种形式，按结构特点可分为活塞缸、柱塞缸和摆动缸三大类；按作用方式可分为双作用式和单作用式两种。对于双作用式液压缸，两个方向的运动都是由液压油控制实现的；单作用式液压缸则只能使活塞（或柱塞）单方向运动，其反向作用必须依靠外力来实现。

1. 活塞式液压缸

活塞式液压缸可分为单杆式和双杆式两种，其安装方式有缸体固定和活塞杆固定两种。

1）双活塞杆式液压缸

图 7－16 所示为双活塞杆式液压缸的工作原理，活塞两侧都有活塞杆伸出。当缸体内径为 D，且两活塞杆直径 d 相等，液压缸的供油压力为 p、流量为 q 时，活塞（或缸体）两个方向的运动速度和推力也都相等，即：

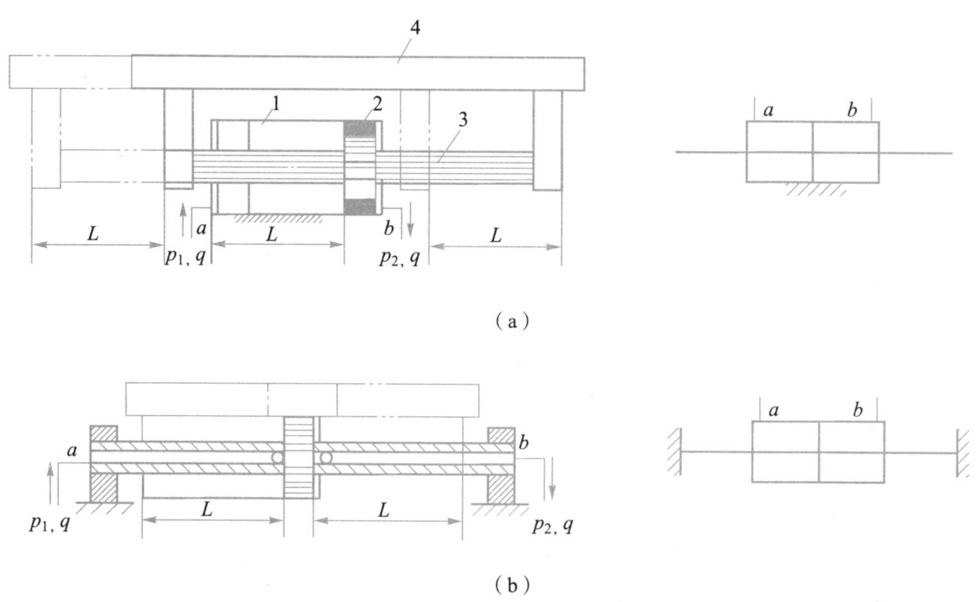

图 7－16 双活塞杆式液压缸的工作原理

（a）缸体固定式结构；（b）活塞杆固定式结构

1—缸体；2—活塞；3—活塞杆；4—工作台

活塞的有效作用面积

$$A_1 = A_2 = A = \frac{\pi}{4}(D^2 - d^2)$$

往复运动的推力

$$F_1 = F_2 = F = pA = p\frac{\pi}{4}(D^2 - d^2) \tag{7-8}$$

活塞（或缸体）往复运动的速度

$$v_1 = v_2 = \frac{q}{A} = \frac{4q}{\pi(D^2 - d^2)} \tag{7-9}$$

图 7－16（a）所示为缸体固定式结构，又称为实心双活塞杆式液压缸。当液压缸的左腔进油，推动活塞向右移动，右腔活塞杆向外伸出，左腔活塞杆向内缩进，液压缸右腔油液回油箱；反之，活塞向左移动。其工作台的往复运动范围约为有效行程 L 的 3 倍。这种液压缸因运动范围大，占地面积较大，一般用于小型机床或液压设备。

图 7－16（b）所示为活塞杆固定式结构，又称为空心双活塞杆式液压缸。当液压缸的左腔进油时，缸体向左移动；反之，缸体向右移动。其工作台的往复运动范围约为有效行程 L 的 2 倍，因运动范围不大，占地面积较小，常用于中型、大型机床或液压设备。

2）单活塞杆式液压缸

图 7－17 所示为单活塞杆式液压缸，仅一端有活塞杆，两腔有效作用面积不相等，当向液压缸两腔分别供油，且压力和流量都不变时，活塞在两个方向上的运动速度和推力都不相等。设缸筒内径为 D，活塞杆直径为 d，则液压缸无杆腔和有杆腔有效作用面积 A_1、A_2 分别为

$$A_1 = \frac{\pi D^2}{4}, \quad A_2 = \frac{\pi}{4}(D^2 - d^2)$$

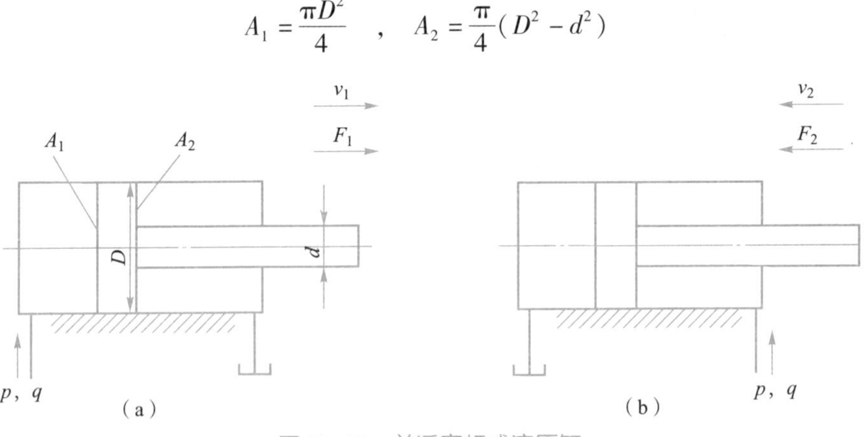

图 7－17　单活塞杆式液压缸

（a）无杆腔进油；（b）有杆腔进油

当无杆腔进油，有杆腔回油时，如图 7－17（a）所示，活塞的推力和运动速度分别为

$$F_1 = p_1 A_1 = p_1 \frac{\pi}{4} D^2 \tag{7-10}$$

$$v_1 = \frac{q}{A_1} = \frac{4q}{\pi D^2} \tag{7-11}$$

当有杆腔进油，无杆腔回油时，如图 7－17（b）所示，活塞的推力和运动速度分别为

$$F_2 = pA_2 = p\frac{\pi}{4}(D^2 - d^2) \tag{7-12}$$

$$v_2 = \frac{q}{A_2} = \frac{4q}{\pi(D^2 - d^2)} \tag{7-13}$$

当无杆腔进油，有杆腔回油时，活塞的推力较大，运动速度较慢，常用于机床的工作进给。

当有杆腔进油，无杆腔回油时，活塞的推力较小，运动速度较快，常用于机床的快速退回。

如图7－18所示，当单杆活塞式液压缸两腔同时进压力油时，由于无杆腔有效作用面积大于有杆腔有效作用面积，使得活塞向右的作用力大于向左的作用力，因此，活塞向右运动，活塞杆向外伸出；与此同时，又将有杆腔的油液挤出，使其流进无杆腔，从而加快了活塞杆的伸出速度。单活塞杆式液压缸两腔通入压力油的连接方式称为差动连接。

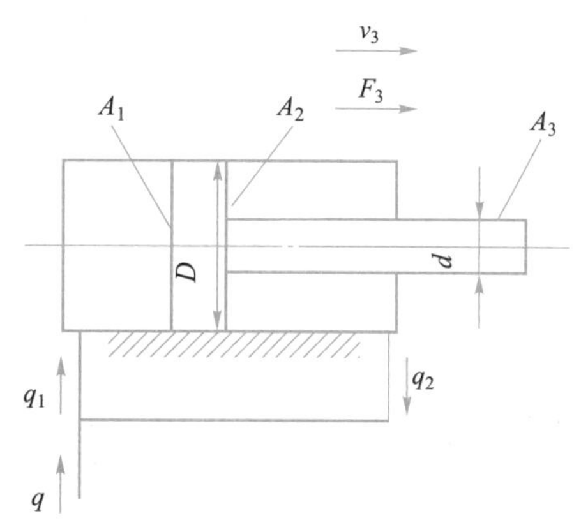

图7－18　差动连接液压缸

差动连接时，活塞的推力 F_3 为

$$F_3 = p_1A_1 - p_2A_2 = p\ (A_1 - A_2) \tag{7-14}$$

差动连接时，活塞的运动速度为 v_3，则无杆腔的进油量

$$q_1 = v_3A_1$$

有杆腔的进油量

$$q_2 = v_3A_2$$

因为

$$q_1 = q + q_2$$

所以，活塞的运动速度 v_3 为

$$v_3 = \frac{q}{A_1 - A_2} = \frac{4q}{\pi d^2} \tag{7-15}$$

差动连接是在不增加液压泵流量的前提下实现快速运动的有效方法，被广泛地应用在组合机床的液压动力滑台和专用机床中。

2. 柱塞式液压缸

活塞缸的缸孔要求精加工，行程长时加工困难。在生产实际中，某些场合所用的液压缸并不需要双向控制，柱塞式液压缸正是满足了这种使用要求的一种价格低廉的液压缸。

图7－19所示的柱塞式液压缸由缸筒、柱塞、导向套、密封圈和压盖组成。当压力油进入缸筒时，推动柱塞运动，柱塞和缸筒内壁不接触，因此缸筒内壁不需要精加工，工艺性好，成本低。柱塞式液压缸是单作用式的，它的回程需要借助自重或弹簧等其他外力完成。如果要获得双向运动，可成对使用液压缸，如图7－19（b）所示。

3. 摆动式液压缸

图7－20所示为摆动式液压缸的原理。摆动式液压缸是输出转矩并实现往复摆动的液压缸，有单叶片式（见图7－20（a））和双叶片式（见图7－20（b））两种形式。定子块固

定在缸体上，叶片与输出轴连为一体。当两油口交替通入压力油时，叶片即带动输出轴做往复摆动。

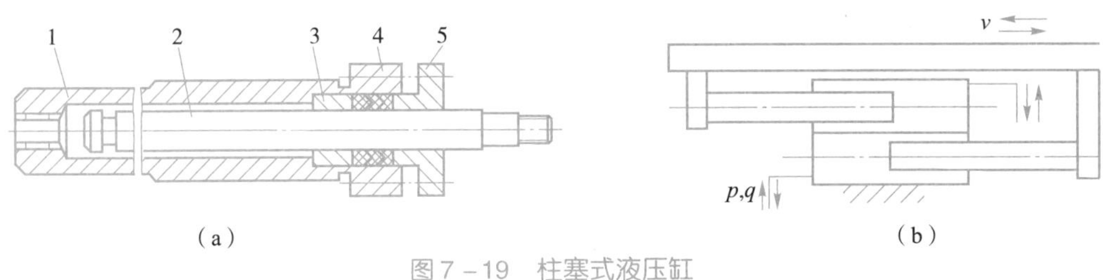

图 7-19　柱塞式液压缸

1—缸筒；2—柱塞；3—导向套；4—密封圈；5—压盖

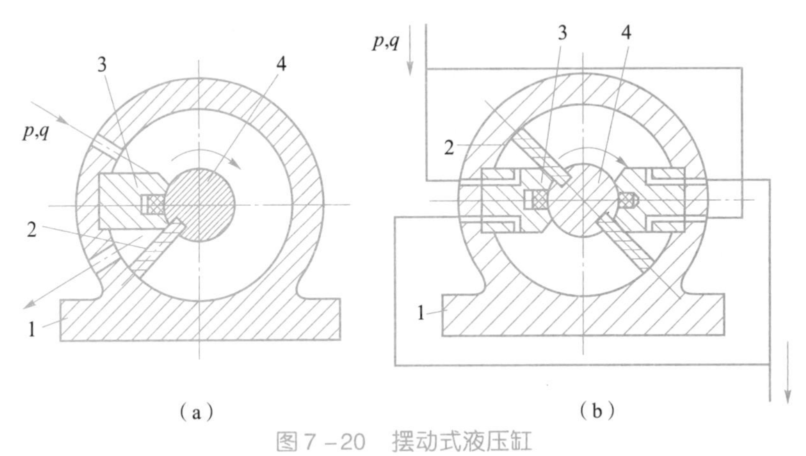

图 7-20　摆动式液压缸

1—缸体；2—回转叶片；3—定子块；4—叶片轴

单叶片液压缸的摆动角一般不超过 280°，双叶片液压缸的摆动角一般不超过 150°。当输入压力和流量不变时，双叶片液压缸摆动轴输出转矩是相同参数单叶片液压缸的两倍，而摆动角速度是单叶片的一半。

摆动式液压缸结构紧凑，输出转矩大，但密封困难，一般只用于中、低压系统往复摆动、转位或间歇运动的地方。

7.4.2　液压缸的结构

活塞式液压缸使用广泛，故只介绍活塞式液压缸的结构。图 7-21 所示为典型的单活塞杆式液压缸的结构。活塞式液压缸一般由缸体组件、活塞组件、密封装置、缓冲装置和排气装置等五大部分组成。

1. 缸体组件

缸体组件包括缸筒、端盖和导向套等零件。

缸筒是液压缸的主体，它与端盖、活塞等零件构成密闭的容腔，要求其有足够的强度和刚度。

缸筒与缸盖（缸底）的常见连接形式见表 7-2。

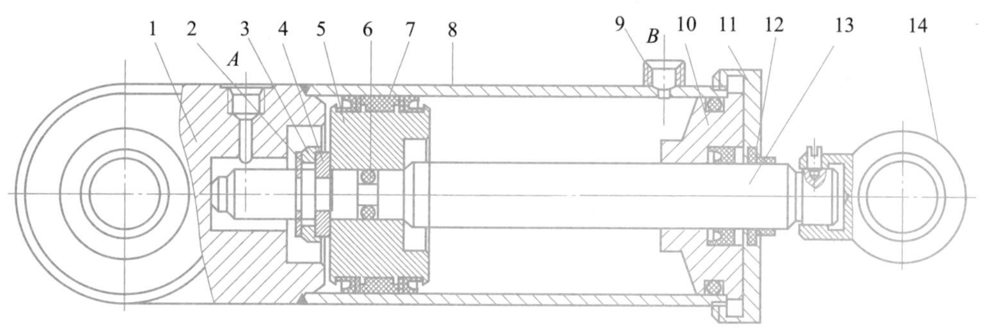

图 7-21　单活塞杆式液压缸的结构

1—缸底；2—弹簧挡圈；3—套环；4—卡环；5—活塞；6、7—密封圈；8—缸筒；
9—管接头；10—导向套；11—缸盖；12—防尘圈；13—活塞杆；14—耳环

表 7-2　缸筒与缸盖（缸底）常见的连接形式

连接形式	图示	优点	缺点	应用
法兰式		结构简单，加工和拆装方便，连接可靠	外形尺寸和质量较大	大、中型液压缸
半环式		工艺性较好，连接可靠，结构紧凑，装拆方便	对缸筒有所削弱，需要加厚筒壁	无缝钢管缸筒与端盖的连接
螺纹式		质量小，外径小，结构紧凑	缸筒端部结构复杂，需专用工具进行拆装	无缝钢管缸筒与端盖的连接
拉杆式		装拆方便	受力时拉杆会伸长，影响端部密封效果	长度不大的中低压缸
焊接式		结构简单，轴向尺寸小，工艺性好	焊接时容易引起缸筒的变形	柱塞式液压缸

2. 活塞组件

活塞组件由活塞和活塞杆等组成。

活塞在缸筒内受油压作用做往复运动，因此它必须具备足够的强度和良好的耐磨性，活塞一般由铸铁制造。活塞杆是连接活塞和工作部件的传力零件，它必须具有足够的强度和刚度。活塞杆有实心的，有时也制成空心的，但都用钢料制造，在导向孔中往复运动，外圆表面应具有耐磨和防锈的能力。活塞和活塞杆如果制成整体式，则不存在两者连接的问题。活塞与活塞杆之间的连接方法很多，但无论采用何种方法连接，均需保证连接可靠。它们之间有螺纹连接、半环连接和锥销式连接等连接方法，如图 7 - 22 所示。

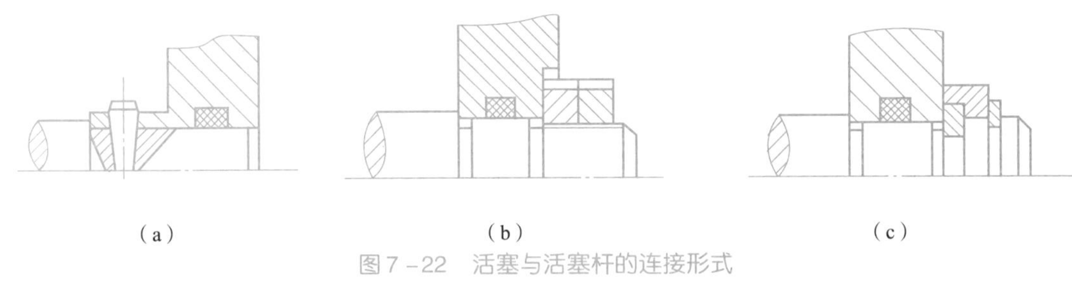

图 7 - 22　活塞与活塞杆的连接形式

(a) 锥销式；(b) 螺纹连接；(c) 半环连接

3. 密封装置

液压缸的密封装置用以防止油液的泄漏，根据两个需要密封的表面间有无相对运动，密封分为动密封和静密封两大类。如活塞和活塞杆间的密封属于静密封，活塞与缸筒内面、活塞杆与端盖导向孔的密封属于动密封。

对密封装置的要求大致是：密封性能好，随系统工作压力的提高，能自动提高其密封性。

常用的密封方法有间隙密封和密封圈密封。

1) 间隙密封

间隙密封是一种最简单的密封方法。如图 7 - 23 所示，它依靠两运动件配合面间的微小间隙，防止渗漏。为了提高这种结构的密封性能，常在活塞外圆表面上开几道细小的环形槽，以增大油液通过间隙时的阻力，减少泄漏。这种结构的摩擦力小，经久耐用，但对零件的加工精度要求高，且难以完全消除泄漏，只能用在低压小直径的快速液压缸中。

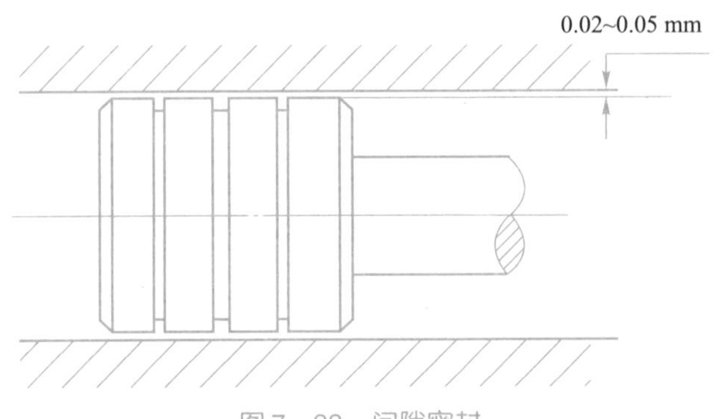

图 7 - 23　间隙密封

2）密封元件密封

密封圈密封是液压系统中应用最广泛的一种密封方法。密封圈用耐油橡胶、尼龙等材料制成，其截面通常做成 O 形、Y 形、V 形等。

O 形密封圈（见图 7－24（a））是一种横截面为圆形的密封元件，它具有良好的密封性能，内侧、外侧和端面都能起密封作用。它结构紧凑，摩擦阻力小，制造容易，装拆方便，成本低，密封性随着油液压力的升高而提高，并且在磨损后具有自动补偿的能力，在液压系统中得到广泛应用。

Y 形密封圈（见图 7－24（b））截面呈 Y 形，其结构简单，适用性很广，密封效果好。常用于活塞和液压缸之间、活塞杆与液压缸端盖之间的密封。一般情况下，Y 形密封圈可直接装入沟槽使用，但在压力变动较大、运动速度较高的场合，应使用支承环固定 Y 形密封圈。

V 形密封圈（见图 7－24（c））一般由压环、密封环和支承环组成。使用时，当压环压紧密封环时，支承环使密封环产生变形，而起密封作用。一般使用一套已能保证良好的密封性能。当压力更高时，可以增加中间密封环的数量。这种密封环在安装时要预压紧，故摩擦阻力较大。

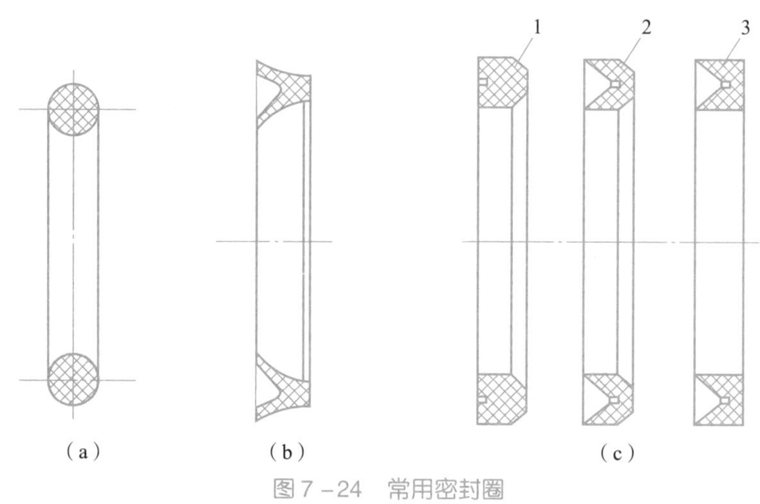

图 7－24　常用密封圈

1—支承环；2—密封环；3—压环

Y 形密封圈和 V 形密封圈在安装时必须使其唇边开口面对着压力高的一侧，以使两唇张开，分别紧贴在机件表面上。

密封圈为标准件，选用时其技术规格及使用条件可参阅有关手册。

4. 缓冲装置

液压缸的缓冲结构是为了防止活塞在行程终了时，由于惯性力的作用与端盖发生撞击，影响设备的使用寿命。特别是当液压缸驱动负荷重或运动速度较大时，液压缸的缓冲就显得更为重要。

常见的缓冲装置如图 7－25 所示，它由活塞顶端的凸台和端盖上的凹槽构成。缓冲的原理是：当活塞快速运动到接近缸盖时，增大液压缸的回油阻力，使油缸的排油腔产生很大的缓冲阻力，减小活塞的运动速度，从而避免活塞与缸盖相撞。

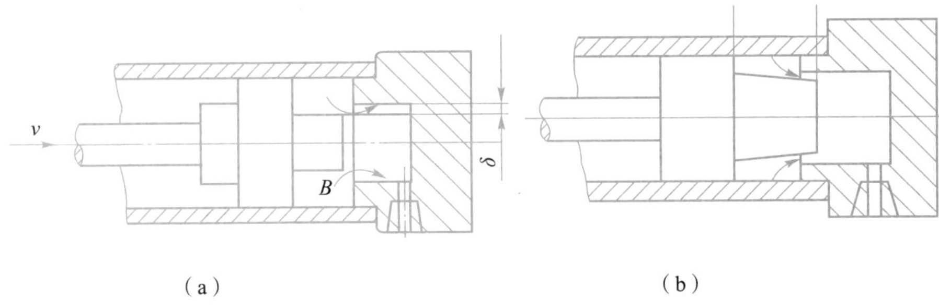

图 7-25　液压缸的缓冲装置

(a) 圆柱形环隙；(b) 圆锥形环隙

在液压系统中，如果液压油中混入空气，或在长期不使用时从外界侵入空气，这些气体会积聚在油缸的最高部位处，造成液压系统的工作不稳定，以及工作部件的低速爬行或前冲等现象。有时，还会造成振动和噪声，因此，液压缸上应设置排气装置。对运动平稳性要求较高的液压缸，常在两端装有排气塞。

图 7-26 所示为排气塞结构，工作前拧开排气塞，使活塞全行程空载往返数次，空气即可通过排气塞排出。空气排净后，需要将排气塞拧紧，再进行工作。

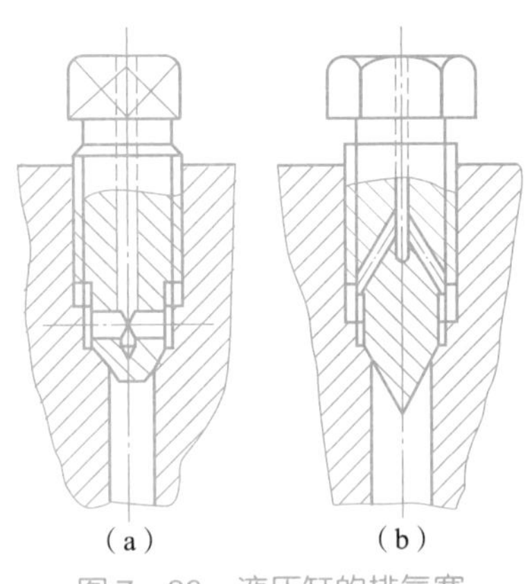

图 7-26　液压缸的排气塞

7.4.3　液压马达的工作原理和结构特点

液压马达是执行元件，它将油液的压力能转换为机械能，输出转矩和转速。从能量转换的观点来看，液压泵与液压马达是能可逆工作的液压元件。从结构上来看，二者也基本相同，但由于功用不同，它们的实际结构是有区别的。

液压马达按结构可分为齿轮式液压马达、叶片式液压马达和柱塞式液压马达等。按转速可分为低速马达和高速马达，转速大于 500 r/min 的马达属于高速马达，小于 500 r/min 的马达属于低速马达。

1. 液压马达的工作原理

下面以柱塞式液压马达为例，对其工作原理作简单介绍。

图 7-27 所示为一斜盘柱塞式液压马达。当压力油通过配流盘上的配流窗口输入时，处

于高压腔中的柱塞2 被液压油顶出，头部压在斜盘上。设斜盘作用在柱塞上的反力为 F_n，可分解为两个分力，轴向分力 F 和作用在柱塞上的液压作用力相平衡，另一个分力 F_r 使缸体 3 产生转矩。柱塞式液压马达的总转矩是脉动的，其结构与柱塞泵基本相同。但为了适应正反转的要求，配流盘要做成对称结构，进、回油口的直径应相等，以免影响马达正反转的性能。同时为了减小柱塞头部和斜盘之间的磨损，在斜盘后面装有推力轴承以承受推力，斜盘在柱塞头部摩擦力的作用下，可以绕自身轴线转动。

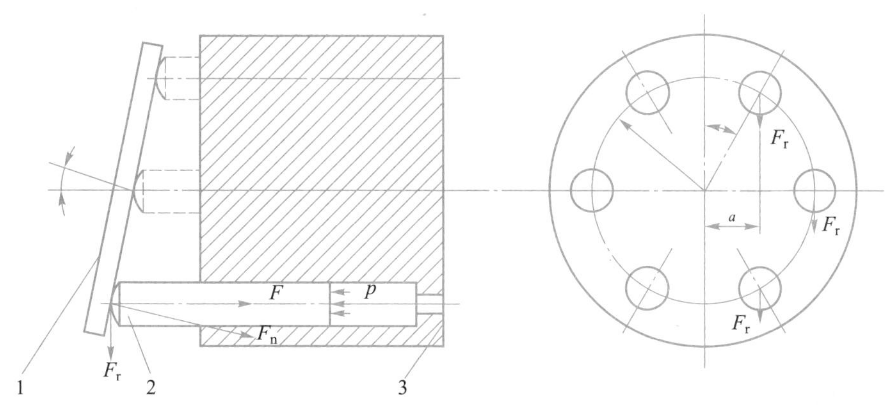

图 7－27　斜盘柱塞式液压马达

1—斜盘；2—柱塞；3—缸体

2. 液压马达的结构特点

液压马达和液压泵相比，有以下差异：

（1）动力不同。液压马达是靠输入液体的压力来启动工作的，而液压泵是靠电动机或其他原动机拖动的，因此结构上稍有不同。

（2）配流机构、进出油口不同。液压马达有正反转要求，所有配流机构是对称的，进出油口孔径相等；而液压泵一般是单向旋转，其配流机构及卸荷槽不对称，进油口孔径比出油口大。

（3）自吸性。液压马达依靠压力油工作，不需要有自吸力；而液压泵必须具备自吸力。

（4）防泄漏的形式不同。液压泵常采用内泄漏形式，内部泄油口直接与液压泵吸油口相通。而液压马达是双向运转，高、低压油口互相转换。当用出油口节流调速时，液压马达产生背压，使内泄油口压力增高，很容易因压力损坏密封圈。因此，液压马达采用外泄漏式结构。

（5）液压马达的容积效率比液压泵低。流量小时，容积效率更低，故液压马达的转速不能过低，即供油的流量不能太少。

（6）液压马达启动转矩大。为使启动转矩尽量与工作状态接近，要求马达的转矩脉动要小，内部摩擦要小，因此齿数、叶片数、柱塞数要比液压泵多。液压马达的轴向间隙补偿装置的压紧力比液压泵小，以减小摩擦力。

习　题

一、填空题

1. 液压缸是将________转变为________的转换装置，一般用于实现________或________。

2. 双出杆液压缸，当________固定时为实心双出杆液压缸，其工作台运动范围约为有效行程的________倍；当________固定时为空心双出杆液压缸，其工作台运动范围约为有效行程的________倍。

3. 液压缸常用的密封方法有________和________。

二、判断题

(　　) 1. 空心双出杆液压缸的活塞是固定不动的。

(　　) 2. Y 形密封圈应注意安装位置，使唇边对着压力油腔。

(　　) 3. 差动连接的单出杆液压缸，可使活塞实现快速运动。

(　　) 4. 当液压缸水平放置时，排气装置应设置在缸筒两腔端部的上方。

(　　) 5. 液压缸与液压马达的结构完全相同。

三、问答题

1. 试述液压缸的分类与特点。

2. 什么是差动连接？它适用于什么场合？

3. 液压缸密封件、缓冲装置和排气塞的作用是什么？

四、计算题

已知单出杆液压缸，活塞直径 $D=8$ cm，活塞杆直径 $d=5$ cm，进入液压缸的流量 $q=30$ L/min，试计算往复运动速度。

7.5　液压控制阀

在液压系统中，用来对液流的方向、压力和流量进行控制和调节的液压元件称为控制阀，又称液压阀，简称阀。控制阀是液压系统中不可缺少的重要元件。

控制阀通过对液流的方向、压力和流量的控制和调节，控制执行元件的运动方向、输出力或转矩、运动速度、动作顺序，还可限制和调节液压系统的工作压力和防止过载。

控制阀应满足如下基本要求：

(1) 动作灵敏，使用可靠，工作平稳，冲击和振动要小。

(2) 油液通过液压阀时压力损失小。

（3）阀的密封性能好，泄漏少。

（4）结构简单、紧凑，通用性好，安装、调整和使用方便。

按照用途和结构特点的不同，液压阀可分为方向控制阀、压力控制阀和流量控制阀三大类。

7.5.1　方向控制阀

控制油液流动方向的阀称为方向控制阀。方向控制阀是利用阀芯和阀体间的相对运动来控制液压系统中油液流动的方向或油液的通与断。它分为单向阀和换向阀两类。

1. 单向阀

单向阀的作用是控制油液的单向流动。液压系统中对单向阀的主要性能要求是：正向流动阻力损失小，反向时密封性能好，动作灵敏。单向阀按油口通断的方式可分为普通单向阀和液控单向阀两种。

1）普通单向阀

普通单向阀一般简称为单向阀，其符号如图 7－28（c）所示。它的作用是仅允许油液在油路中按一个方向流动，不允许油液倒流，故又被称为止回阀或逆止阀。

单向阀结构如图 7－28 所示，它由阀体 1、阀芯 2 和弹簧 3 等零件组成。当压力油从 P_1 进入时，油液推力克服弹簧力，推动阀芯右移，打开阀口，压力油从 P_2 流出；当压力油从反向进入时，油液压力和弹簧力将阀芯压紧在阀座上，阀口关闭，油液不能通过。

单向阀有球式单向阀［见图 7－28（a）］和锥式单向阀［见图 7－28（b）］两种。球式单向阀结构简单，但是由于钢球圆度有误差，磨损后阀口关闭不严密，密封性较差，故应用不广泛，一般仅用在低压、小流量的液压系统中。锥式单向阀阀芯阻力小，密封性好，使用寿命长，所以应用较广，多用于高压、大流量的液压系统中。

单向阀的连接方式分为管式连接［见图 7－28（a）］和板式连接［见图 7－28（b）］。管式连接的单向阀，其进出油口制成管螺纹，直接与管路的接头连接；板式连接的单向阀，其进出油口为孔口带平底锪孔的圆柱孔，用螺钉固定在底板上。平底锪孔中安放 O 形密封圈密封，底板与管路接口之间采用螺纹连接。

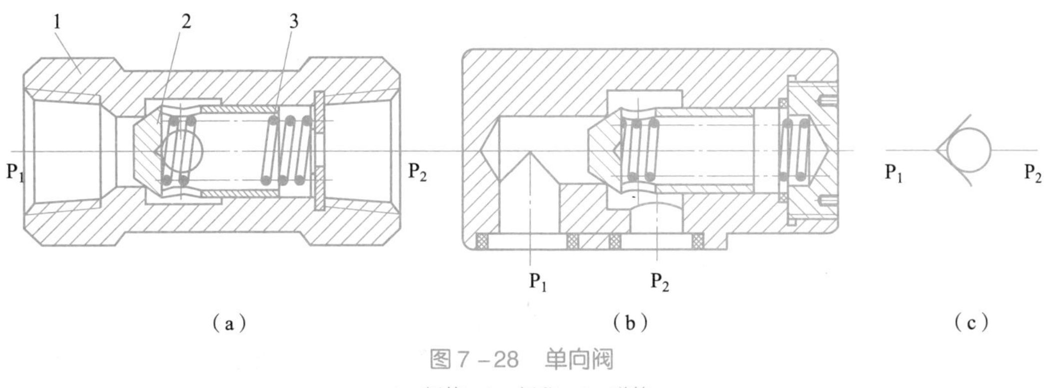

图 7－28　单向阀

1—阀体；2—阀芯；3—弹簧

为了保证单向阀工作灵敏、可靠，单向阀的弹簧应较软，其开启压力一般为 0.035～0.100 MPa。若增大弹簧刚度，使单向阀的开启压力达到 0.2～0.6 MPa，则可将其作为背压

阀用。

2）液控单向阀

液控单向阀是一种通入控制压力油后允许油液双向流动的单向阀，它由液控装置和单向阀两部分组成，如图 7－29（a）所示。当控制油口 K 不通压力油时，油液只可以从 P_1 进入，P_2 流出，此时阀的作用与单向阀相同；当控制油口 K 通以压力油时，推动活塞 1 并通过顶杆 2 使阀芯 3 右移，阀即保持开启状态，液流双向都能自由通过。一般控制油的压力不应低于油路压力的 30% ~50%。图 7－29（b）所示为液控单向阀的图形符号。

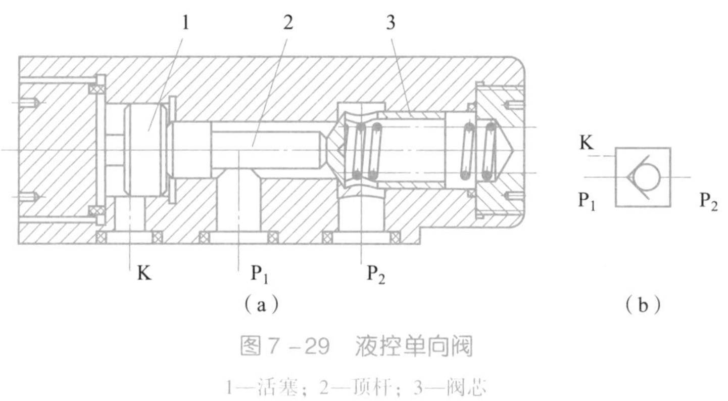

图 7－29　液控单向阀

1—活塞；2—顶杆；3—阀芯

液控单向阀既可以对反向液流起截止作用且密封性好，又可以在一定条件下允许正反向液流自由通过，故多用在液压系统的保压或锁紧回路中，也可用作蓄能器供油回路的充液阀。

2. 换向阀

换向阀是通过阀芯对阀体的相对运动，即改变两者的相对位置，使油路接通、关闭或变换油路方向，从而实现液压执行元件及其驱动机构的启动、停止或改变运动方向。液压系统对换向阀性能的要求是：油液流经换向阀时压力损失小，互不相通的油口间泄漏少，换向要求平稳迅速且可靠。

常用的换向阀阀芯在阀体内做往复滑动，称为滑阀。

1）换向阀的结构和工作原理

滑阀式换向阀一般由阀体、阀芯和控制阀芯运动的操纵机构组成。滑阀是一个具有多个环形槽的圆柱体，而阀体孔内有若干个环形槽，并在阀体上开有若干个攻有螺纹的通口，以与外面的油管连接。

图 7－30 所示为一个二位四通电磁换向阀，由阀体 1、复位弹簧 2、阀芯 3、电磁铁 4 和衔铁 5 组成。该换向阀有 4 个油口，分别为 P、T、A、B，其中 P 与油泵相连，T 与油箱相连，A、B 分别与液压缸的两个腔相连。

图 7－30（a）所示为电磁铁断电状态，换向阀在复位弹簧的作用下处于常态位，通口 P 和 B 相通，液压泵输出的压力油经 P 和 B 进入液压缸的左腔，推动液压缸的活塞向右移动；缸右腔的油液经 A 和 T 流回油箱。

图 7－30（b）所示为电磁铁通电状态，衔铁被吸合并将阀芯推至右端，此时通口 P 和 A 相通，液压泵输出的压力油经 P 和 A 进入液压缸的右腔，推动液压缸的活塞向左移动；

缸左腔的油液经 B 和 T 流回油箱。

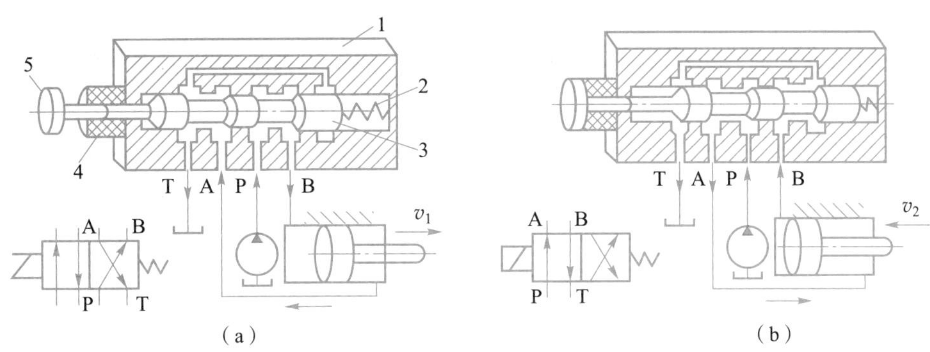

图 7-30 滑阀式换向阀的工作原理

1—阀体；2—复位弹簧；3—阀芯；4—电磁铁；5—衔铁

2）换向阀的分类和图形符号

换向阀的工作位置数称为“位”，与液压系统中油路相连通的油口数称为“通”，常见的换向阀有二位二通、二位三通、二位四通、二位五通、三位四通和三位五通等。表 7-3 所示为常见换向阀的结构原理图及图形符号。

表 7-3 换向阀结构原理图及图形符号

名称	结构原理图	图形符号	名称	结构原理图	图形符号
二位二通	A P	A P	二位五通	T_1 A P B T_2	AB T_1P T_2
二位三通	A P B	BA P	三位四通	A P B T	A B P T
二位四通	A P B T	AB PT	三位五通	T_1 A P B T_2	AB T_1PT_2

图形符号表示的含义如下：

（1）位数。位数是图形符号中的方格数，有几个方格就表示有几个工作位置。

（2）通数。通数指阀的通路口数，即箭头“↑”或封闭符号“⊥”与方格的交点数。

（3）常态位。三位阀的中格、两位阀画有弹簧的一格为阀的常态位，也就是阀芯在原始状态（即施加控制信号以前的原始位置）下的通路情况。常态位应绘出外部连接油口（格外短竖线）的方格。

（4）控制与操纵。控制方式和复位弹簧的符号应画在方格的两端，是图形符号的重要

部分。

3）换向阀的控制方式

换向阀的操纵方式有机动换向、电磁换向、液动换向、电液动换向和手动换向等。其符号见表7-4。

表7-4 换向阀常用的控制方式符号

手柄式	机械控制式			单作用电磁铁	加压或卸压控制
	顶杆式	流轮式	弹簧式		

4）三位换向阀的滑阀机能

滑阀式换向阀处于中间位置或原始位置时，各油口的连通方式称为滑阀机能（又称中位机能）。

表7-5列出了几种常用三位四通换向阀在中位时的结构简图、图形符号、机能的特点和应用。

表7-5 三位四换向阀的中位机能

形式	结构简图	图形符号	特点及应用
O	A B P T	A B P T	P、A、B、T四个通口全部封闭，液压缸闭锁，液压泵不卸荷
H	A B P T A B	A B P T	P、A、B、T四个通口全部相通，液压缸活塞呈浮动状态，液压泵卸荷
Y	A B P T	A B P T	通口P封闭，A、B、T三个通口相通，液压缸活塞呈浮动状态，液压泵不卸荷

续表

形式	结构简图	图形符号	特点及应用
P	A B P T	A B P T	P、A、B 三个通口相通，通口 T 封闭，液压泵与液压缸两腔相通，可组成差动回路
M	A B P T	A B P T	通口 P、T 相通，通口 A、B 封闭，液压缸闭锁，液压泵卸荷

7.5.2　压力控制阀

在液压系统中，压力控制阀用来控制工作液体压力或利用系统中压力的变化来控制其他液压元件的动作。它利用作用于阀芯上的液压力和弹簧力相平衡的原理进行工作。按其功能和用途不同分为溢流阀、减压阀、顺序阀和压力继电器等。

1. 溢流阀

溢流阀在液压系统中的功用主要有两个方面：一是起溢流稳压作用，保持液压系统的压力恒定；二是起限压保护作用，防止液压系统过载。溢流阀通常接在液压泵出口处的油路上。

根据结构和工作原理不同，溢流阀可分为直动式溢流阀和先导式溢流阀两类。

1）直动式溢流阀

直动式溢流阀是依靠系统中的压力油直接作用在阀芯上而与弹簧力相平衡，以控制阀芯的启闭动作的溢流阀。

图 7－31（a）所示为直动式溢流阀的结构简图，图 7－31（b）所示为其工作原理，图 7－31（c）所示为直动式溢流阀的图形符号。它由阀体、锥阀芯、弹簧和调压螺钉组成。由图 7－31 可知，P 为进油口，T 为回油口。进油口 P 的压力油经阀芯上的阻尼孔 a 通入阀芯底部，阀芯的下端面便受到压力为 p 的油液的作用，作用面积为 A，压力油作用于该端面上的力为 pA，调压弹簧 2 作用在阀芯上的预紧力为 F_s。当进油压力较小，即 $pA < F_s$ 时，阀芯处于下端位置，关闭回油口 T，P 与 T 不通，不溢流，即常闭状态。

随着进油压力升高，当 $pA > F_s$ 时，阀芯上移，弹簧被压缩，打开回油口 T，P 与 T 接通，溢流阀开始溢流。

当溢流阀稳定工作时，若不考虑阀芯的自重、摩擦力和液动力的影响，则溢流阀进口压力为

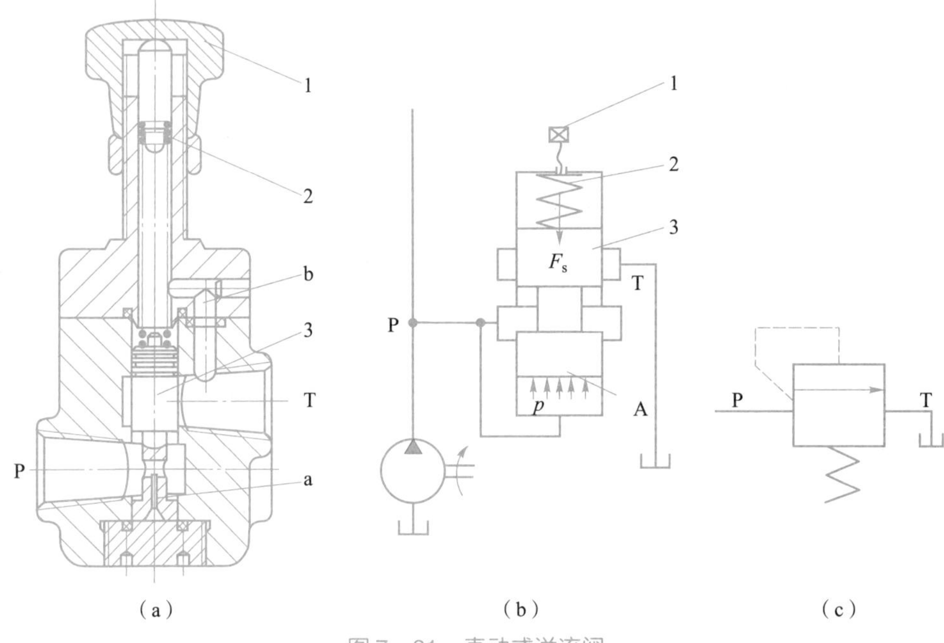

图 7－31　直动式溢流阀

1—调压螺母；2—调压弹簧；3—阀芯

$$p=\frac{F_s}{A}$$

由于 F_s 变化不大，故可以认为溢流阀进口处的压力 p 基本保持恒定，这时溢流阀起定压溢流作用。

调压螺母 1 可以改变弹簧的预压缩量，从而调定溢流阀的工作压力 p。

直动式溢流阀结构简单，制造容易，成本低，但油液压力直接靠弹簧平衡，所以压力稳定性较差，动作时有振动和噪声；此外，系统压力较高时，要求弹簧刚度大，使阀的开启性能变坏，所以直动式溢流阀只用于低压液压系统中。

2）先导式溢流阀

图 7－32 所示为一先导式溢流阀，由主阀Ⅰ和先导阀Ⅱ组成。先导阀的阀芯是锥阀，用于控制压力；主阀阀芯是滑阀，用于控制流量。结构中通口 P 为压力油进口，通口 T 为油液溢出口，通口 K 为远程控制口，孔 3 为阻尼孔。图 7－32（b）所示为先导式溢流阀的图形符号。

压力油从 P 口进入，通过阻尼孔 3 后作用在先导阀 4 上，此时远程控制口 K 关闭。

当进油口压力较低，先导阀 4 上的液压作用力小于先导阀右边的调压弹簧 5 的作用力时，先导阀 4 关闭。因为没有油液流过阻尼孔 3，主阀芯 2 上、下两腔压力相等，所以主阀芯 2 在主阀弹簧力的作用下处于最下端位置，主阀也处于关闭状态，溢流阀没有溢流。

当进油口压力升高到作用在先导阀 4 上的液压力大于先导阀 4 所受弹簧作用力时，先导阀 4 打开，压力油就可通过阻尼孔 3 经先导阀流回油箱。由于油液流过阻尼孔 3 时有压力下降，使主阀芯 2 上腔的油液压力小于下腔的油液压力，有两种情况：一种情况是当主阀芯 2 上、下腔的压力差不足以使主阀芯上移时，主阀芯关闭；另一种情况是当这个压力差足以使主阀芯上移时，主阀芯开启，油液从 P 口流入，经主阀阀口由 T 口流回油箱，实现溢流，使

系统压力不超过设定压力并维持压力基本稳定。

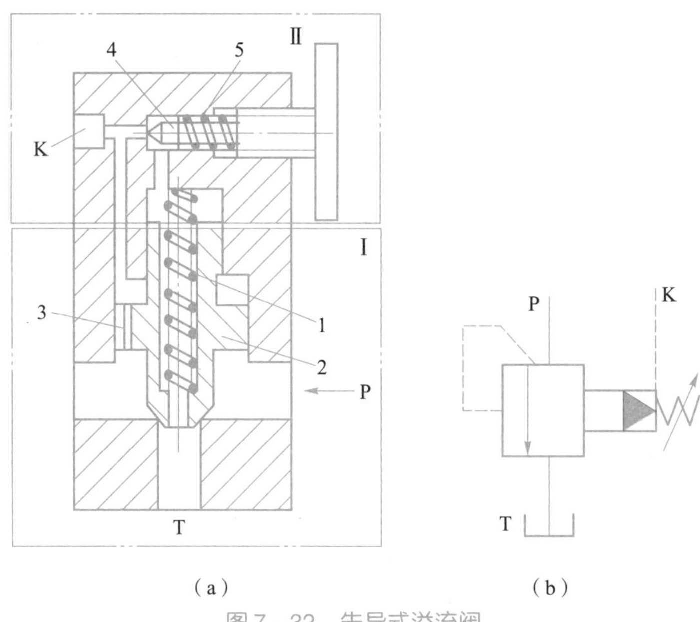

图7－32　先导式溢流阀

1—主阀弹簧；2—主阀芯；3—阻尼孔；4—先导阀；5—调压弹簧

调压原理：旋动调压手柄，调节调压弹簧的预紧力，可改变溢流阀的调定压力。

先导式溢流阀克服了直动式溢流阀的缺点，具有压力稳定、波动小的特点，主要用于中、高压液压系统。中压先导式溢流阀的最大调整压力为6.3 MPa。

先导式溢流阀设有远程控制口K，可以实现远程调压（与远程调压阀接通）或卸荷（与油箱接通），不用时封闭。

2. 减压阀

减压阀是一种利用油液流过缝隙产生压力损失，使其出口压力低于进口压力的压力控制阀。其作用是降低系统中某一支路的油液压力，使之低于液压泵的供油压力。

对减压阀的要求是：出口压力维持恒定，且不受入口压力和通过流量大小的影响。减压阀也有直动式和先导式两种，因先导式减压阀性能优于直动式，故应用广泛。

图7－33（a）所示为先导式减压阀的图形符号，图7－33（b）所示为先导式减压阀的结构，图7－33（c）所示为先导式减压阀的工作原理。

其工作原理如下：

液压系统主油路的高压油液 p_1 从进油口 P_1进入减压阀，经节流缝隙h减压后的低压油液 p_2 从出油口 P_2输出，经分支油路送往执行机构。同时低压油液 p_2经通道a进入主阀芯5下端油腔，又经节流小孔b进入主阀芯上端油腔，且经通道c进入先导阀锥阀3右端油腔，给锥阀一个向左的液压力。该液压力与调压弹簧2的弹簧力相平衡，从而控制低压油 p_2 基本保持调定压力。

当出油口的低压油 p_2低于调定压力时，锥阀关闭，阻尼孔内的油液不流动，主阀芯上端油腔油液压力 $p_2=p_3$，主阀弹簧4的弹簧力克服摩擦阻力将主阀芯推向下端，节流口h增至最大，减压阀处于不工作状态，即常开状态。

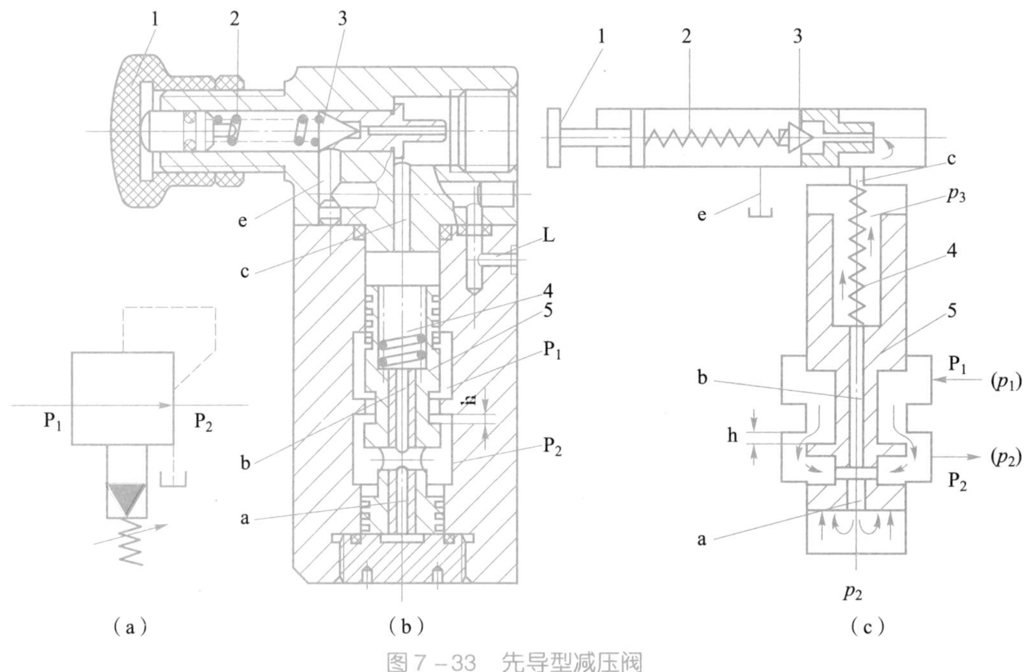

图 7-33　先导型减压阀

1—调节螺母；2—调压弹簧；3—锥阀；4—主阀弹簧；5—主阀芯

当分支油路负载增大时，p_2升高，p_3随之升高，在 p_3 超过调定压力时，锥阀打开，少量油液经锥阀口、通道 e，由泄油口 L 流回油箱。由于这时有油液流过节流小孔 b，使 $p_3 < p_2$，产生压力降 $\Delta p = p_2 - p_3$。

当压力差 Δp 所产生的向上的作用力大于主阀芯重力、摩擦力、主阀弹簧的弹簧力之和时，主阀芯向上移动，使节流口 h 减小，节流加剧，p_2随之下降，直到作用在主阀芯上的各作用力相平衡，主阀芯便处于新的平衡位置。

减压阀出口压力的大小可通过调压弹簧进行调节。

3. 顺序阀

利用液压系统中的压力变化来控制油路的通断，从而实现某些液压元件按一定的顺序动作。

根据结构和工作原理不同，顺序阀可分为直动式顺序阀和先导式顺序阀；根据控制压力油的来源分为内控式和外控式两种。

1）直动式顺序阀

图 7-34（a）所示为直动式顺序阀的工作结构原理。压力油自进油口 A 经阀芯内部小孔作用于阀芯底部，对阀芯产生一个向上的作用力。当油液压力较低时，阀芯在弹簧力的作用下处于下端位置，此时进油口 A 与出油口 B 不通。

当进口油压增大到预调的数值以后，阀芯底部受到的向上推力大于弹簧力（阀芯上腔的泄油可通过泄油口 L 回到油箱），阀芯上移，此时进油口 A 与出油口 B 相通，压力油就从顺序阀流过。顺序阀的调定压力可以用调压螺母来调节。图 7-34（b）所示为直动式顺序阀的图形符号。

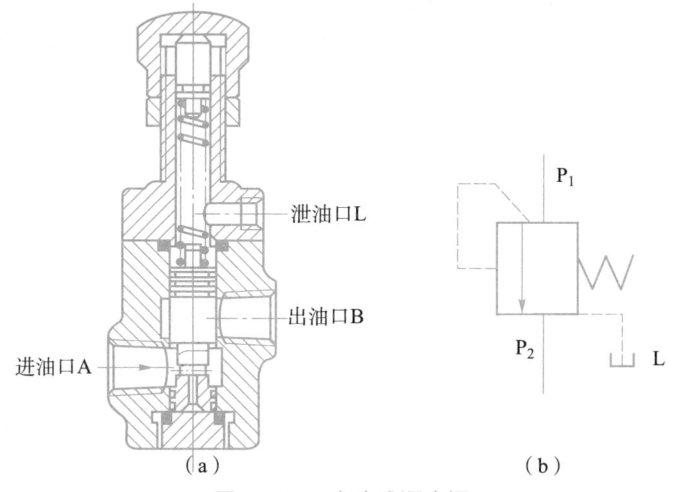

图 7－34　直流式顺序阀

2）先导式顺序阀

图 7－35（a）所示为先导式顺序阀的工作结构原理，图 7－35（b）所示为先导式顺序阀的图形符号。

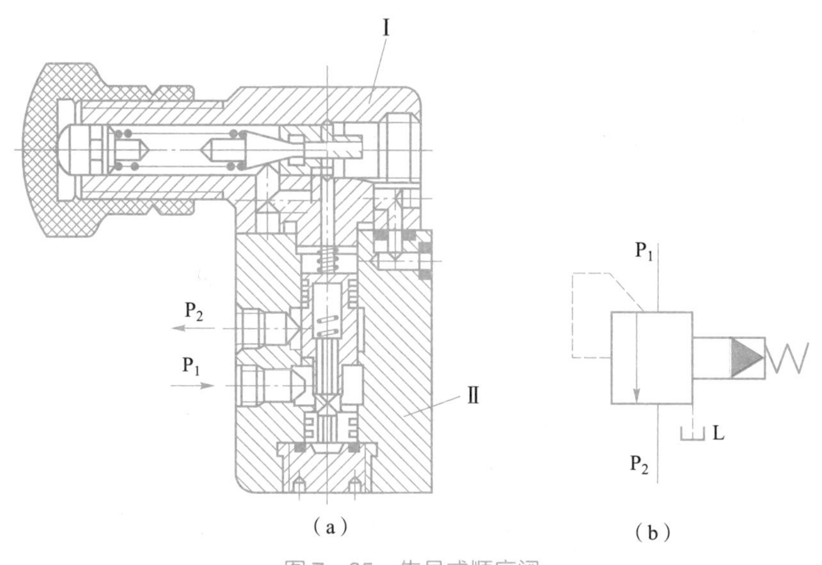

图 7－35　先导式顺序阀

工作原理与先导式溢流阀相似，所不同的是先导式顺序阀的出油口 P_2 通常与另一工作油路连接，该处油液为具有一定压力的工作油液，因此需设置专门的泄油口 L，将先导阀 I 处溢出的油液输出阀外。先导式顺序阀的阀芯启闭原理与先导式溢流阀相同。

4. 压力继电器

压力继电器是一种将液压信号转变为电信号的转换元件。当控制流体压力达到调定值时，它能自动接通或断开有关电路，使相应的电气元件（如电磁铁、中间继电器等）动作，以实现系统的预定程序及安全保护。

一般压力继电器都是通过压力和位移的转换使微动开关动作，以实现其控制功能。常用

的压力继电器有柱塞式、膜片式、弹簧管式和波纹管式等，其中以柱塞式最为常用。

图 7-36（a）所示为柱塞式压力继电器的工作原理，图 7-36（b）所示为压力继电器的图形符号。

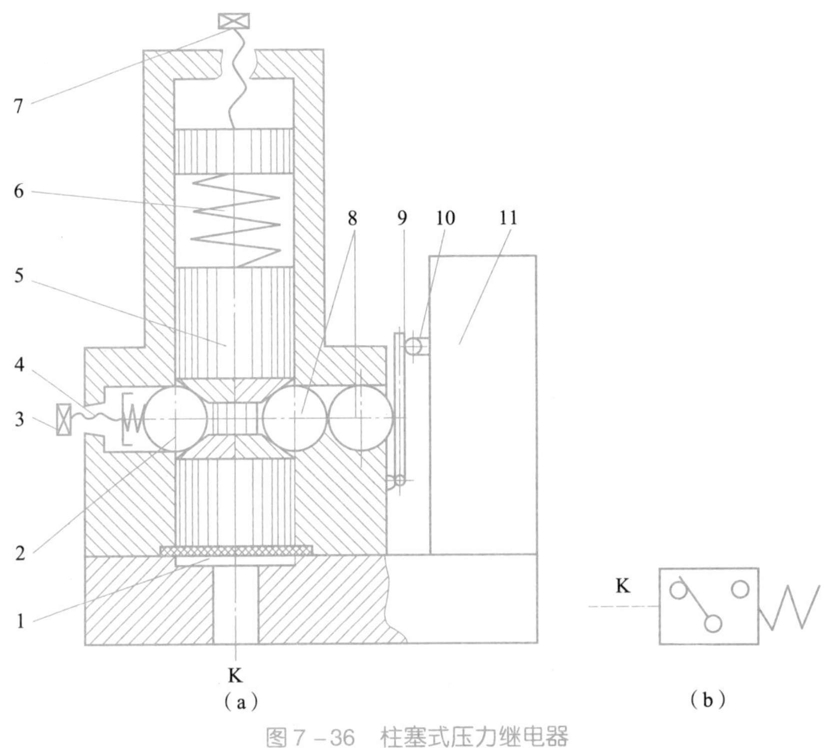

图 7-36　柱塞式压力继电器

1—薄膜；2，8—钢球；3，7—调节螺钉；4，6—弹簧；5—柱塞；9—杠杆；10—触销；11—微动开关

控制油口 K 与液压系统相连通，当油液压力达到调定值（开启压力）时，薄膜 1 在液压作用力作用下向上鼓起，使柱塞 5 上升，钢球 2、8 在柱塞锥面的推动下水平移动，通过杠杆 9 压下微动开关 11 的触销 10，接通电路，从而发出电信号。

当控制油口 K 的压力下降到一定数值（闭合压力）时，弹簧 6 和 4（通过钢球 2）将柱塞压下，这时钢球 8 落入柱塞的锥面槽内，微动开关的触销复位，将杠杆推回，电路断开。

发出信号时的油液压力可通过调节螺钉 7，改变弹簧 6 对柱塞 5 的压力进行调定。开启压力与闭合压力之差值称为返回区间，其大小可通过调节螺钉 3，即调节弹簧 4 的预压缩量，从而改变柱塞移动时的摩擦阻力，使返回区间可在一定范围内改变。

7.5.3　流量控制阀

液压系统中执行元件运动速度的大小，由流入执行元件的油液流量的大小来决定。流量控制阀就是靠改变阀口的通流面积（节流口局部阻力）的大小或通流通道的长短来控制流量的液压阀。常用的流量控制阀有节流阀和调速阀等。

1. 节流阀

油液流经小孔、狭缝或毛细管时，会产生较大的液阻，通流面积越小，油液受到的液阻

越大，通过阀口的流量就越小，所以，改变节流口的通流面积，使液阻发生变化，就可以调节流量的大小，这就是流量控制的工作原理。

图7－37（a）所示为节流阀的工作原理，图7－37（b）所示为节流阀的图形符号。

在图7－37（a）中，拧动阀上方的调节螺钉，就可以使阀芯做轴向移动，从而改变阀口的流通截面积，使通过节流口的流量得到调节。

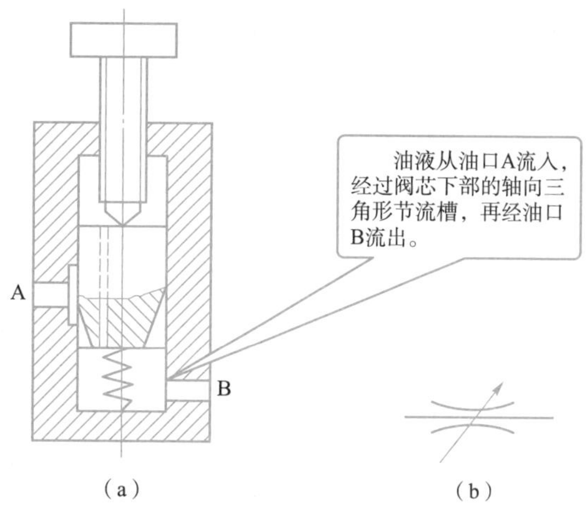

图7－37 节流阀

节流口的形式有针阀式节流口（见图7－38（a））、偏心式节流口（见图7－38（b））、轴向三角槽式节流口（见图7－38（c））、周向隙缝式节流口（见图7－38（d））和轴向隙缝式节流口（见图7－38（e））等。

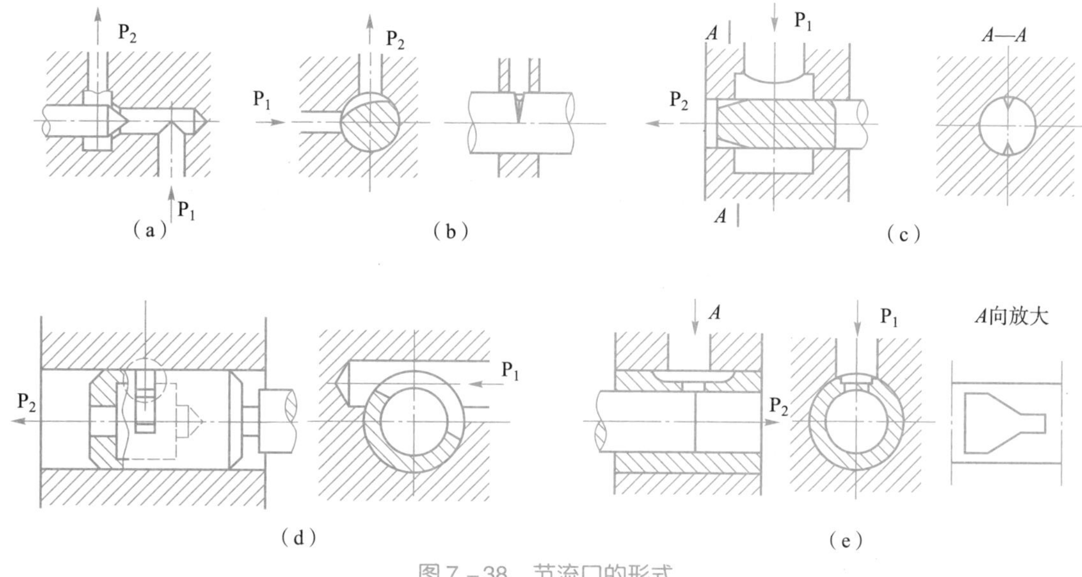

图7－38 节流口的形式

2. 调速阀

调速阀是由减压阀和节流阀组合而成的组合阀。这里所用的减压阀是一种直动式减压阀，称为定差减压阀。用这种减压阀和节流阀串联在油路里，可以使节流阀前后的压力差保持不变，从而使通过节流阀的流量保持不变，因此，执行元件的运动速度就保持稳定。

图7－39（a）所示为调速阀的工作原理，图7－39（b）所示为调速阀的图形符号。

油液压力p_1经节流减压后以压力p_2进入节流阀，然后以压力p_3进入液压缸左腔，推动活塞以速度v向右移动。节流阀两端的压力差为$\Delta p = p_2 - p_3$。减压阀阀芯上端的油腔b经通道a与节流阀出油口相通，其油液压力为p_3；其肩部油腔c和下端油腔d经通道f和e与节流阀进油口（即减压阀出油口）相通，其油液压力为p_2。

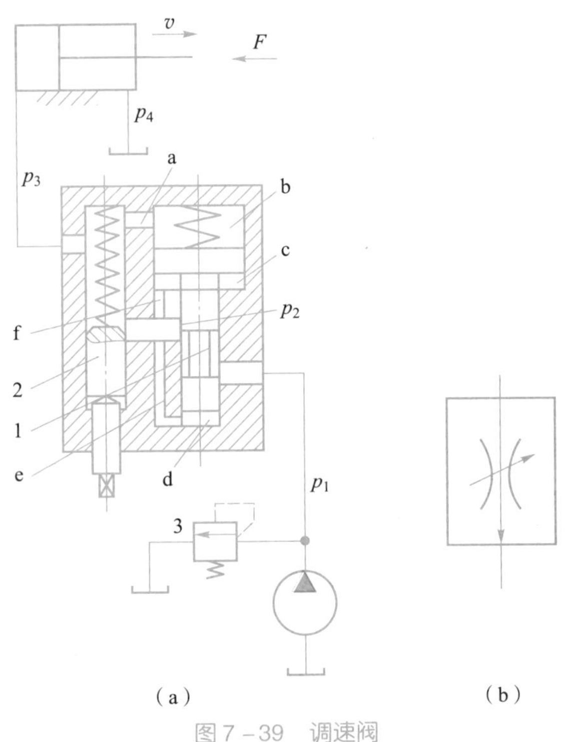

图7-39 调速阀

1—减压阀阀芯；2—节流阀阀芯；3—溢流阀

当作用于液压缸的负载 F 增大时，压力 p_3 也增大，作用于减压阀阀芯上端的液压力也随之增大，使阀芯下移，减压阀进油口处的开口增大，压力降减小，因而使减压阀出口（节流阀进口）处压力 p_2 增大，结果保持了节流阀两端的压力差 $\Delta p = p_2 - p_3$ 基本不变。

当负载 F 减小时，压力 p_3 较小，作用于减压阀阀芯上端的液压力也随之减小，使阀芯上移，减压阀进油口处的开口减小，压力降增大，因而使减压阀出口（节流阀进口）处压力 p_2减小，结果仍保持节流阀两端的压力差 $\Delta p = p_2 - p_3$基本不变。

因为减压阀阀芯弹簧很软（刚度很低），当阀芯上下移动时，其弹簧作用力变化不大，所以节流阀前后的压力差 Δp 基本上不变而为一常量。也就是说当负载变化时，通过调速阀的油液流量基本不变，液压系统执行元件的运动速度保持稳定。

习 题

一、填空题

1. 液压控制阀根据用途和工作特点不同，可分为三类，即________控制阀、________控制阀和________控制阀。

2. 压力控制阀包括________、________、________和压力继电器。

3. 调速阀是由________和________组合而成的组合阀。

4. 溢流阀安装在液压系统的泵出口处，其主要作用是________和________。

5. 溢流阀作安全阀用时，主阀芯是________。

6. 三位阀常态位时各油口的连通方式称为________。

7. ________是一种利用液流流过缝隙产生压降的原理，使出口压力低于进口压力的压力控制阀。

二、判断题

(　　) 1. 旋动调压手柄，调节调压弹簧的预紧力，可改变溢流阀的调定压力。

(　　) 2. 换向阀的作用是变换液流流动方向，接通或关闭油路。

(　　) 3. 先导式溢流阀只适用于低压系统。

(　　) 4. 若把溢流阀当作安全阀使用，系统正常工作时，该阀处于常闭状态。

(　　) 5. 通过调速阀的油液流量基本不变是因为节流阀前后的压力差 Δp 基本上不变。

三、问答题

1. 试述液控单向阀的工作原理。

2. 试述先导式溢流阀的工作原理。

3. 试述减压阀的工作原理。

4. 阀的铭牌不清楚时，不用拆开，如何判断此阀是溢流阀、减压阀还是顺序阀？

5. 如果直动式溢流阀的阻尼孔阻塞，会出现何种情况？如果先导式溢流阀的阻尼孔阻塞，会出现何种情况？

四、分析题

如图 7－40 所示，已知系统压力为 2 MPa，试分析回路中压力表 A 在系统工作时能显示出哪些读数。

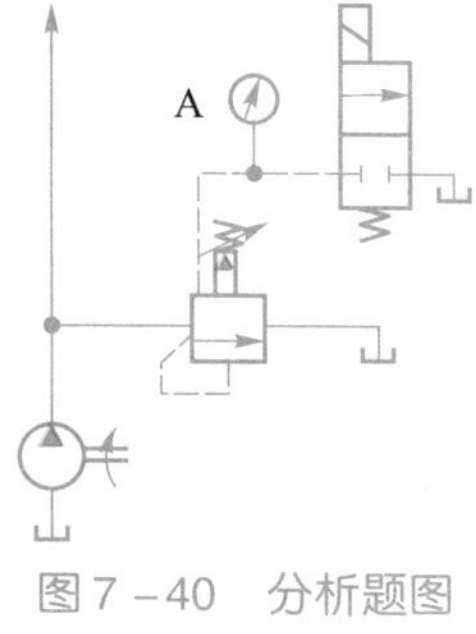

图 7－40　分析题图

7.6　液压辅助装置

液压辅助装置是液压系统的一个重要组成部分，包括油箱、过滤器、蓄能器、热交换器等。液压辅助装置对系统的动态性能、工作可靠性、噪声和温升等都有直接影响，必须予以重视，以利于更好地选用和维护。

7.6.1 油箱

油箱的用途是储油、散热、分离油中的空气，沉淀油中的杂质。

油箱有总体式和分离式两种，总体式油箱是利用机床床身内的空腔的容积，结构紧凑，各处的漏油易于回收，但增加了机床结构的复杂性，给加工带来困难，且维修不方便，散热不良，油泵电动机振动对加工精度产生影响。分离式油箱是与主机分开设置的一个单独箱体，它克服了总体式油箱的缺点，因而得到广泛的应用，特别是在组合机床、自动生产线上的液压系统大多采用分离式油箱。

图 7－41 所示为分离式油箱的结构，为了保证油箱的功能，在结构上应注意以下几个方面。

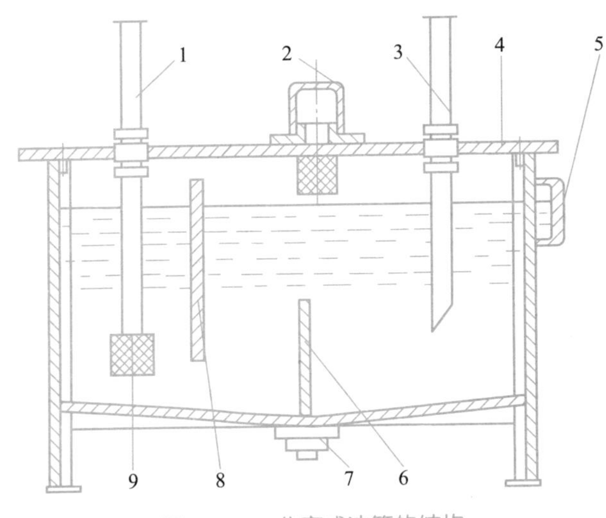

图 7－41　分离式油箱的结构

1—吸油管；2—滤清器；3—回油管；4—箱盖；5—液位计；6、8—隔板；7—放油塞；9—滤油器

（1）油箱要有足够大的容积，以满足系统工作时正常的循环。

（2）油泵的吸油管和系统的回油管之间应尽量远离，以增加油液的循环距离。

（3）有足够的散热面积，以维持油液正常的工作温度。

（4）能有效地分离混入油液中的气体，油箱必须设置通气孔。

（5）要设置防污密封装置防止外侵污染，便于清洗。

油箱的有效容积（油面高度为油箱高度 80% 时的容积）一般按液压泵的额定流量估算。在低压系统中取液压泵每分钟排油量的 2 ~ 4 倍，中压系统为 5 ~ 7 倍，高压系统为 6 ~ 12 倍。

油箱正常工作温度应在 15 ℃ ~65 ℃，在环境温度变化较大的场合要安装热交换器。

7.6.2 滤油器

滤油器又称过滤器，其功用是清除油液中的各种杂质，以免其划伤、磨损，甚至卡死有相对运动的零件，或堵塞零件上的小孔及缝隙，影响系统的正常工作，降低液压元件的寿命，甚至造成液压系统的故障。

滤油器一般安装在液压泵的吸油口、压油口及重要元件的前面。通常，液压泵吸油口安装粗滤油器，压油口与重要元件前装精滤油器。

常用的过滤器有网式过滤器、线隙式过滤器、纸芯式过滤器、烧结式过滤器和磁性过滤器等。

1. 网式过滤器

网式过滤器如图 7－42 所示。

网式滤油器由筒形骨架上包一层或两层铜丝滤网组成。其特点是结构简单、通油能力大、清洗方便，但过滤精度较低。常用于泵的吸油管路，对油液进行粗过滤。

2. 线隙式过滤器

线隙式过滤器如图 7－43 所示。

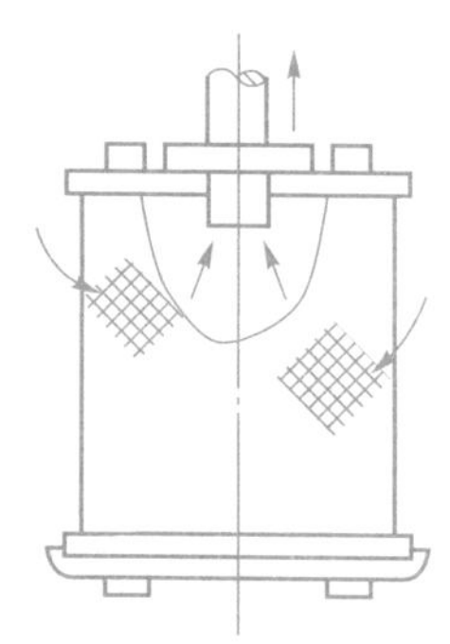

图 7－42　网式过滤器

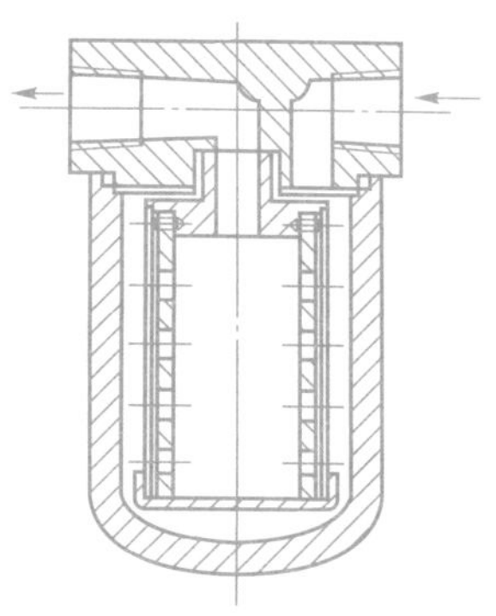

图 7－43　线隙式过滤器

线隙式滤油器的滤芯由铜线或铝线绕在筒形骨架上而形成（骨架上有许多纵向槽和径向孔），依靠线间缝隙过滤。其特点是结构简单、通油能力大、过滤精度比网式滤油器高，但不易清洗、滤芯强度较低。一般用于中、低压系统。

3. 纸芯式过滤器

纸芯式过滤器如图 7－44 所示。

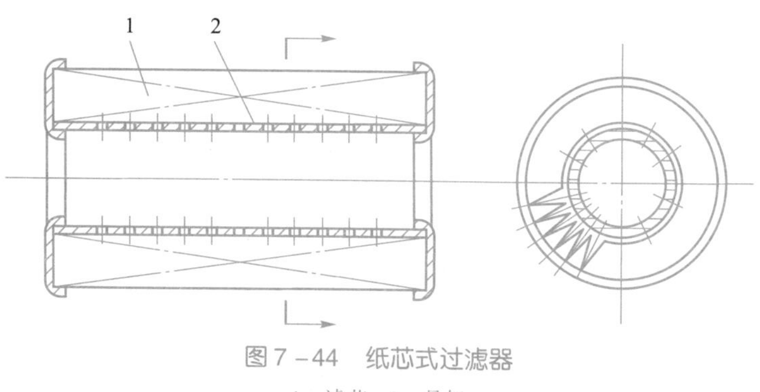

图 7－44　纸芯式过滤器

1—滤芯；2—骨架

纸芯式滤油器的滤芯 1 由微孔滤纸组成，滤纸制成折叠式，以增加过滤面积。滤纸用骨架 2 支撑，以增大滤芯强度。其特点是过滤精度高、压力损失小、质量小、成本低，但不能

清洗，需定期更换滤芯。主要用于低压小流量的精过滤。

4. 烧结式过滤器

烧结式过滤器如图 7－45 所示。

烧结式滤油器的滤芯 3 通常由青铜等颗粒状金属烧结而成，工作时利用颗粒间的微孔进行过滤。该滤油器的过滤精度高、耐高温、抗腐蚀性强、滤芯强度大，但易堵塞、难以清洗、颗粒易脱落。

5. 磁性过滤器

磁性过滤器如图 7－46 所示。

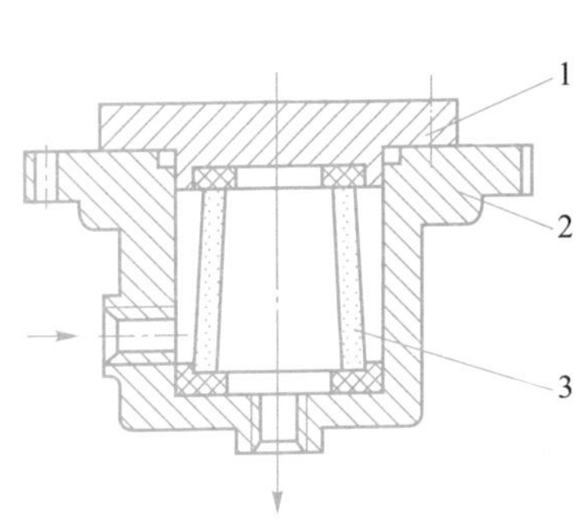

图 7－45　烧结式过滤器

1—顶盖；2—壳体；3—滤芯

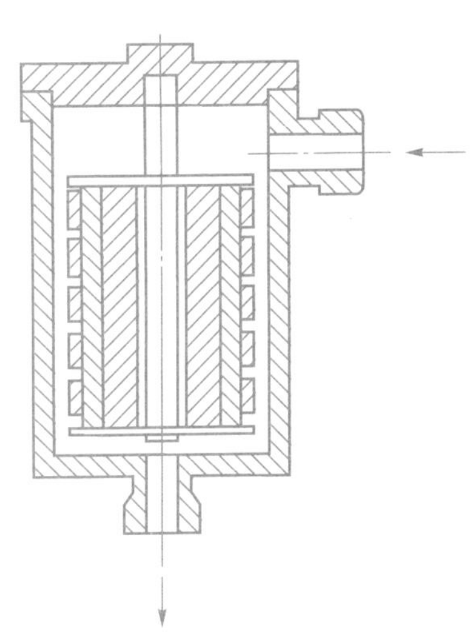

图 7－46　磁性过滤器

滤芯由永久磁铁制成，能吸住油液中的铁屑、铁粉或带磁性的磨料，常与其他形式滤芯合起来制成复合式滤油器，对加工钢铁件的机床液压系统特别适用。

7.6.3　蓄能器

蓄能器是液压系统中的储能元件，储存多余的压力油液，在系统需要时释放出来供给系统。

1. 蓄能器的功用

蓄能器作为一种储能元件，它有以下几方面的用途。

1）作辅助动力源

对于短时间内需要大量压力油的液压系统，采用蓄能器可辅助供油以减少液压泵的流量，从而减少电动机的功率消耗。当工作元件暂停时，油泵输出的压力油进入蓄能器储存起来，当工作元件快速运动需要大流量的油液时，油泵的额定流量不能满足要求，此时，蓄能器中的压力油便被释放出来，与油泵的流量一起进入工作元件，满足快速的要求。

2）作应急动力源

有的液压系统，当停电或油泵损坏时，不能向系统正常供油，而执行元件又应继续完成必要的动作。这时，蓄能器便将储存的压力油释放出来，短时间内维持系统中有一定的压力。

3）保证补漏

若系统中液压缸在长时间内保压而无动作，这时可令油泵卸荷，用蓄能器保压并补充系统的泄漏。

4）吸收系统的压力脉动，缓和液压冲击

液压系统中，齿轮泵、叶片泵、柱塞泵均会产生流量和压力的脉动，若在脉动源处设置蓄能器，则可以减少脉动的程度。特别是液压控制阀的突然关闭或换向，液压缸的启动和制动时，系统中会出现液压冲击，产生振动。若在液压冲击源附近设置蓄能器，可吸收这种冲击，使冲击压力的幅值大大减少。

2. 蓄能器结构

蓄能器有重力式、弹簧式和充气式三类，常用的是充气式。充气式蓄能器有气瓶式、活塞式和气囊式三种。

图7－47所示为气囊式蓄能器。它由充气阀1、壳体2、气囊3、提升阀4等组成。气囊用耐油橡胶制成，固定在壳体2的上部，囊内充入惰性气体（一般为氮气）。提升阀是一个用弹簧加载的具有菌形头部的阀，压力油由该阀通入。在液压油全部排出时，该阀能防止气囊膨胀挤出油口。

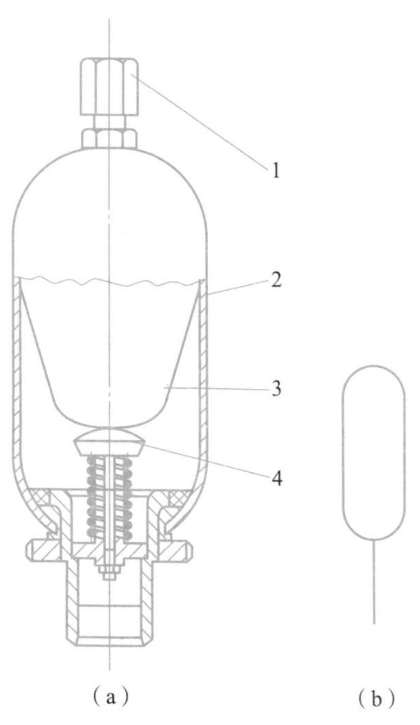

图7－47　气囊式蓄能器

1—充气阀；2—壳体；3—气囊；4—提升阀

图7－47（b）所示为蓄能器的图形符号。

这种蓄能器气囊惯性小、反应灵敏、容易维护，所以最常用。其缺点是容量较小，气囊和壳体的制造比较困难。

习　题

一、填空题

1. 常用的液压辅助元件有________、________、________、________和________等。
2. 常用的滤油器有________、________、________、________和________。
3. 气囊式蓄能器中所充气体为________。
4. 油箱中吸油管口、回油管口应切成________度。

二、判断题

（　　）1. 滤油器一般安装在液压泵的吸油口、压油口及重要元件的前面。

(　　) 2. 为了防止外界灰尘杂质侵入液压系统，油箱宜采用封闭式。

(　　) 3. 油箱正常的工作温度应在 15 ℃ ~65 ℃，必要时应设计温度计和热交换器。

(　　) 4. 分离式油箱可减少温升和液压泵驱动电动机振动时对机床工作精度的影响。

(　　) 5. 烧结式滤油器的通油能力差，不能安装在泵的吸油口处。

三、问答题

1. 试述油箱的作用。
2. 试述蓄能器的作用。

7.7　液压基本回路

现代设备的液压系统，不论是复杂还是简单，都是由一个或多个基本液压回路所组成的。基本液压回路是指由若干液压元件组成，且能完成某一特定功能的简单油路结构。了解和熟悉这些常用的基本回路，可为阅读液压系统图和设计液压系统打下基础。液压基本回路按功能分为方向控制回路、压力控制回路、速度控制回路和多缸控制回路等。

7.7.1　方向控制回路

在液压系统中，控制执行元件的启动、停止（包括锁紧）及换向的回路称为方向控制回路。

1. 换向回路

图 7 –48 所示为采用二位四通电磁换向阀的换向回路。电磁铁通电时，压力油进入油缸左腔，推动活塞向右运动。电磁铁断电时，弹簧力使阀芯复位，压力油进入油缸右腔，推动活塞向左移动。

图 7 –49 所示为采用手动三位四通换向阀的换向回路。当阀处于中位时，缸两腔油路封闭，活塞制动；当阀左位工作时，液压缸左腔进油，活塞向右移动；当阀右位工作时，液压缸右腔进油，活塞向左运动。此回路可以使执行元件在任意位置停止运动。

2. 锁紧回路

锁紧回路是使液压缸能停留在任意位置上，且停留后不会因有外力作用而移动位置的回路。

图 7 –50 所示为采用 O 型中位机能的三位四通电磁换向阀的锁紧回路。当阀芯处于中位时，液压缸的进、出油口都被封闭，可以将液压缸锁紧。这种锁紧回路由于受到滑阀泄漏的影响，锁紧效果较差。

图 7 –51 所示为采用液控单向阀的锁紧回路。在液压缸的进、回油路中都串联液控单向阀 1、2，活塞可以在行程的任何位置锁紧，其锁紧精度只受液压缸内少量的内泄漏影响，因此锁紧精度较高。采用液控单向阀的锁紧回路，三位四通换向阀的中位机能应使液控单向阀的控制油液卸压（换向阀采用 H 型或 Y 型），此时液控单向阀便立即关闭，活塞停止运动。

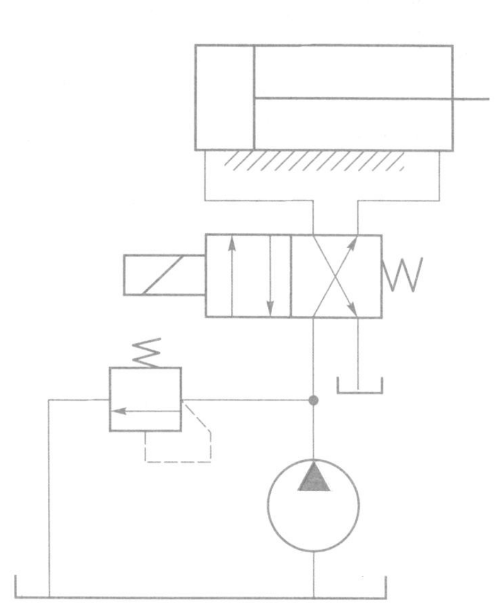

图 7－48　采用二位四通换向阀的换向回路

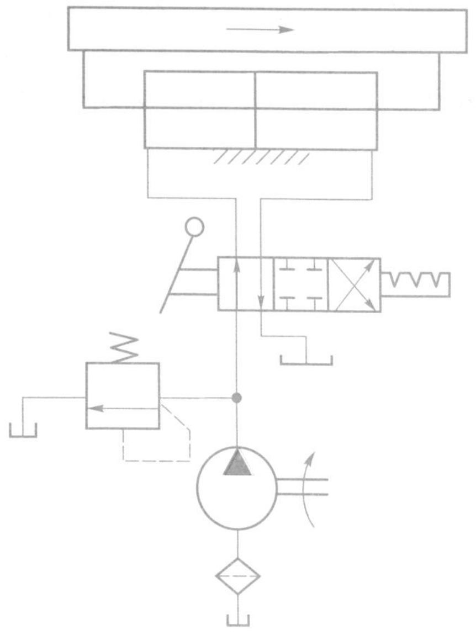

图 7－49　采用三位四通手动换向阀的换向回路

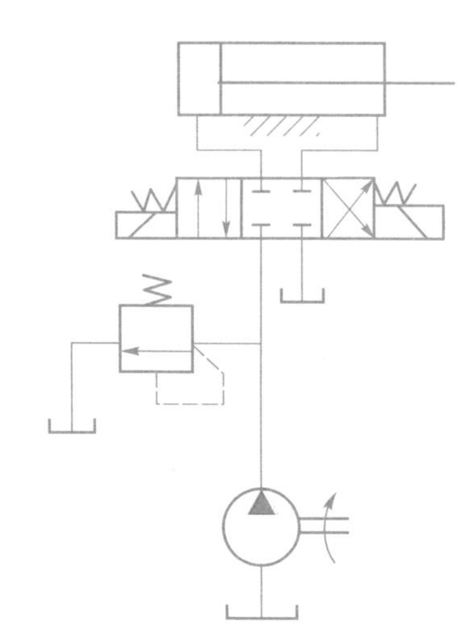

图 7－50　采用 O 型中位机能的三位四通电磁换向阀的锁紧回路

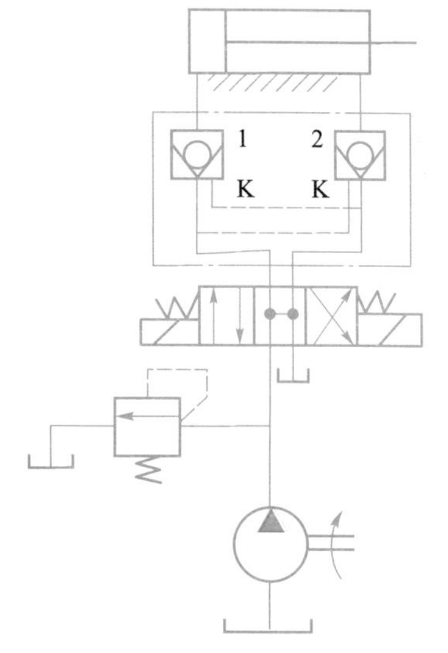

图 7－51　采用液控单向阀的锁紧回路

1，2—液控单向阀

7.7.2　压力控制回路

压力控制回路是用压力控制阀来控制系统整体或某一局部的压力，以满足执行元件对力或转矩的要求。这类回路包括调压、减压、增压和卸荷等回路。

1. 调压回路

调压回路可使系统的压力和负载相适应并保持稳定，使系统的压力不超过预先的调定值，或者满足工作元件在运动过程中的不同阶段要有不同压力的要求。调压功能主要由溢流阀完成。

图 7－52 所示为采用溢流阀的调压回路。在定量泵系统中，泵的出口处设置并联的溢流阀来控制系统的最高压力。其工作原理在介绍溢流阀时已详细介绍。液压泵输出的油液的流量除满足系统工作用油和补偿系统泄漏外，还有油液经溢流阀流回油箱。所以这种油路效率较低，一般用于流量不大的场合。

2. 减压回路

在定量泵供油的液压系统中，溢流阀按主系统的工作压力进行调定。若系统中某个执行元件或某条支路所需要的工作压力低于溢流阀所调定的主系统压力时，就要采用减压回路。减压回路的作用：使系统中某一部分的油路具有较低的稳定压力。减压功能主要由减压阀完成。

图 7－53 所示为采用减压阀的减压回路。回路中的单向阀 3，当主油路压力降低（低于减压阀 2 的调整压力）时防止油液倒流，起短时保压作用。

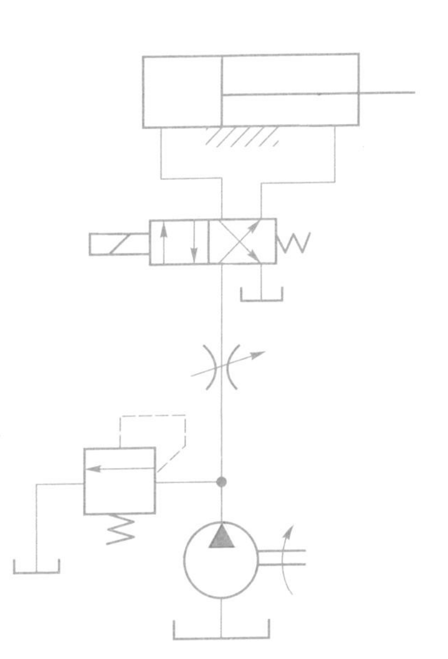

图 7－52　采用溢流阀的调压回路

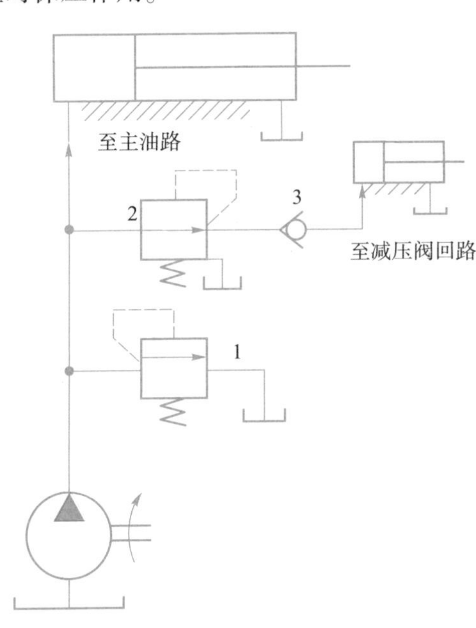

图 7－53　采用减压阀的减压回路

1—溢流阀；2—减压阀；3—单向阀

为了使减压回路工作可靠，减压阀的最低调整压力不应小于 0.5 MPa，最高调整压力应比系统压力小 0.5 MPa。

3. 增压回路

增压回路的作用：使系统中局部油路或某个执行元件得到比主系统压力高得多的压力。采用增压回路比选用高压大流量要经济得多。

图 7－54 所示为采用增压液压缸的增压回路。当系统处于图示位置时，压力为 p_1 的油液进入增压器的大活塞腔，此时在小活塞腔即可得到压力为 p_2 的高压油液，增压的倍数等于增压器大小活塞的工作面积之比。当二位四通电磁换向阀右位接入系统时，增压器的活塞返回，补充油箱中的油液经单向阀补入小活塞腔。这种回路只能间断增压。

4. 卸荷回路

当液压系统中的工作元件在短时间内不工作时，一般不宜关闭电动机使油泵停止工作，因为频繁的启动对电动机非常不利。采用卸荷回路就可以在不停机的情况下使油泵在功率损耗接近于零的情况下运转，减少了功率损耗，降低了系统的发热量。因为液压泵的输出功率等于其流量和压力的乘积，所以其中任何一项等于零或接近于零，功率损耗即近似为零。因此，液压泵的卸荷方式有流量卸荷和压力卸荷两种。流量卸荷主要使用变量泵，使泵的流量很小，仅能补充泄漏，此法虽简单，但油泵仍在较高压力下运转，磨损仍较严重。目前使用较广的是压力卸荷，即让液压泵在接近零压运转。

图 7－55 所示为用二位二通换向阀构成的卸荷回路。

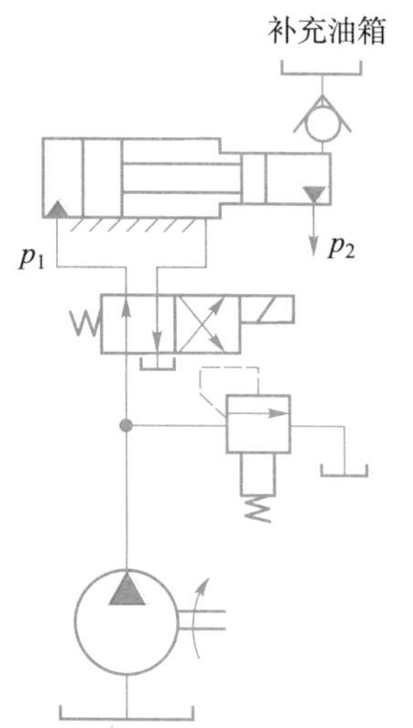

图 7－54　采用增压液压缸的增压回路

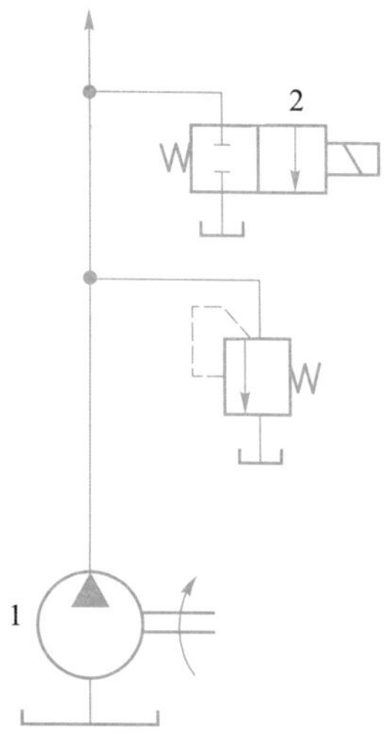

图 7－55　二位二通换向阀构成的卸荷回路

凡具有 M、H 和 K 型中位机能的三位换向阀，处于中位时均能使液压泵卸荷。图 7－56 所示为 M 型中位机能电磁换向阀的卸荷回路。

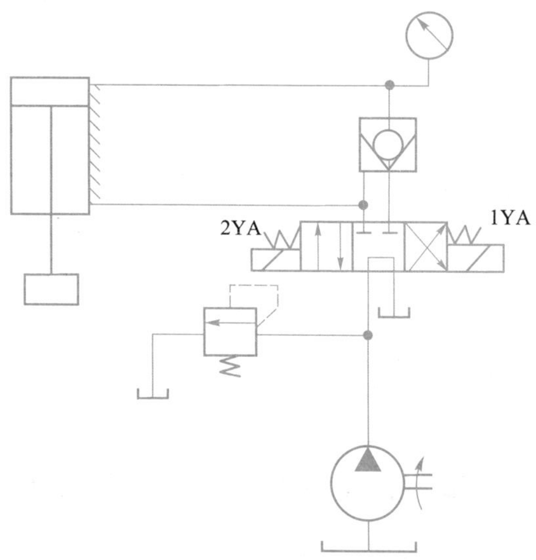

图 7－56　M 型中位机能电磁换向阀构成的卸荷回路

两种方法均较简单，但换向时会产生液压冲击，仅适用于低压、流量小于 40 L/min 的场合，且所配管路应尽量短。

7.7.3 速度控制回路

在液压系统中用来控制执行元件运动速度的回路，称为速度控制回路。速度控制回路包括调节执行元件工作行程速度的调速回路和使不同速度相互转换的速度换接回路。

1. 调速回路

调速回路包括定量泵的节流调速回路、变量泵的容积调速回路和容积节流复合调速回路三种。

1）进油路节流调速回路

把流量控制阀串联在执行元件的进油路上的调速回路称为进油路节流调速回路。

图 7-57 所示为进油路节流调速回路。泵输出的油液一部分经节流阀进入液压缸的工作腔，泵多余的油液经溢流阀流回油箱。由于溢流阀有溢流，泵的出口压力 P_B 保持恒定。调节节流阀流通面积，即可改变通过节流阀流量，从而调节液压缸的运动速度。

进油路节流调速回路结构简单，使用方便，一般用在功率较小、负载变化不大的液压系统中。

2）回油路节流调速回路

图 7-58 所示为回油节流调速回路。调节节流阀流通面积，可以改变从液压缸流回油箱的流量，从而调节液压缸运动速度。

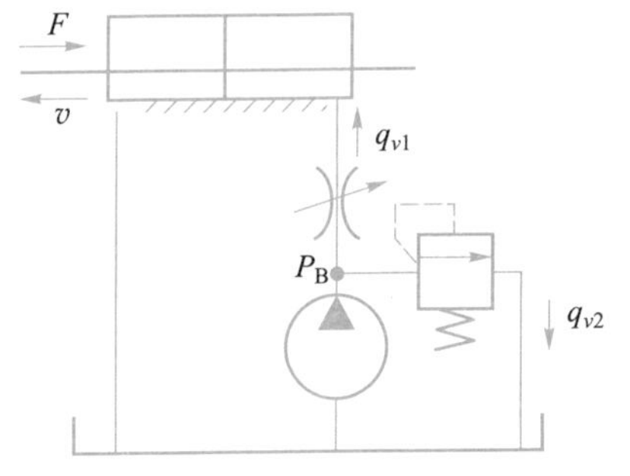

图 7-57 进油路节流调速回路

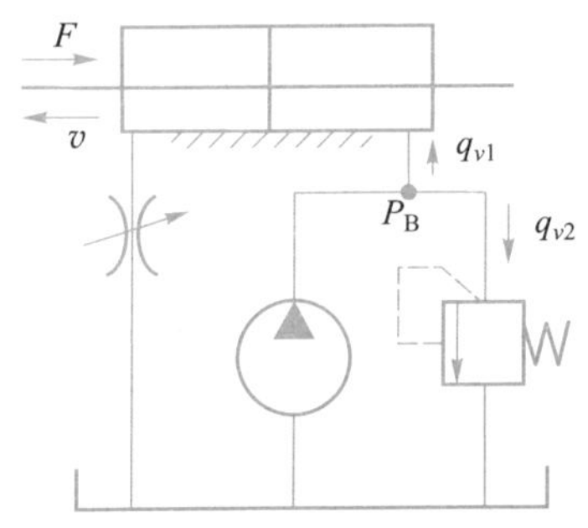

图 7-58 回油路节流调速回路

回油路节流调速回路广泛应用于功率不大、负载变化较大或运动平稳性要求较高的液压系统中。

3）旁油路节流调速回路

如图 7-59 所示，将节流阀设置在与执行元件并联的旁油路上，即构成了旁油路节流调速回路。该回路中，节流阀调节液压泵溢回油箱的流量，从而控制了进入液压缸的流量，调节流量阀的通流面积，即可实现调速。这时，溢流阀作为安全阀，常态时关闭。回路中只有节流损失，无溢流损失，功率损失较小，系统效率较高。

旁油路节流调速回路主要用于高速、重载、对速度平稳性要求不高的场合。

4）变量泵的容积调速回路

容积调速回路通过改变变量泵或变量马达排量以调节执行元件的运动速度，如图 7-60

所示。在容积式调速回路中，液压泵输出的液压油全部直接进入液压缸或液压马达，无溢流损失和节流损失。而且，液压泵的工作压力随负载的变化而变化，因此，这种调速回路效率高、发热量少，其缺点是变量液压泵结构复杂、价格较高。容积调速回路多用于工程机械、矿山机械、农业机械和大型机床等大功率的调速系统中。

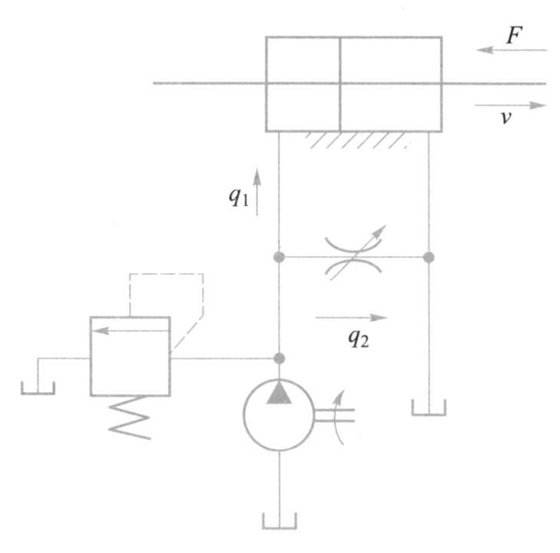

图7－59　旁油路节流调速回路

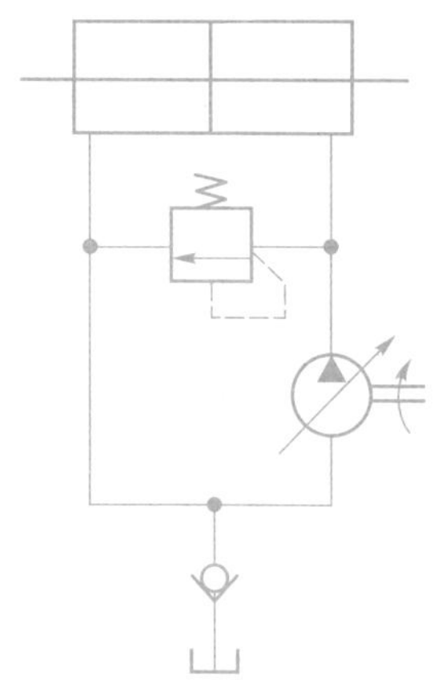

图7－60　变量泵的容积调速回路

溢流阀起安全保护作用。该阀平时不打开，在系统过载时才打开，从而限定系统的最高压力。

2. 速度换接回路

速度换接回路可使执行元件在一个工作循环中，从一种运动速度变换到另一种运动速度。常用的速度换接回路有以下几种。

1）采用行程阀的速度换接回路

图7－61所示为采用行程阀的速度换接回路，液压泵1输出的压力油经手动换向阀2进入油缸左腔，使活塞右行，当活塞所连的工作部件的挡块压下行程阀4时，油缸的回油必须经过节流阀6后才能流经手动换向阀流回油箱。这样，活塞就由快进转换成慢速工进。当手动换向阀2右位工作时，压力油经换向阀2、单向阀5进入油缸右腔，活塞快速返回。这种回路的换接较平稳，换接点的位置较准确，可实现快、慢、快的工作循环；缺点是行程阀的安装位置不能随意，管路连接较为复杂。

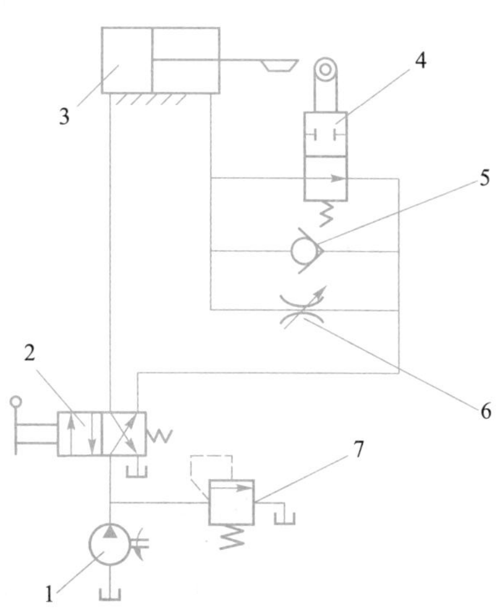

图7－61　采用行程阀的速度换接回路

1—液压泵；2—手动换向阀；3—液压缸；
4—行程阀；5—单向阀；
6—节流阀；7—溢流阀

2）采用两个调速阀的速度换接回路

图7－62中的两个调速阀并联，由二位三通换向阀换接，两个调速阀独立工作，互不影响。但是，当一个调速阀工作时，另一个调速阀内无油液通过，它的定差减压阀因其前后的压力相等而处于最大开口位置，在速度换接时，有大量的油液通过该阀流

入油缸，使机床工作部件产生前冲的现象，因而不宜用在工作过程中的速度换接。

图 7－63 所示为两个调速阀串联的速度换接回路。用两调速阀串联的方法来实现两种不同速度的换接回路中，两调速阀由二位二通换向阀换接，但后接入的调速阀的开口要小，否则，换接后得不到所需要的速度，起不到换接作用。该回路的速度换接平稳性比调速阀并联的速度换接回路好。

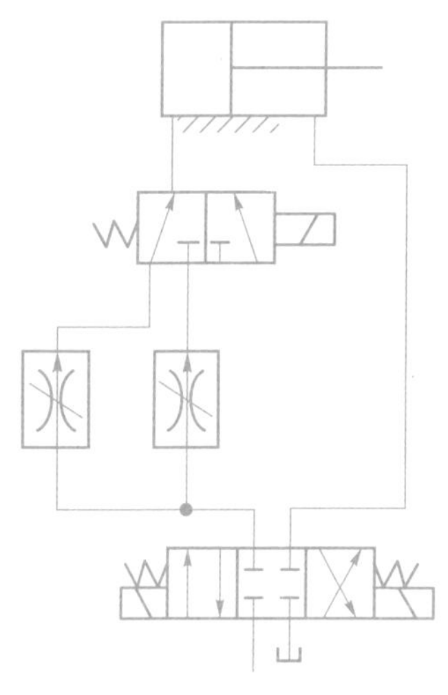

图 7－62　调速阀并联的速度换接回路

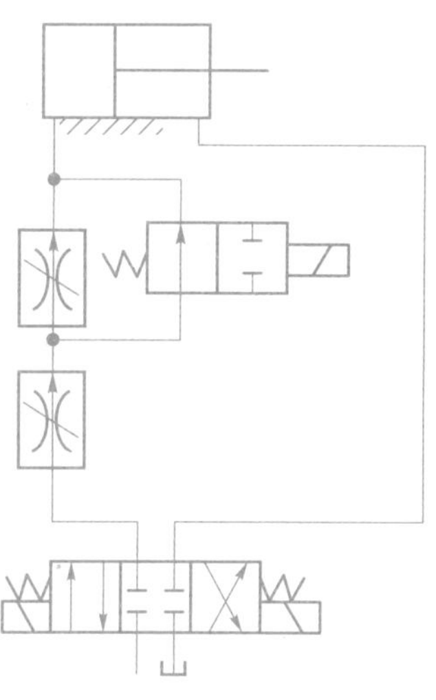

图 7－63　调速阀串联的速度换接回路

习　题

一、填空题

1. 方向控制回路包括________回路和________回路。

2. 压力控制回路可用来实现________、________、________和________等控制。

3. 速度控制回路包括________和________两种。

二、判断题

（　　）1. 凡具有 M、H 和 K 型中位机能的三位换向阀，处于中位时均能使液压泵卸荷。

（　　）2. 容积调速回路是利用液压缸的容积变化来调节速度大小的。

（　　）3. 进油路路节流调速回路和回油路节流调速回路具有相同的调速特点。

（　　）4. 锁紧回路属于换向回路，可以采用滑阀机能为“O”型或“M”型换向阀实现。

（　　）5. 增压缸增压的倍数等于增压器大小活塞的工作面积之比。

三、问答题

1. 试述调压回路、减压回路的功用。

2. 试述卸荷回路的功用。

3. 试述增压回路的工作原理。

4. 试述液压系统的调速方法有哪三种。

四、分析题

夹紧回路如图 7－64 所示，若溢流阀的调整压力 $p_1=5$ MPa，减压阀的调整压力 $p_2=2.5$ MPa，试分析活塞快速运动时和夹紧工件后 A、B 两点的压力各为多少。

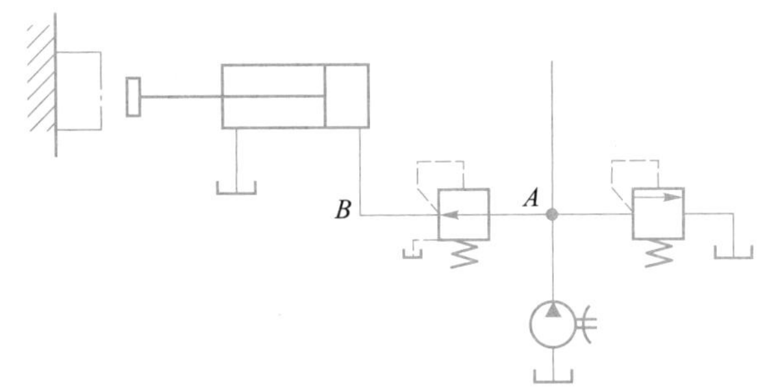

图 7－64　分析题图

参考文献

[1] 罗迎社. 工程力学 [M]. 北京：北京大学出版社，2006.
[2] 尹长城. 理论力学习题详解 [M]. 武汉：华中科技大学出版社，2003.
[3] 范钦珊. 材料力学 [M]. 北京：清华大学出版社，2010.
[4] 曲玉峰. 机械设计基础 [M]. 北京：北京大学出版社，2006.
[5] 王军. 机械基础 [M]. 广州：华南理工大学出版社，2008.
[6] 梁燕飞. 机械基础 [M]. 北京：清华大学出版社，2005.
[7] 李秀珍. 机械设计基础 [M]. 北京：机械工业出版社，2005.
[8] 隋明阳. 机械设计基础 [M]. 北京：机械工业出版社，2002.
[9] 张京辉. 机械设计基础 [M]. 西安：西安电子科技大学出版社，2005.
[10] 周志平，欧阳中和. 机械设计基础 [M]. 北京：冶金工业出版社，2008.
[11] 孙大俊. 机械基础 [M]. 北京：中国劳动社会保障出版社，2007.
[12] 曹建东，龚肖新. 液压传动与气动技术 [M]. 北京：北京大学出版社，2006.
[13] 宋锦春. 液压工必备手册 [M]. 北京：机械工业出版社，2010.
[14] 邢鸿雁，张磊. 实用液压技术300题（第三版）[M]. 北京：机械工业出版社，2006.
[15] 张平. 液压系统安装与调试 [M]. 上海：上海科学技术出版社，2011.
[16] 刘敏丽. 液压技术 [M]. 北京：冶金工业出版社，2010.
[17] 毛祖格. 液压技术（第三版）[M]. 北京：中国劳动社会保障出版社，2007.
[18] 袁承训. 液压与气动技术（第二版）[M]. 北京：机械工业出版社，2000.